Die
Forstpolizeigesetze
Deutschlands und Frankreichs

nach ihren Grundsätzen,

mit besonderer Rücksicht auf eine neue Forstpolizeigesetzgebung Preußens.

Für

Forstmänner, Kameralisten und Landstände.

Von

W. Pfeil.

Berlin,
Verlag von Veit u. Comp.
1834.

Vorwort.

So wie in der Finanzwirthschaft nicht immer zwei und zwei vier ist, so giebt es auch in der Staatswirthschaft Theorien, deren Richtigkeit zwar Niemand bestreiten mag, die man aber doch in der Praxis selten nur in ihrer ganzen Ausdehnung anzuwenden wagt. Dahin gehört die Theorie des unbedingt freien Handels, die volle Freiheit des Waldeigenthums, und seine gänzliche Befreiung von beschränkenden Grundgerechtigkeiten. Dies macht, weil häufig die Bedingungen, unter denen eine solche Theorie allein anwendbar ist, von denen, die sie entwickeln, nicht genug beachtet werden. Es ist nicht die Idee, hier diese letzteren Gegenstände zur vollständigeren Erörterung theoretisch nochmals zu behandeln. Das ist in der neuesten Zeit so vielfach geschehen, daß wenig Neues und noch nicht darüber Gesagtes darüber anzuführen seyn dürfte. Es soll vielmehr hier versucht werden, darzustellen, die Theorie ganz bei Seite gestellt, was die Regierungen zur Ordnung dieser Gegenstände von Zeit zu Zeit gethan haben, was der Erfolg davon gewesen ist, und wie sich das Bedürfniß der Ordnung mancher Gegenstände praktisch fühlbar macht. Man kann wohl annehmen, daß die in dieser Beziehung früher erlassenen Gesetze weniger das Produkt der Spekulation und der Theorie gewesen sind, als dasjenige der Erfahrung, des Gefühls der Nothwendigkeit, wie es sich aus demjenigen entwickelte, was vor Augen lag. Darum kann man auch voraussetzen, daß sich aus den Abweichungen der verschiedenen Gesetzgebungen recht gut erkennen läßt, welche nothwendige Aenderung die Theorie in der Anwendung nach den verschiedenen Verhältnissen erfahren muß. Es wird nichts schaden, einmal den umgekehrten Gang wie gewöhnlich zu wählen und aus dem was geschehen ist, die Theorie dessen was geschehen muß zu entwickeln, statt daß man sonst durch Theorie zeigen will, was angeordnet werden müßte.

Es war jedoch nicht die Absicht, hier alle einzelnen Gegenstände der Forstpolizei bis in das Detail zu erörtern. Das würde ein voluminöses Werk nöthig gemacht haben, was bei viel Langweiligem wenig praktischen Werth gehabt hätte, weil eben das Einzelne überall anders ist und seyn muß. Der Zweck des Buches ist vielmehr, die allgemeinen Grundsätze zu entwickeln, nach denen man überall das Einzelne geordnet hat, und dann, wenn diese festgestellt, die Erörterung und Feststellung des Details denjenigen anheim zu stellen, welche dasselbe dazu hinreichend kennen. Bloß die Ordnung der Grundgerechtigkeiten ist beispielweise versucht, um den Geist, in dem sie erfolgen muß, bestimmter und deutlicher zu bezeichnen. Dabei liegt aber nicht die etwas richtig anmaßliche Idee zum Grunde den Behörden, am allerwenigsten den Preußischen, eine bis auf das Publikationspatent fertige Forstordnung zur Vollziehung der höchsten Behörden vorzulegen, sondern es soll nur auf die wichtigsten Gegenstände aufmerksam gemacht werden, von welchen zu wünschen ist, daß die Behörden bei Abfassung eines neuen Forstpolizeigesetzes ihre Aufmerksamkeit darauf richten mögen, und die individuellen Ansichten des Verfassers dabei der Würdigung des Lesers anheim zu stellen.

Dazu sind überdem auch noch, nur zwei Hauptabtheilungen jedes Forstpolizeigesetzes ausgehoben, weil diese gerade die schwierigsten zu seyn scheinen: die Bevormundung der Privatforsten und die Ordnung der Waldservituten.

Hinsicht der ersten muß der Verfasser jede Behauptung einer Aenderung seiner Ansichten zurückweisen, wenn er diese Bevormundung mehr als sie jetzt in Preußen stattfindet, für wünschenswerth ansiehet. Er hält sie nur für ein nothwendiges Uebel, dem zu entgehen, man fortdauernd streben muß. Daß man es jetzt noch nicht kann, ändert die Ansicht nicht, daß man es können mögte.

Das, was der Verfasser hier vorschlägt, ist nichts als die Anwendung der früher in der Schrift: Grundsätze der Forstwissenschaft, enthaltenen Theorie, für einen gegebenen Fall, und zwar für Preußen.

Inhalts-Verzeichniß.

Erster Abschnitt.

Von der Bevormundung der Privatforsten.

Zweiter Abschnitt.

Von der Ordnung der Waldservituten.

Einleitung.

Was eine Forst-Ordnung nicht enthalten muß, und was sie enthalten kann.

Ein Forstpolizeigesetz, gemeinhin eine Forstordnung genannt, kann mancherlei enthalten. Wir beginnen aber nicht damit, die Dinge aufzuführen, welche darin enthalten seyn müssen, sondern damit, auszusondern, was man nicht darin aufnehmen muß. Dies ist deshalb nöthig, weil man so sehr viel unpassende Dinge hineingebracht hat.

Unpassend ist es zuerst, wenn man eine Forstordnung nicht ganz rein von fiskalischem Geiste und Sinne hält, der früher sie so sehr durchdrungen hatte. Bei einem Steuergesetze mag und muß man diesen gestatten; bei einem Polizeigesetze ist es aber gewiß unpassend den Glauben zu erregen, daß z. B. die Privatforsten nur deshalb unter Bevormundung durch die Regierung gezogen würden, um ein Mittel zu erhalten, die Staatsbeamten durch die Privaten besolden zu lassen, den Einschlag der Mastbäume zu verhindern, wenn die Mast dem Fiskus gehört u. s. w. Wo die Ansprüche des Fiskus in Berührung mit den Rechten der Privaten kommen, muß der Finanzminister nicht als Redakteur der Forstpolizeigesetze dies durch dasselbe ordnen, und das fiskalische Interesse sichern wollen.

Eine zweite sehr wichtige Vorsicht ist nöthig, um das Forstpolizeigesetz von allen denjenigen Bestimmungen rein zu halten, welche nicht Gegenstand eines Gesetzes, sondern der Ordonnancen, Reglements, Instruktionen sein müssen.

Ein Gesetz kann nur diejenige Behörde abändern, von der Befolgung desselben dispensiren, welche es erlassen hat. Wenn man in einem Forstpolizeigesetze, wie z. B. in dem neueren Badenschen, die Details der Wirthschaftsführung vorschreibt, die Entfernung der Saamenbäume auf den Dunkelschlägen bestimmt, die Umtriebszeiten und das Betriebsalter festsetzt, so muß der Finanzminister oder der Minister des Innern nothwendig bei der Kammer, welche das Gesetz debatirt und genehmigt hat, einkommen, wenn ein Privatmann darthut, daß es zweckmäßiger ist, den Schlag lichter zu hauen, für einzelne Orte ein kürzeres Betriebsalter vortheilhafter ist, denn sie würden zu rechtlich und patriotisch seyn, um etwas zu befehlen, was notorisch unwirthschaftlich und dem Walde wie dem Eigenthümer nachtheilig seyn würde. Nun mögen wir zwar den Herren Welcker und Rotteck, als Träger der Freiheit des Erdballs, durchaus nicht die höchste Regierungsweisheit bestreiten, ob gerade aber durch sie ein Gesetz, welches die Stellung der Saamenbäume zum Gegenstande hat, eben so scharfsinnig discutirt werden würde als eine Diatribe über irgend einen an der Tagesordnung stehenden politischen Gegenstand, glauben wir doch bezweifeln zu müssen, wenn sie auch selbst, wie es wohl wahrscheinlich ist, kein Bedenken tragen würden, dies ebenfalls zu entscheiden.

Die Wirthschaft in den Wäldern wird nach der täglich sich ausbildenden und fortschreitenden Wissenschaft geführt und geordnet. In dieser befiehlt man aber nicht durch Gesetze. Man kann befehlen, daß die Forsten nach einem Wirthschaftsplan behandelt werden müssen, daß dieser durch Kunstverständige soll geprüft, durch die dazu bestimmte Behörde genehmigt werden soll, aber man kann nicht diesen Wirthschaftsplan selbst in einem Gesetze vorschreiben. Daß es Colbert in seiner berühmten Ordonnance von 1669 that, hat Frankreich bis jetzt auf derselben Stelle in seiner Wirthschaft zurück gehalten, und blos darum hat es Deutschland nicht folgen können. Täglich ändern, vervollkommnen sich die Ansichten über die vortheilhafteste Erziehung des Holzes, über Durchforstung, Taxation und tausend andere Dinge; wenig Jahre gehören oft dazu, um einer Idee Raum zu verschaffen, eine andere als veraltet und unrichtig erscheinen zu lassen, Streitigkeiten bestimmt zu entscheiden. Ist es denn Sache des Gesetzes, jede verschiedene wissenschaftliche Ansicht über die Behandlung der Wälder in der Anwendung zu untersagen, und ein allein gültiges Lehrbuch vorzuschreiben? —

Eine dritte Anforderung scheint uns die zu seyn, daß man sich hüten muß, eine Menge unwichtiger, unwesentlicher und am Ende ganz gleichgültiger Dinge zu befehlen. Es ist ein alter Erfahrungssatz, daß derjenige, welcher zuviel befiehlt, nicht blos die Unzufriedenheit derer erregt, welche gehorchen sollen, sondern auch weit weniger auf Gehorsam zu rechnen hat, als der, welcher sich begnügt, nur die Befolgung einiger anerkannt nothwendiger Vorschriften zu verlangen. Es darf in der Verwaltung wie in der Gesetzgebung nie dahin kommen, daß die Leute sich daran gewöhnen, die bestehenden Anordnungen unbeachtet zu lassen, weil sie eine Menge Kleinigkeiten betreffen, die unangenehm sind, und von denen man zuletzt selbst weiß: die Behörde bestehet nicht sehr darauf, weil es im Allgemeinen nichts Wesentliches betrifft. Auch darf man nicht vergessen, daß jemehr man mit der Gesetzgebung in das Detail eingehet, desto mehr setzt man sich der Gefahr aus, Anordnungen zu treffen, welche nicht überall passen, desto mehr kömmt man in die Lage, um das Gesetz aufrecht zu erhalten, fortwährend Rügen und Strafen verhängen zu müssen, ohne daß diese in den Augen des Volkes sich immer rechtfertigen.

Es ist recht zweckmäßig das Holz überall mit der Säge zu kürzen, statt mit der Axt, die Stöcke der abgehauenen Bäume nicht über 6 Zoll hoch stehen lassen, und tausend solcher Dinge mehr. Es ist auch nöthig und passend, in eine Dienst-Instruktion für Revierverwalter der Staatsforsten die Vorschriften aufzunehmen, welche für einen regelmäßigen Holzhauereibetrieb gegeben werden müssen, denn da kann man ihre Befolgung fordern und nöthigenfalls durch die gewöhnliche Controle und Revision erzwingen. Dem Privatforstbesitzer aber dieselbe Vorschrift zur Befolgung in seinen eigenen Forsten geben zu wollen, ist gewiß sehr zu mißbilligen. Das Wohl des Staats wird dadurch nicht gefährdet werden, wenn das Holz auch nicht mit der Säge gekürzt wird, oder ein Baumstock 12 Zoll hoch statt 6 Zoll stehen bleibt. Hat das Holz Werth, so werden die ausgehauenen Späne schon aufgelesen, der Baumstamm wird ausgegraben und benutzt werden. Hat es keinen, so ist weiter kein großer Schaden, wenn es auf dem Schlage verfault. Wer soll denn nun aber immer die Schläge revidiren, ob kein Stamm wirklich höher stehen bleibt als vorgeschrieben ist, oder ob kein Baum gehauen statt gesägt wird? Welches Gericht wird sich denn am Ende entschließen, achtbare, ihren Forst gut kultivirende und behandelnde Gutsbesitzer fortwährend um solcher Lumperei willen zu strafen? Werden nicht diese gerade durch solche Kleinigkeits-Krämerei am meisten empört werden?

Was allenfalls von diesen Dingen aufgenommen werden soll, gehört in die Reglements und Ordonnancen, welche zur Ausführung der allgemeinen gesetzlichen Bestimmungen gegeben werden. Ein Forstpolizeigesetz muß nur die wichtigsten Bestimmungen, deren Nothwendigkeit und Zweck Jedermann vor Augen liegen, enthalten. Ein solches von mehreren Hundert §§. taugt nie etwas. Dadurch, daß man solche unwichtige Bestimmungen besonderen Reglements, erlassen durch die Exekutiv-Behörde, vorbehält, erreicht man den Vortheil, die fortdauernd nöthigen Modifikationen weit kürzer und einfacher eintreten lassen zu können, und, ohne die Grundbestimmungen zu ändern, das Gesetz mehr in Uebereinstimmung mit dem sich täglich mehr entwickelnden Bedürfnisse der Wirthschaftsführung, und den Ansprüchen, die man an dasselbe machen muß, zu erhalten.

Eine vierte, gar nicht leicht zu erfüllende Anforderung ist diejenige, daß man nicht rein civilrechtliche Gegenstände in einem bloßen Polizeigesetze zu ordnen suchen will, auf der andern Seite doch aber auch, wie dies der Polizei überall obliegt, notorischen Rechtsverletzungen möglichst vorbeugt, und das Eigenthumsrecht zu schützen sucht.

Die erste Aufgabe der Forstpolizeigesetze ist unläugbar, die Erhaltung der Forsten für den Staat zu sichern, weil das Wohlbefinden, wenn auch nicht immer, wie man glaubt, die Existenz jedes Einzelnen, durch deren Vernichtung gefährdet werden würde. Darum kann weder dem Eigenthümer noch auch dem Berechtigten die Befugniß eingeräumt werden, einen Wald so zu verwüsten, daß er ganz für den Staat und das National-Einkommen verloren gehe. Was angeordnet werden darf und muß, um diese Erhaltung zu sichern, so weit sie gefordert werden muß, ist nicht nach dem Civilrechte sondern im Forstpolizeigesetze zu entscheiden, denn wir erkennen keine rechtliche Befugniß zu Verwüstung eines Waldes in dieser Art an. Wie aber der Eigenthümer und der Berechtigte sich in die Gesammtproduktion theilen, wenn ein strittiges Stück Wald gehört, das mag immerhin dem Civilrichter anheim gestellt bleiben. Die Beschränkung der Weidegerechtigkeit, der Streugerechtsame, so weit sie zur Erhaltung der Wälder nöthig ist, gehört in das Forstpolizeigesetz, denn das Recht der Waldweide kann nur in einem Walde ausgeübt, Streu nur in Holzbeständen gerecht werden. Ob aber das Recht auf den Abraum Aeste von 3 oder von 4 Zoll Dicke in sich begreift, mag in und nach dem Civilgesetzbuche bestimmt und entschieden werden. Das Forstpolizeigesetz hat damit nicht das geringste zu schaffen. Eben so fern liegt ihm die Vorschrift zu Entscheidung von Grenzstreitigkeiten und anderen Dingen mehr.

Daß ein Forstpolizeigesetz nicht unbestimmte Ausdrücke,

willkührlich zu deutende Bestimmungen enthalten müsse, hat es zwar mit jedem Gesetzbuche gemein, gerade hier aber scheint eine Erinnerung deshalb nicht überflüssig, weil so häufig dagegen gefehlt wird.

Bestimmungen, wie solche z. B.: daß ein Wald-Eigenthümer nur dann seinen Wald roden dürfe, wenn dieser gute Aecker, gute Wiesen, gute Weide gebe*), sind ganz unzulässig, denn das Wort: gut, wird hier nur relativ gebraucht. Es hat in der Danziger Niederung eine ganz andere Bedeutung als 10 Meilen davon im Flugsandboden. Niemanden wird der Gebrauch dieses Ausdrucks bestritten werden können, wenn er in Bezug auf das noch viel Schlechtere erfolgt. Nicht bloß der Zweck, der durch eine Bestimmung erreicht werden soll, muß klar vor Augen liegen, sondern der Buchstabe derselben darf auch nicht, ohne Zwang, sehr verschiedenartig zu deuten seyn.

Zuletzt wird es auch noch zu empfehlen seyn, daß man in ein Forstpolizeigesetz so wenig als möglich Anordnendes und Gebietendes aufnimmt, und sich, wenn es nur irgend möglich ist, auf das zu Verbietende, Untersagende, beschränkt. Diese Ansicht rechtfertigt sich sehr leicht durch die gewiß richtige Bemerkung, daß es weit leichter ist, eine Handlung durch ein Verbot zu verhindern, als eine solche durch ein Gebot zu erzwingen. Es ist immer besser, ein Gesetz gar nicht zu geben, als ein solches zu erlassen, von dem man schon im Voraus weiß, daß man nicht im Stande seyn wird, die Befolgung desselben zu erzwingen. Darum ist es gewiß zweckmäßig, die Verwüstung des Waldes zu verhüten, es wird aber in der Regel von wenig Erfolg seyn, vollkommene Kultur zu befehlen.

Haben wir auf diese Art unsere Ansicht entwickelt, was eine Forstordnung oder ein Forstpolizeigesetz nicht enthalten

*) Hartigs Forstordnung, Berlin 1833. S. 9.

muß, so könnten nun auch eine Menge Dinge angeführt werden, welche allerdings wohl darin ihren Platz finden können. Dahin gehören zuerst die Bestimmungen über Längen, Flächen und Körpermaaß. Ohnstreitig zweckmäßiger ist es aber, sie in der Maaß- und Gerichtsordnung zu geben und daselbst das Landesmaaß auch für die Waldwirthschaft zu bestimmen. Es verstehet sich aber von selbst, daß dies nur in Bezug auf den öffentlichen Verkehr geschehen kann. Es würde gleich lächerlich seyn, dem Bauer vorzuschreiben, er solle stets den Kindern das Brod nach Preußischem Gewichte zutheilen, als ihm zu gebieten, das Reisholz von einem auf seinem Holzgrunde gefällten Baume erst in Preußische Reisiggebündel zu binden, bevor er es in den Ofen steckt; oder ihn bestrafen zu wollen, wenn er dieses Holz dicker als 2 Zoll in diese Gebinde einlegt*). Wer hat eine Befugniß oder ein Recht es zu hindern, wenn ein Waldbesitzer und ein Käufer sich über ein besonderes Maaß einigen, oder ohne Maaß einen Handel abschließen?

Ein anderes sehr weites Feld zur beliebigen Ausdehnung eines Forstpolizeigesetzes eröffnen die Bestimmungen hinsichts der Bestrafung der Forstfrevel. Wenigstens zum bei weitem größeren Theile wünschten wir aber sie ausgeschieden zu sehen, um sie in ein besonderes Forststrafgesetz aufzunehmen. Diejenigen Vergehen, welche eine criminelle Untersuchung und Bestrafung herbeiführen, sind wohl überhaupt nicht in ein bloßes Polizeigesetz aufzunehmen, sondern sie müssen, nach Vorschrift der Criminal-Ordnung, untersucht und bestraft werden. Dann greift aber auch überhaupt die Bestrafung der Forstfrevel so viel in die in die Strafrechtstheorie ein, daß hierbei so wenig der Forstwirth, wie der Staatswirth allein, eine entscheidende Stimme haben können, sondern diese zuletzt dem Juristen anheim fällt. Ein natürlicher Erfolg der Verwebung des Forststrafgesetzes mit dem Forstpolizeigesetze ist es dann aber, daß

*) Hartigs Entwurf einer Forstordnung S. 40. §§. 177. 178.

dieses letztere dadurch einen rein juristischen Karakter erhält. Gewiß ist es aber eben so wenig zu wünschen, daß ein Forstpolizeigesetz seine Begründung nirgends im Rechte sucht, als daß aus den Pandekten der Beweis der Nothwendigkeit der Erhaltung des Waldes auf den Berggipfeln bewiesen werde.

Man scheide daher wenigstens die leichten rein polizeilichen Vergehen, die Bestrafung derjenigen aus, wo der Natur der Sache nach eine juristische Erörterung gar nicht stattfinden kann, man sondere sie von denjenigen, wo dies nothwendig der Fall seyn muß. Einen Hirten blos nach den Vorschriften der Forstordnung wegen Feueranlagen im Walde, oder wegen der Verwüstung einer Schonung, mit kurzem Prozeß, wie es sonst hieß, auf das Zuchthaus zu schicken, gehet nicht füglich mehr an, dagegen kann diese allerdings wohl bestimmen, daß ein Holzberechtigter, welcher vor Sonnenaufgang im Walde betroffen wird, Acht Groschen Strafe bezahlen, oder einen Tag Forststrafarbeit verrichten soll, wenn man einmal nicht ein vollständiges Forststrafgesetz, abgesondert vom Forstpolizeigesetze, erlassen will.

Gewiß läßt sich aber dabei sehr viel gegen die neueren Forststraftarife, mit den unzähligen Strafsätzen und haarscharfen Distinktionen eines größeren oder kleineren angerichteten Schadens rc. rc. einwenden. Es fehlen ihnen oft sowohl die richtigen Motiven als die praktische Anwendbarkeit. Die ersteren könnten nur darin bestehn, die Strafe nach der größern Unmoralität, dem größern Schaden zu bemessen, von dem Vergehen durch die größere Strafe abzuschrecken. Keines dieser Motive läßt sich nachweisen, wenn z. B. das Abschneiden eines Birkenreises zur Wiede und Erntewiede mit 1 Sgr., zur Reitgerte mit 2 Sgr., und um das Fenster damit als Maie zu schmücken mit 15 Sgr. bestraft werden soll *). Die Unanwendbarkeit dieser Tarife liegt darin, daß sich in der Regel nicht darthun

*) Hartig, Entwurf zur Forstordnung. S. 101. Strafsatz 8, 9, 10.

läßt, ob derjenige, welcher bei dem Abschneiden eines solchen Birkenreises getroffen wird, es wirklich nur als Gerte oder nicht vielleicht auch als Wiede hat benutzen wollen u. s w. Es scheint, daß es überhaupt nicht Sache der Forstwirthe allein ist, diese Straftarife zu entwerfen, sondern daß die Rechts- und Polizeiverständigen dabei mit concuriren müssen, um eine Gleichheit in die Bestrafung ähnlicher, polizeilicher und crimineller Vergehen zu bringen. Dies rechtfertigt es schon allein genügend, wenn derselbe in den folgenden Abhandlungen ganz unbeachtet geblieben ist.

Ein anderer Gegenstand der Forstpolizeigesetzgebung kann die Ablösung der Waldservituten sein. Es gehört jedoch dieser mehr der reinen Kulturgesetzgebung an, und ist auch schon so vielfach, selbst vom Verf. d. S. bearbeitet, daß er hier ebenfalls übergangen werden konnte.

Die mannigfaltigen Anordnungen, welche getroffen werden müssen, um die verschiedenen Forstfrevel zu verhüten, z. B. die Bestimmungen über die Art und Weise der Ausübung der Weidegerechtigkeit, die Verbote der Quirle aus Baumgipfeln, des Gebrauchs der Baststricke, der Wagen bei Abholung des Raff- und Leseholzes, so wie eine große Menge andrer Dinge, sind ein eigentlicher Gegenstand der Forstpolizeigesetzgebung. Sie sind aber durchaus nur provinziell zu ordnen und deshalb wurden sie hier, wo bloß die allgemeinen Grundgedanken der Forstpolizeigesetzgebung erörtert werden sollten, ebenfalls übergangen. In eine Forstordnung für den Regierungsbezirk Erfurt Bestimmungen über die Nachtkoppeln, die Verpflichtung zum Sammeln der Kieferraupen, die Bindung der Sandschollen, aufnehmen zu wollen, würde eben so unpassend sein als in den Marken das Abholen des Leseholzes mit Pferden und Wagen zu untersagen. In Gebirgen muß dies im Sommer abgeholt werden, in der Ebene ist es nur in der Zeit von Michaelis bis Ostern erlaubt. So wie man in ein Forstpolizeigesetz viele Bestimmungen aufnimmt, welche das Volk gar nicht begreift, da sie auf dessen Gewohnheiten gar nicht passen, so ist sogleich das Urtheil desselben über das Unpraktische und Unbrauchbare des ganzen Gesetzes bei ihm entschieden. Niemals wird aber ein solches, welches man mit diesem Vorurtheile betrachtet, wirklich in das Leben treten. Darin liegt es eben, daß in der Regel die Forstpolizeigesetze in den kleinen Staaten besser befolgt werden, als in den großen, weil alles in ihnen lokal und für gegebene Verhältnisse berechnet ist, in großen Staaten es aber gar nicht fehlen kann, daß man Sachen an einem Orte für wichtig hält, die es an einem andern gar nicht sind. Das Rescript vom 8ten Juli 1817, wodurch die Verfertigung von Pfeifenröhren aus jungen Baumschüssen verboten wird, mag wohl seine gegründete Veranlassung irgend wo haben, allein auf die Erhaltung der Forsten in den östlichen Provinzen der Monarchie kann es sich unmöglich beziehen, und deshalb hat auch wohl gewiß hier noch nie ein Polizeiofficiant die Pfeifenbuden untersucht, um zu sehen, ob es übertreten worden ist. Zudem sind gerade diese Gegenstände schon früher in Preußen so vielfältig durch alle möglichen Gesetze geordnet worden, daß gewiß wenig Neues darüber zu sagen ist und nur eine Revision der ältern Provinzal-Forstgesetzgebung nöthig wird um dasjenige, was nicht mehr zeitgemäß ist, oder was als überflüssig erscheint, auszuscheiden.

Auch die Bestimmungen über die Beihülfe zur Vertilgung der Forstinsekten, die überdem schon am andern Orte vom Verf. vorgeschlagen wurden, diejenigen zur Verhütung von Sandschollen, Erdrissen, welche fremde Grundstücke überschütten u. s. w., sind hier als Gegenstände der Provinzial-Forstordnungen übergangen.

Das sind die Gründe, warum diese Schrift auf zwei Gegenstände, ohnstreitig die wichtigsten jeder Forstpolizeigesetzgesetzgebung beschränkt wurde:

die Bevormundung der Privarforsten

und

die Feststellung der allgemeinen Grundidee zur Ordnung der Waldservituten.

Gewiß sind es auch nicht bloß die wichtigsten, sondern wohl auch diejenigen, worüber die verschiedensten Ansichten herrschen und wo es am schwierigsten ist, zu einer bestimmten Grundlage für das Detail der Gesetzgebung zu gelangen.

Diese ist es auch nur, die uns vorzüglich beschäftigt, weit weniger das durch die Oertlichkeit bedingte Einzelne.

Erster Abschnitt.

Von den Grundsätzen hinsichts der Bevormundung der Privatforsten.

§. 1.

Jede Gesetzgebung muß sich dem Kulturzustande eines Volkes anpassen, aber keine mehr als die, welche den Zweck hat, die vortheilhafteste Benutzung des Bodens möglich zu machen und zu sichern. — Nordamerika oder Australien, wo man jedem Anbauer gleich von Hause aus die Befugniß einräumen kann seinen Boden zu bebauen und zu benutzen wie er Lust hat, weil keinem anderen Menschen ein Anspruch darauf zustehet, bedarf dieser Kulturgesetzgebung allerdings gar nicht, und höchstens ist hier zu bestimmen, welchen Beschränkungen sich der Eigenthümer zu Gunsten der Gesellschaft bei Anlegung von Straßen, Kanälen u. s. w. unterwerfen muß. Anders ist es in Europa, wo eine Menge von Einrichtungen aus dem Alterthume auf uns vererbt sind, welche der Entwickelung der Kultur oft Fesseln anlegen, wo die Ansprüche Fremder an den Boden, und selbst die Arbeit seiner Besitzer, oft so mannigfaltig sind, daß sie nach und nach beseitigt werden müssen. So wie der Zustand der bürgerlichen Gesellschaft nie Jahrhunderte hindurch derselbe bleiben kann, wird auch niemals die Gesetzgebung so lange unverändert gelassen werden können. Auch Nordamerika wird dies empfinden, wie es sich in Europa bemerken läßt.

§. 2.

Keine schwierigere Aufgabe in der Gesetzgebung giebt es zu lösen als die: auf der einen Seite jedem Grundbesitzer die möglichste Freiheit zu verschaffen, dem Boden den größten Ertrag abgewinnen zu können, und auf der andern nicht nur allen Ansprüchen dritter auf diesen Grund gerecht zu werden, sondern auch die Verwüstung und Verschlechterung desselben zu verhindern. Die Gesetzgebung soll hier das Problem lösen, zwar alle Freiheit des Handelns zu geben, aber doch Alles zu verhüten was fremde Rechte kränken oder der Gesellschaft nachtheilig werden kann. — Man sieht schon, daß dies gewissermaaßen einen Widerspruch in sich faßt. Dabei ist ihr aber auch noch die Aufgabe gestellt, die Entschädigung für alle diejenigen zu bestimmen, welche zum Besten der Gesellschaft Aufopferungen an ihrem Einkommen und Rechte machen müssen.

Wir sagen ausdrücklich: zum Besten der Gesellschaft, denn nur zu Gunsten dieser können solche Aufopferungen verlangt werden, da jeder, welcher in ihr lebt und die Vortheile derselben genießt, auch verbunden ist wieder die erforderlichen Opfer dafür zu bringen. Der Vortheil der Gesellschaft fordert aber, daß jeder Grund zum höchsten Ertrage gebracht werden kann, daß er in einem Zustande erhalten oder in einen solchen versetzt wird, worin er ihre Bedürfnisse zu befriedigen vermag.

Das leitende Princip der Gesetzgebung muß aber dabei immer bleiben:

Nie mehr Beschränkungen des einzelnen Eigenthümers zu fordern als durchaus nöthig sind — diese auf eine Art anzuordnen, daß sie am wenigsten gefühlt werden — und den unmittelbaren Verlust am Einkommen, welches rechtlich verlangt werden kann, durch eine Entschädigung zu ersetzen.

Ein Gewinn, für den man nicht im Stande ist eine Entschädigung zu gewähren, ist es nicht werth, daß man darum ein Recht kränkt.

Die Ansprüche der Privaten gegen einander müssen durch die Kulturgesetzgebung so geordnet werden, daß ohne Rechtsverletzung es möglich wird dem Boden den höchsten Ertrag abzugewinnen. Dann ist es aber auch Sache derselben die rechtlichen Ansprüche eines jeden, des Waldbesitzers hinsichts der Erhaltung des Waldes und der ihm daraus gebührenden Nutzung, der Berechtigten hinsichts ihres Antheils an der Waldproduction sicher zu stellen so weit sich dies durch allgemeine Grundsätze und Bestimmungen überhaupt thun läßt. Die besondern und eigenthümlichen Privatverhältnisse müssen natürlich der Beurtheilung und Entscheidung nach dem gemeinen Rechte vorbehalten bleiben.

Auf den ersten Blick wird es in die Augen fallen, daß es sehr schwer, wo nicht unmöglich ist jeden Waldbesitzer für die Aufopferungen zu entschädigen, welche man ihm in vielen Staaten dadurch anmuthet, daß man ihn in der vortheilhaften Benutzung seines Waldes zum vermeintlichen Vortheile des Staats beschränkt.

Darin liegt nun ohne Weiteres der Beweis, daß solche Beschränkungen in der Waldwirthschaft, welche dem Einzelnen erweislich nachtheilig sind und große Opfer kosten, nicht statthaft und widerrechtlich sind, eben weil man dafür keine Entschädigung bieten kann.

Verletzt man einmal das Princip der Gerechtigkeit, welches für alle Aufopferungen des Einzelnen, bloß zum Vortheile des Ganzen, Entschädigung zu gewähren, so kann man eben so gut auch Häuser zu Kasernen, Aecker zu Kanälen und Kunststraßen ohne Weiteres wegnehmen, als den Einschlag eines nutzbaren Baumes, der jetzt gerade dem Besitzer am vortheilhaftesten ist, verbieten. Eine Devastation des Waldes zu unterlassen kann dagegen nie eine Aufopferung sein.

§. 3.

Wir haben es zuerst nur mit der Kulturgesetzgebung zur Erhaltung und Sicherung der Wälder zu thun, welche zugleich die Gesellschaft in dieser Hinsicht sicher stellen, wie den Eigenthümer in den Stand setzen muß, das möglichst reichhaltigste Einkommen daraus zu beziehen.

Wo ein Morgen ohne Holz mehr Werth hat als mit solchem, wo dasselbe eine Last ist, wo es Jeder nehmen kann dem es beliebt, da bedarf man keines Gesetzes zur Erhaltung und Sicherung der Wälder, so lange noch ein solches Verhältniß bestehet. Gewöhnlich täuscht man sich aber sehr darin, daß man glaubt es werde sich nie ändern. Nichts verschwindet mit der fortschreitenden Bevölkerung und Kultur des Bodens rascher als der Waldreichthum und Holzüberfluß. Kein Vorrath ist so groß der nicht erschöpft wird, wenn man immer davon wegnimmt und das Wegenommene niemals wieder ersetzt. Die dünne Bevölkerung Schwedens, Norwegens und Rußlands reichte hin die Wälder so zu lichten, daß an vielen Stellen schon das häusliche Bedürfniß am Bau-, Nutz- und Brennholze, so wie das der Gewerbe, nicht mehr befriedigt werden kann. Dies liegt darin, daß die Vorräthe weit eher verschwinden als die Gewohnheit der Verschwendung und Waldverwüstung, und daß der Glaube an den Holzüberfluß noch dauert, wenn es eigentlich schon fehlt, indem der Zuwachs kleiner ist als die Consumtion, was natürlich eine Aufzehrung der Vorräthe nach und nach herbeiführen muß. Darum sind die Gegenden, welche lediglich von den Vorräthen zehren, ohne an ihren Ersatz zu denken, immer dem Mangel näher als diejenigen, welche einmal Erzeugung und Verzehrung in das Gleichgewicht gebracht haben, und bedürfen darum auch häufig ein Forstpolizeigesetz dringender als diese.

Dies aber auch noch aus andern Gründen, als bloß um der Sicherung gegen Holzmangel. Länder, in denen die Bevölkerung noch wächst, worin eine Vermehrung der Gewerbe, und folglich der Holzkonsumtion, zu erwarten ist, haben die Sorge der Erhaltung der Holzvorräthe nöthig, welche erst in der Zukunft einen Werth erhalten. Zu nichts ist der Mensch mehr geneigt als zur Verschwendung des Holzes und Verwüstung des Waldes, wenn gleich die eine ihm in keiner Art einen Genuß gewährt, und die andere vielfache Nachtheile mit sich führt. Der Boden, dessen die lebende Generation noch nicht bedarf, kann für die künftigen Geschlechter nicht besser aufbewahrt werden als mit Wald bedeckt. Schmerzlich empfinden Westpreußen, Rußland, Schweden und Norwegen die unnütze Vergeudung der großen Holzmassen in der Vergangenheit. Sandschollen, Steppen, öde, der Vegetation beraubte Bergkuppen sind traurige Denksteine der Sorglosigkeit der Regierungen, welche auf nichts sahen als auf die Sicherung des Bedürfnisses für die Spanne der Zeit, welche das Auge überblickte *).

Damit soll aber nicht dem in Fesseln legen jeder freien Bewegung das Wort geredet werden. Man lasse Jedem die volle Freiheit der Benutzung des Grundes so lange, bis man darthun kann daß ihr Mißbrauch verderblich zu werden drohet. Wenn dann eine Beschränkung derselben erfolgt, hat Niemand Ursache sich darüber zu beklagen.

§. 4.

Die Beschränkung der freien Benutzung des Waldes ist in Deutschland sehr alt. Sie beruhet aber zuerst nicht in der Beschränkung der willkührlichen Benutzung des Privateigenthums, von der Regierung aus der Sorge für das allgemeine Wohl veranlaßt, sondern bezog sich lediglich auf die Erhaltung gemeinschaftlich benutzbarer Wälder, oder die Schonung von Forsten, welche nicht freies Eigenthum waren, sondern sich im Besitze der Hörigen, Nießbraucher u. s. w. befanden. Wenn die Gesetze der Ripuarier den Einschlag fruchttragender Bäume, die Burgundischen das Roden im Gemeinwalde untersagten **), so geschah dies, damit der Gemeinde das nutzbare Holz erhalten werden sollte, das einzelne Mitglied der

*) Darum widmet auch die erleuchtete und väterliche Regierung Rußlands jetzt den großen Waldungen dieses Reichs die größte Aufmerksamkeit.

**) Anton, Geschichte der deutschen Landwirthschaft I. 142.

der Gemeinheit sich nicht mehr Rechte anmaßte als ihm zukam. Nicht minder hatten alle die bekannten Märkerordnungen, Weißthümer und ähnliche Forstgesetze durchaus keinen andern Zweck als eine Ordnung festzustellen, nach der der Wald von der Genossenschaft benutzt werden sollte, diese gegen die Ansprüche und Angriffe Mitberechtigter zu schützen.

Ebenso war die Einrichtung der Bauforsten, das Verbot sich in ihnen irgend etwas anzumaßen, nichts weiter als eine Maßregel, welche fremde Mitbenutzer des Waldes zu Gunsten der Fürsten, Klöster u. s. w. aus demselben verdrängen sollte.

So beweiset Stieglitz *) vollständig, daß obschon bereits im 12ten Jahrhunderte die Wälder, vorzüglich durch ausgedehnte Berechtigungen, sehr gelitten hatten, und verwüstet waren, sich doch bis in diese Zeit keine Spur der Beschränkung der willkührlichen Benutzung des freien Eigenthums, die von der Idee einer nothwendigen Erhaltung der Wälder zum Vortheile des Staats ausging, aufzufinden ist.

§. 5.

Auch die älteren Forderungen waren nichts als eine Wirthschaftsordnung, welche die Eigenthümer für ihre eignen Forsten erließen. Daher rührt es, daß wir eine große Menge Forstordnungen für große Gutsbesitzer haben, deren Eigenthümer, von denen sie erlassen wurden, gar nicht einmal reichsunmittelbar waren, sondern diese von ihnen abgefaßten Forstordnungen erst von den Landesherrn bestätigen lassen mußten, damit sie gesetzliche Kraft erhielten. Dieser Art war die älteste deutsche Forstordnung, welche wir kennen, die des Klosters Mauermünster vom Jahre 1144 **), so wie diejenige der Gesellschaft Stollberg, der freien Staudesherrschaften in Schlesien und der Lausitz, wovon beinahe jede ihre durch den Kai-

*) Geschichtliche Darstellung der Eigenthumsverhältnisse an Wald und Jagd in Deutschland. S. 146.

**) Anton, G. d. d. Landr. II. 339.

ser bestättigte Forstordnung besitzt. Auch die von Stisser *) mitgetheilte Forstordnung von 1585, für die Sequestration der Grafschaft Mansfeld von Seiten Chursachsens erlassen, gehört hierher. Es findet sich darin durchaus nichts weiter vor als was auf die Erhaltung und Sicherung der herrschaftlichen Forsten Bezug hat, obwohl die Grafschaft Mansfeld sehr beträchtliche Privat- und Kirchenwaldungen enthält, die darin gar nicht erwähnt sind.

Selbst die eigentlichen landesherrlichen Forstordnungen beachteten anfangs bloß die Sicherstellung der Nutzung aus den Domänenforsten, und beziehen sich weiter nicht auf die Privatforsten, weshalb sie auch nicht als ein allgemeines Forstpolizeigesetz gelten können.

So beziehen sich die ältern Brandenburgischen Forstordnungen aus dem 16ten und 17ten Jahrhunderte nur auf die Domänenforsten, und in derjenigen von 1547 heißt es ausdrücklich, daß sie nur auf die Amtsheiden Bezug habe **).

In gleicher Art beziehen sich die ältesten Forstordnungen in Süddeutschland lediglich auf die privatrechtlichen Verhältnisse der Domainenwaldungen.

So die Ordnung für die Waldförster auf der Hardt vom J. 1483 ***), die älteste Badensche Forstordnung.

Im 16ten Jahrhunderte begann dagegen sich die Forsthoheit mit der Landeshoheit der deutschen Fürsten zugleich auszubilden, indem man dem Beispiele Frankreichs folgte. Hier findet man zuerst die Einmischung in die Privatforstwirthschaft. Die Forstordnungen von Franz I, Carl IX von 1518, 1561, 1571, 1573 ****) beschränkten vorzüglich zuerst die Geistlichen und Gemeinden in Benutzung ihrer Wälder,

*) Forstgeschichte, Anhang S. 125.

**) S. kritische Blätter für Forst- und Jagdwissenschaft, 7ter Bd. 1stes Heft. S. 161.

***) Laurop, Handbuch der Forstgesetzgebung Badens, S. 40.

****) Siehe Duhamel von Fällung der Wälder.

später wurden aber alle Privatwaldungen ohne Ausnahme der Controle für die Staatsforstbehörde unterworfen, und nur die Prinzen vom Geblüte behielten hierin einige Vorrechte. Im Anfange scheint man in der That keine andere Absicht gehabt zu haben, als dem Lande das nöthige starke Baumholz zu Nutzholze, Land- und Schiffsbauholze zu sichern, die Verwüstung der Forsten zu verhindern. Die Vorschriften beschränkten sich darauf, für die größern Forsten der Einführnng eines zu kurzen Umtriebes vorzubeugen, das Ueberhalten von Laßreisern, Ueberständern zu sichern, einen Theil der Fläche zur Erziehung von bloßem Baumholze zu reserviren, und die nöthige Schonung vorzuschreiben, um den Wiederwuchs des Holzes zu erhalten *). Gegen solche Anordnungen konnte Niemand einen Einwand machen, denn sie bezweckten offenbar das Beste des Landes. Später nahm aber die französische Forstregie einen durchaus fiskalischen Karakter an, und es wurde weniger bei der Gesetzgebung die Ansicht in das Auge gefaßt, dem Staate die Erhaltung des nöthigen Holzes zu sichern, als die Privatforsten zu einer Quelle des Einkommens für den Fiscus zu machen. Das Holz welches zu den Festungsbauten, oder für die Königliche Marine gebraucht wurde, mußte entweder ganz umsonst oder zu geringen Preisen dem Fiscus überlassen werden, und die Beamten bestimmten über dessen Erziehung und Erhaltung. Der Einschlag von Holze in den Privatforsten durfte bloß gegen Entrichtung sehr bedeutender Anweisegebühren erfolgen, und wenn Holz in ihnen verkauft wurde, so nahm der Fiscus hiervon als Königsantheil oft bis zur Hälfte des Kaufgeldes. Der Despotismus der Forstbeamten, die Plackereien, denen die Privatforstbesitzer ausgesetzt waren, wenn sie nicht zu den Großen zum und hohen Hofadel gehörten, waren so drückend, daß das Forsteigenthum

*) Dühamel 1ster Thl. S. 96. u. f. in der Uebersetzung von Oelhofen von Schöllenbach. Nürnberg 1766. 4.

allen Werth verlor, und die Besitzer desselben auf alle Art und Weise das Holz, zu dessen Anbau sie gezwungen waren, wieder heimlich zu vernichten suchten, um den Grund auf eine andere Art benutzen zu dürfen.

Dadurch wird denn auch wohl die Reaction sehr erklärlich, welche eintrat, als mit einem Male, zur Zeit der Revolution, eine gänzliche Befreiung der Privatforsten von aller Controle erfolgte.

§. 6.

Auch im südlichen Deutschland begann im 16ten Jahrhunderte die Einmischung der Regierungen in die Privatforstwirthschaft, um die Verwüstung der Wälder zu verhindern. Die höchsten Reichsgerichte waren jedoch weit entfernt, den deutschen Fürsten das Recht zuerkennen zu wollen sich in die Forstwirthschaft ihrer Vasallen zu mischen. Noch in der letzten Zeit des Bestehens des deutschen Reichs wurde dasselbe vom Reichskammergerichte in einem Prozesse der Stadt Büdingen wider ihren Landesherrn den Grafen Ysenburg-Büdingen verworfen. (Siehe Mosers Forstarchiv, 8ter Bd. S. 141.) Zuerst waren es die Gemeindeforsten, welche man zu beaufsichtigen begann. In der Holzordnung für die Länder der Ottoischen Hauptlinie der Familie Nassau vom Jahre 1552 *) ist schon bestimmt, daß die Gemeindewaldungen nach eben denselben Vorschriften gehegt und behandelt werden sollen wie die herrschaftlichen, und daß die Gemeinden ebenfalls diese Holzordnung zu befolgen gehalten sein sollen. Dasselbe bestimmt die Forst- und Jagdordnung für die Badischen Länder vom 25sten August 1586 **), die allgemeine Bairische Forstordnuug vom 1sten November 1568 ***), welche zugleich diese Vorschriften auch auf die geistlichen und Klosterforsten und Gehölze der Hinter-

---

*) Laurop u. Behlen, Handbuch der Forst- und Jagdgesetzgebung des Herzogthums Nassau. S. 43.

**) Ebendasselbe für das Großherzogthum Baden. S. 48.

***) Ebendasselbe für Baiern. S. 13 u. f.

fassen ausdehnt. Auch die Salzburger Forstordnung von Mathäus Lang vom Jahre 1524 *) dehnt ihre Vorschriften auf die Privatforsten aus.

Diese letztere allein erwähnt auch die Forsten des Adels, da in allen übrigen immer nur von denen der Gemeinden die Rede ist, und erst in spätern Gesetzen auch die zu den Rittergütern gehörigen Holzungen unter die Controle der Regierung gezogen werden. — Es heißt in ihr:

„Gleicherweise soll es auch gehalten werden wo die Klöster und die vom Adel zu ihren Schlössern und Sitzen und Häusern, desgleichen die von Städten und Märkten unseres Stiftes und Fürstenthums ausgezeigte Hölzer und Wälder hätten, der sie in rechtmäßiger Gewehr und Inhabung wären, daran soll ihm unser gemeldeter Waldmeister keine Irrung und Verhinderung thun, doch sollen diese Wälder und Hölzer durch sie selbst und die Ihrigen auch treulich verhütet und über ihre Nothdurft was sie nicht täglich bedürfen fleißig gehegt und zu unnütz nicht verwendet noch verwüstet werden.“

Dies ist vielleicht die älteste Verfügung, wo von Seiten des Fürsten in Deutschland die Sorge für Erhaltung der Wälder auch auf die Besitzungen des Adels ausgedehnt wurde. Es gehet aber auch aus der mitgetheilten Bestimmung hervor, daß weniger von einer Einmischung in die eigentliche Bewirthschaftung die Rede war, als von einem Verbote der Devastation.

Aber auch selbst dies hatte seinen Grund nicht sowohl in der Sorge für das Wohl des Staats, wie deutlich aus dem Nachfolgenden hervorgeht, als in dem eignen Interesse des Fürsten als Waldbesitzer, indem diejenigen Forsteigenthümer, welche ihre eignen Wälder verwüstet hatten, ihren Bedarf gewöhnlich aus andern entnahmen, und am ersten den

*) Müllenkamp, Sammlung von Forstordnungen. 1r Bd. S. 5.

herrschaftlichen zur Last fielen. Wenigstens waren ihre Hintersassen dann genöthigt, anderweitig Holz zu holen. Diese Sorge für die Gutshörigen, die Furcht genöthigt zu seyn, am Ende die Beeinträchtigung der Staats- und anderer Forsten nothgedrungen gestatten zu müssen, wenn man nicht der Verwüstung der Gutsforsten vorbeugte, ist es auch offenbar gewesen, welche die Regierungen veranlaßten, so wie sich die Landeshoheit mehr ausbildete, und der Adel den Fürsten weniger furchtbar war, auch die Wälder desselben unter ihre Controle zu ziehen. Die Begriffe, hinsichts der Idee des Staates, waren damals noch nicht so ausgebildet, daß man es für eine rechtlich begründete Forderung gehalten haben würde, wenn dem adlichen Gutsbesitzer angemuthet worden wäre, seine Forsten deshalb nachhaltig zu benutzen, damit auch der ihm fremde oder gar feindlich gesinnte Stadtbürger künftig seinen Holzbedarf sicher erkaufen könne. Dagegen lag es ganz nahe diese Forderung aufzustellen, wenn die Erfahrung lehrte, daß die Gutsangehörigen, zu deren Erhaltung der Gutsherr verpflichtet war, andern zur Last fielen, nachdem er seine Forsten verwüstet hatte.

Daß die Gemeindewaldungen und geistlichen Forsten, als moralischen Personen gehörend, für deren Erhaltung die Regierung ein ganz besonderes Interesse hatte, und die gerade der unnachhaltigen Benutzung am mehrsten ausgesetzt waren, ihre Fürsorge am mehrsten bedurften, daß auch wenn man sie unter besondere Controle setzte, am wenigsten Widerspruch zu fürchten war, liegt wohl in der Natur der Sache. Dem Adel in die Benutzung seines Privateigenthums zu einer Zeit einzureden, wo er dem Fürsten kaum das Recht einräumte, die Gutsangehörigen auch als der Regierung unterthan zu betrachten, wo die Bewilligung der Steuern allein von ihm abhing, und wo man jeden größern adlichen Gutsbesitz als einen Staat im Staate betrachten konnte, war unstreitig wohl schwieriger als die Bevormundung der geistlichen und weltlichen Korporationen, deren Schutz- und Schirmherr gegen die

Anmaßungen des Feudaladels der Fürst war. Im Kampfe um das Privatinteresse zwischen Fürst und Adel, lag aber eine so nahe Veranlassung zur Einmischung in die Privat-Forstwirthschaft, daß sie nicht ausbleiben konnte, und sich auch bemerkbar machte, so wie nur die Autorität der Fürsten dazu hinreichend anerkannt wurde.

§. 7.

In dem nördlichen und nordöstlichen Deutschlande lag die Veranlassung zur Einmischung in die Privat-Forstwirthschaft weit ferner als im südlichen und südwestlichen. Die Bevölkerung war dort viel geringer, die Waldfläche, mit Ausschluß der süddeutschen Gebirgsgegenden, wo aber die Staatsforsten auch überwiegend waren, größer, selbst der Gutsbesitz erstreckte sich auf viel beträchtlichere Flächen. Dies verhinderte schon von selbst die Veranlassung zur Verwüstung der größern Gutsforsten, zumal, da der Boden gewöhnlich von einer Beschaffenheit war, daß er nicht einmal zu Acker gerodet werden konnte. Dazu kömmt noch, daß die leicht sich ansiedelnde, schwer auszurottende Kiefer, es selten zu einer gänzlichen Entblößung des Bodens vom Holze kommen läßt, und wüste Aecker und Waldblößen sich immer wieder von selbst damit überzogen. Dies alles, so wie der Mangel an Absatz für die inländische Konsumtion, war Ursache, daß im Allgemeinen in diesem Theile von Deutschland, so wie auch in den nicht dazu gehörigen östlichen Preußischen Provinzen, weniger ängstlich auf die Privatwälder gesehen wurde, als in den westlichen Gegenden Deutschlands oder gar in Frankreich. Von einer eigentlichen Einmischung in die Privat-Forstwirthschaft, wie sie in Würtemberg, Baiern, Baden u. s. w statt gefunden hat, ist in Sachsen, Preußen, Mecklenburg, Böhmen, niemals die Rede gewesen. Die Regierungen beschränkten sich hier im Allgemeinen nur darauf, das Ausroden und Verwüsten der Wälder, den Verkauf von Eichen und Schiffbauholz in das Ausland, und den Verkauf in großen

Massen, vorzüglich unter den Taxpreisen der Staatsforsten, zu untersagen. In der Preußischen Monarchie hat man eigentlich erst unter Friedrich Wilhelm, dem großen Kurfürsten, angefangen, sich um die Privatforsten zu kümmern, und erst unter Friedrich II. wirklich ernstlich daran gedacht, die Verwüstung derselben zu verhindern. In der Forstordnung für Ostpreußen vom Jahre 1739. (§. 3.) in der Holz-, Mast- u. Jagd-Ordnung für Magdeburg vom 3ten Oktober 1743. (§. 3.), und noch früher in den bei der Lehnsvererbung ertheilten Assekurationen für Halberstadt und Magdeburg vom 28sten April 1719. und 9ten Dezember 1721., wurde die Verwüstung der Privatforsten in diesen Gegenden zuerst untersagt. Wie wenig jedoch diese gesetzlichen Bestimmungen die Eigenthümer wirklich beschränkten, gehet schon daraus hervor, daß in gedachten Assekurationen dem Adel des Fürstenthums Halberstadt und der Grafschaft Hohenstein nachgegeben wurde, auch ohne Consens Eichen und Buchen beliebig zu verkaufen, und nur die forstmäßige Behandlung der Forsten im Allgemeinen vorgeschrieben war.

In den Marken war das Lehnsverhältniß die erste Veranlassung zur Beaufsichtigung der Forstwirthschaft der Vasallen. In dem Edikte vom 29sten Oktober 1683., so wie mehrere frühere Gesetze gleichen Inhalts, vom großen Kurfürsten erlassen, wird ausdrücklich der Verkauf von Eichen und Schiffbauholz vorzüglich aus dieser Veranlassung untersagt, wenn nicht ein Consens vorher erwirkt sey. In der Forstordnung vom 20sten Mai 1720. Tit. 1. §. 3. und in der Assekuration vom 30sten Juni 1717. ist aber auch diese Vorschrift, der Erlangung eines Consenses zum Verkaufe von Eichen und Kiefern zu Stab- und Schiffbauholze, wieder aufgehoben, und nur verlangt, daß die Vasallen ihre Wälder pfleglich und wirthschaftlich behandeln sollen. Aber auch diese sehr allgemein gehaltene Vorschrift der Forstordnung von 1720., hinsichts der Erhaltung der Privatforsten, gab der Ritterschaft in der Mark noch Veranlassung sich über Beschränkung in der freien Disposition über ihre Forsten zu beschweren. Sie erlangte auch auf ihre Vorstellung unter dem 14ten Februar 1722. eine Deklaration, worin dem Adel ausdrücklich der willkührliche und beliebige Verkauf vom Holze aus seinen Forsten zugestanden wird, und nur der Verkauf des Holzes unter der Königl. Forsttaxe verboten wurde. Es ist in dieser Deklaration als ein Recht des Adels in der Mark anerkannt, in der beliebigen Benutzung seiner Holzungen nicht beschränkt zu werden, und nur reservirt, die gänzliche Verwüstung der „auf dem äußersten Fall stehenden Güter" verhindern zu können.

Man muß hierbei nicht vergessen, daß es eigentliche Gemeindeforsten in den Provinzen des Preußischen Staats, östlich von der Elbe, nicht giebt. Die größeren Städte hatten, hinsichts ihrer Forsten und deren Bewirthschaftung, früher ganz gleiche Rechte, wie die des Adels, und erst später zog man sie unter eine besondere Controle, wie unten nachgewiesen werden wird. Die einzelnen Holzgründe der Bauern, aus mit Holz angeflogenen Aeckern bestehend, durften von diesen nicht willkührlich benutzt werden, sondern der Bauer sollte nur soviel darauf hauen, als er zur Unterhaltung seiner Wirthschaft bedurfte. Dies rechtfertigte sich schon dadurch, daß der Bauer selten freier Eigenthümer, sondern gewöhnlich Laßbauer war, in jedem Falle aber die bäuerlichen Güter so viel Reallasten hatten, daß deren Realgläubiger ihre Verwüstung zu verhindern wohl befugt waren. Auf den Domainenämtern führten auch demgemäß gewöhnlich mehr die Pächter und Domainenbeamten die nöthige Aufsicht zur Erhaltung dieser Bauerhölzer, als die Oberförster; auf den Rittergütern war dies Sache der Grundherren. — Bei den ganz freien Bauergütern oder Schultiseien kümmerte sich in der Regel Niemand um die Erhaltung des dazu gehörigen Holzes.

§. 8.

Wenn man untersucht, in welcher Art und Weise die Forstregie bis zum Eintritte der französischen Revolution und in der Folgezeit in Frankreich und Deutschland wirklich ausgeübt wurde, so ergiebt sich in dieser Hinsicht Folgendes.

In Frankreich galten theils die direkten Vorschriften der verschiedenen Forstordnungen, vorzüglich derjenigen von 1669., theils auch Gewohnheitsrechte (Usages). Die ersteren bezweckten mehr die Erhaltung der Forsten und vorzüglich die Nachzucht von starkem Holze, die letzteren erstreckten sich gewöhnlich auf zu entrichtende Abgaben, welche mehr durch die Plackereien und Finanzspekulationen entstanden waren, als durch eigentliche Gesetze, von den Parlamenten registrirt. Wir können diese daher auch wohl mit Recht unbeachtet lassen, da hoffentlich gegenwärtig keine Regierung mehr die Beschränkung der Privatforstwirthschaft aus bloß fiskalischen Rücksichten anordnen wird.

Die wesentlichsten Vorschriften, welche zur Erhaltung der Privatforsten gegeben wurden, waren folgende, wobei zu bemerken ist, daß man in Frankreich größtentheils Mittelwald trifft, so daß man diesen besonders im Auge hatte.

Alles Schlagholz der Gemeinden und Geistlichen mußte wenigstens 24 bis 25 Jahr alt werden, und in der Nähe von Paris, oder eines nach Paris führenden Flusses, 35 Jahre, um die Stadt mit starkem Holze zu versehen. Ueberall mußte eine bestimmte Menge Laßreiser und Oberbäume auf den Schlägen stehen lassen, deren Auszeichnung den Königlichen Beamten überlassen war. Niemand durfte, ohne Genehmigung der Forstbehörde, Holz ausreuten. Die Schläge mußten selbst vom Eigenthümer mit der Behütung verschont werden, bis sie dem Viehe entwachsen war, und die Forstbehörde hatte überhaupt darauf zu sehen, daß nichts von seiner Seite geschahe, was dem Holzwuchse hätte nachtheilig seyn können. Zum Verkaufe vom Holze aus den Forsten der Geistlichen, Gemeinden, Privaten, wenn es nicht einzelne, im Felde stehende Bäume waren, mußte stets der Consens der Regierung eingeholt werden, derselbe geschahe unter der Controle der Forstbeamten des Staats gegen sehr hohe Anweisegelder und Abgaben, ganz unter denselben Formalitäten, wie in den Staatsforsten. Selbst Bauhölzer zum eigenen Gebrauche durften die Privaten nur fällen, wenn sie dem Forstsekretair einen Monat vorher Anzeige davon gemacht hatten, und nur bis zu einem gewissen Betrage. Auf Stellen, welche taugliches Holz für die Marine erzeugen konnten, hatte die Forstbehörde das Recht den Einschlag in den Forsten der Geistlichen bis zum dritten Theile ganz zu untersagen, und diesen in Heege gelegten Theil mit Gräben umziehen zu lassen. Kohlen durften in der Nähe von Paris oder in den Waldungen zunächst den nach dieser Stadt führenden Flüssen gar nicht gebrannt werden.

Außer diesen Beschränkungen der Privaten in der Benutzung ihrer Forsten existirten noch eine Menge andere, welche in dem Vorkaufsrechte der Marine auf alle zum Schiffsbaue taugliche Bäume, in der Verpflichtung, das Holz zum Festungsbau in der Nähe der Festungen, auf Requisition der Militairbehörde, unentgeldlich zu liefern, in der Habsucht der Staatsforstbeamten ihren Grund hatten, wenn sie auch nicht in den Forstordnungen direkt ausgesprochen waren. So vernichtete die berühmte, von Colbert nach 8jähriger Berathung gegebene, Ordonnance von 1664., anscheinend zum Wohle des Ganzen, in der Wirklichkeit höchstens jedoch zum Besten des Fiskus und der Staatsforstbeamten, das Eigenthumsrecht der Privaten, Gemeinden und Geistlichen an ihren Waldungen in einem Maaße, daß man es eher als ein Unglück, wie als etwas Angenehmes ansehen konnte, wenn das Grundeigenthum in einem Walde bestand, welcher geeignet war, hochstämmiges Holz hervor zu bringen.

§. 9.

Es konnte gar nicht fehlen, daß dieser Despotismus, denn dies war diese Art der Waldregie gewiß im höchsten Grade, so sehr sie auch bei den süddeutschen Regierungen Beifall und Nachahmuug fand (wie so oft die französischen Einrichtungen), auch wieder Reklamationen und Tadel erzeugte.

Der berühmte Adam Smith war der erste, welcher die Grundsätze Colberts, die Fabriken und den Handel auf Kosten des Ackerbaues, und der Bodenproduktion überhaupt, empor zu bringen, angriff *). Nichts anders konnte aber mit der Beschränkung der Forstbesitzer zu Gunsten der Marine, der Erziehung von starken Hölzern, der Hauptstadt, in welcher die mehrsten Fabriken ihren Sitz hatten, gemeint seyn.

Nicht minder erhoben sich Reaumür und Büffon dagegen **), indem sie zugleich den wohlthätigen Einfluß der strengeren Forstgesetzgebung Frankreichs auf die Erhaltung der Wälder gänzlich in Abrede stellten. Schon 1721. behauptet Reaumür und 1739. Büffon in den Memoiren der Akademie der Wissenschaften, daß die französischen Waldungen, gerade aus Veranlassung dieser strengen beengenden Vorschriften, im Allgemeinen durchaus verwüstet wären, das Brennholz sey deshalb theurer und das Bau- und Nutzholz überaus selten.

Am heftigsten griff aber Mirabeau***) diese tyrannischen Anstalten Colberts zur Unterdrückung jeder Art der landwirthschaftlichen Industrie und künstlichen Belebung des Handels an, „der man es zu danken hatte, daß der Landmann, endlich entfesselt, alles mit Händen und Füßen an sich riß.“ Er tadelt die willkührliche Bestimmung über Verwendung des Bodens zum Getraide- oder Holzbaue, die erzwungene Holzerziehung, die Anstellung so vieler Beamten zur Verwaltung am fremden Eigenthum u. s. w.

War es ein Wunder, wenn mit der französischen Revolution auch eine Reaktion hinsichts der Forstgesetzgebung eintrat? Durch das Dekret vom 27sten Dezember 1790. wurde die Forstregie über die Privatwaldungen ganz aufgehoben, und jeder Eigenthümer konnte über seinen Wald verfügen.

*) Nationalreichthum. 3. Bd. S. 375.

**) Dict. rais. des sciences. F. et B. T. 7.

***) Victor Riquetti, Marquis de Mirabeau, Politische Oekonomie. Leipzig bei Rieger. 1798. 2. Bd. S. 10.

Das Gesetz vom 28sten August und 14ten September 1792. gab auch den Communen ihre durch die Anmaßungen des Feudalsystems verlornen Wälder zur freien Benutzung zurück.

Diese Mißgriffe benutzte Bonaparte, um die Benutzung der Privatforsten wieder zu Gunsten des Fiskus zu beschränken. Unter dem Consulate *) wurde das Roden und Urbarmachen der Gehölze für die nächsten 25 Jahre wieder untersagt, wenn der Eigenthümer desselben nicht 6 Monate vorher die Genehmigung des Conservateurs des Arrondissements nachgesucht hatte. Die Martelage **) zu Gunsten der Marine wurde wieder eingeführt, und die Beamten derselben erhielten in den Privatwaldungen wieder dieselben Vorrechte, wie in den Nationalwaldungen, d. h. die zum Schiffsbaue tauglichen Bäume mußten dazu reservirt bleiben. Die Waldungen der Commune wurden wieder den Staatsforstbeamten zur Verwaltung übergeben ***), statt daß dieselben nach dem Gesetze vom 10ten und 29sten September 1791. Tit. XII. ihre Beamten selbst anstellen konnten, und der Forstinspector des Districts nur einschritt, wenn dabei ein mangelhafter Schutz oder zu geringe Besoldung stattfand. Die Pulverfabrikation bekam wieder das Vorkaufsrecht auf das zu Kohlen taugliche Holz †). Durch das Gesetz vom 13ten November 1813. wurde den Eigenthümern von Forsten in der Nähe des Rheines der Einschlag vom Holze untersagt, bevor sie nicht drei Monate vorher der Behörde Anzeige gemacht hatten, der die Disposition über das zu den Uferbauten erforderliche Holz zustand.

So waren unter der Regierung Napoleons die Gemeindewaldungen und die Forsten der milden Stiftungen und öffentlichen Anstalten wieder ganz unter die Ver-

*) Gesetz vom 9ten Floreal im Jahre XI.

**) Auszeichnung der benutzbaren Schiffshölzer durch Anschlag für die Schiffsbauten.

***) l'Arrèté du Gouvernement du 11. ventose an X.

†) l'Arrèté du Gouvernement du 25. Fructidor an XI.

waltung der Staatsforstbeamten gestellt, und wurden ganz wieder in demselben fiskalischen Sinne behandelt, wie früher. Die eigentlichen Privatwaldungen wurden zwar durch Privatforstbeamte, gut geheißen von der Forstdirektion und vereidigt auf die Forstordnungen, verwaltet, jedoch konnte die Staatsforstbehörde bei einer unpfleglichen Behandlung eingreifen *). Auch war jede Rodung verboten, und wie wir gesehen haben, so behielt sich die Regierung die Bestimmung über alle die Gegenstände vor, welche sie für den öffentlichen Dienst zu bedürfen glaubte. Man kann daher nicht sagen, daß unter Napoleon ein Forsteigenthümer seinen Wald irgend hätte so benutzen können, wie es ihm am zweckmäßigsten erschien. — Daß den Gemeinden die Wälder zuletzt unter mancherlei Vorwänden ganz entzogen wurden, übergehen wir hier, da es bloß eine Finanzmaaßregel keine polizeiliche war.

§. 10.

Mancherlei Schwankungen in den Grundsätzen der Forstpolizei-Gesetzgebung waren in der Zeit von der Revolution bis zur Restauration erfolgt. Von der gänzlichen Freigebung aller Communal- und Privatforsten, von der Idee alle Staatsforsten zu veräußern, um Geld zur Führung des Krieges zu bekommen, ging man wieder zur ängstlichsten Forstregie über. Man bemerkte endlich die Nothwendigkeit, ein ordnendes Forstgesetz zu geben, welches auf der einen Seite den Klagen über Waldverheerung ein Ziel setzte, auf der andern doch aber auch die freie Betriebsamkeit der Grundeigenthümer nicht in einem solchen Maaße beschränkte, wie dies früher geschehen war. Im Jahre 1823. wurde, nach der Rede des Ministers Martignac in den Kammern, gehalten zur Empfehlung des neuen Forstgesetzes, der erste Entwurf zu demselben durch die Generalforstadministration vorbereitet **). Dieser

*) Gesetz vom 9ten Floreal Jahr XI., 6ten November 1813.

**) Wir folgen bei dieser Darstellung der musterhaften Zusammenstellung des Herrn v. Wedekind, Jahrbücher 2s Heft. 1828. S. 16. ff.

waren zu dem Ende Mitglieder der Marineverwaltung und des Staatsrathes beigegeben, so wie denn auch später der Entwurf von einer besonderen Commission von Gerichtsbeamten, Rechtsgelehrten und Administratoren geprüft wurde. Im Jahre 1825. wurde er gedruckt und den Mitgliedern beider Kammern mitgetheilt; ebenso aber auch allen Gerichtshöfen, den Generalversammlungen der Departementalräthe, den Präfekten und Forstkonservatoren zur Begutachtung zugefertigt. Die auf diese Weise erhaltene große Menge von Bemerkungen und Kritiken wurden nach den verschiedenen Titeln und §§. des Gesetzes klassificirt und geordnet, und nun von der Commission des Gesetzentwurfes eine neue Redaktion desselben vorgenommen, wobei wieder jede Bestimmung von neuem zur Discussion gebracht wurde. Der Entwurf erlitt dadurch, bevor er in die Kammern kam, wesentliche Abänderungen. Vorzüglich scharf wurde die Grenzlinie zwischen Gesetz und Ordonnance (administrative Bestimmung in Bezug auf die Domainen-Waldungen) gezogen, was früher verabsäumt worden war. Alle Gegenstände, welche das Eigenthum des Staats und dessen Veräußerung, die Ordnung der Privatinteressen und deren Beschränkung, die Strafandrohung und das gerichtliche Verfahren berührten, bei denen es sich um die Interessen eines Dritten handelte, können nur durch das Gesetz geregelt werden. Was dagegen den innern Betrieb, die innere Verwaltungspolizei der Staatsforsten betrifft, die Benutzung derselben, wurde als Gegenstand der Ordonnanee betrachtet, und gehört vor die Administrationsbehörden *).

Die Bestimmungen dieses in der Deputirten-Kammer am 9ten April 1827., und in der Pairskammer am 21sten Mai d. J. überall mit Beifall aufgenommenen Gesetzes **), sind

*) Das ist das Grundübel unserer älteren Forstordnungen, daß man diesen Unterschied darin nicht genug beachtet hat.

**) Die Ordonnance zur Ausführung desselben ist vom 3ten August 1827.

im Wesentlichen folgende, so weit sie die Befugniß der Regierung zur Einmischung in die Communal- und Privatforstwirthschaft berühren.

1. Der Forstwirthschaftspolizei und Aufsicht durch die Forst- und Verwaltungsbeamten des Staates sind unterworfen: a) die unmittelbaren Waldungen der Staats-Domainen; b) die Kronwaldungen, c) die zur Apanage der Prinzen des Königl. Hauses gehörigen Forsten und solche, welche Theile von Majoraten sind, die an den Staat zurückfallen können, d) Gemeinden gehörige Hölzer, e) diejenigen, welche öffentlichen Anstalten gehören, wozu auch die geistlichen Waldungen zu rechnen sind, f) die Forsten, welche ungetheiltes Eigenthum sind zwischen Privaten und den oben unter a. bis e. angeführten Eigenthümern.

2. Die Waldungen, welche nur Eigenthum von Privaten, sind dem régime forestier nicht unterworfen, und können innerhalb der vom Gesetze vorgesehenen Schranken, frei benutzt und selbstständig verwaltet werden.

Die Gemeindewaldungen dürfen nie als Eigenthum unter einzelne Mitglieder der Gemeinde vertheilt werden. Für sie gelten alle für den Forsthaushalt in den Staatsforsten angeordneten Vorschriften. Gegen die Anordnung der Forstverwaltung in ihnen stehet den Gemeinden nur der Rekurs an den Präfekturrath und den Staatsrath offen, wenn es sich um den Holzanbau oder die Forsteinrichtung auf Weiderevieren handelt. — Ausrodungen dürfen Gemeinden ohne ausdrückliche Erlaubniß nicht vornehmen. Die Zahl der Forstschützen, welche sie anstellen müssen, wird ihnen durch die Forstverwaltung, unter Gutachten des Präfekten, bestimmt. Die Dienstentsetzung derselben hängt vom Präfekten ab*). Ein Viertheil der Waldung jeder

*) Herr von Wedekind beklagt es sehr, daß man die alten Gesetze über Gemeindeforstverwaltung zu Gunsten der Gemeinden so sehr gemildert habe. (S. 72.)

jeder Gemeinde bleibt als Reserve vorbehalten, sobald dieselbe wenigstens 10 Hektaren (40 Morgen) groß ist. Jeder Verkauf vom Holze findet nur unter den für die Staatsforstverwaltung vorgeschriebenen Formen statt; er ist ungültig und ziehet eine Strafe von 300 bis 6000 Franken nach sich, wenn diese verletzt werden. Die Communalbeamten sollen bei den Verkäufen aus den Gemeindeforsten zugezogen werden; jedoch werden diese nicht ungültig, wenn sie auch ohne die Gegenwart der Bürgermeister und Gemeinden, sobald diese vorgeladen sind, erfolgen. Die zur Vertheilung an die Einwohner bestimmten Schläge können nur durch die Forstverwaltung unter denselben Formalitäten dazu überwiesen werden, wie das Holz in den Domainenforsten an Berechtigte. Die Gemeinden müssen die Staatsregierung für die Kosten der Verwaltung ihrer Forsten durch einen Beitrag von der Höhe der Grundsteuer entschädigen, und wird die aufzubringende Summe jährlich durch das Finanzgesetz bestimmt. Die Verfolgung der Forstfrevel in ihnen, bewirkt die Staatsforstverwaltung unentgeldlich und ist außer dieser Abgabe keinerlei Vergütigung an dieselbe aus den Gemeindeforsten zu leisten. Zur Bestreitung dieser Abgabe wird in jedem Fall zuerst so viel Holz aus den Gemeindewaldungen verkauft, als dazu erforderlich ist. Unter keinem Vorwande dürfen Ziegen oder Schaafe*) in die Gemeindewälder getrieben werden. Der Vorstand der Gemeinde hat die Befugniß, unter Genehmigung des Präfekten u. s. w., die Gemeindewälder unter denselben Bedingungen (d. h. durch Abkauf für Geld auf Kosten der Gemeinden) von Servituten zu befreien, wie dies in den Staatsforsten geschiehet. Kommen Konflikte zwischen den Gemeinden und der Forstverwaltung vor, so entscheiden überall die Präfekten und der Finanzminister (d. h. die Verwaltungsbeamten). Die Art und Weise

*) Die Preußen weiden Millionen Schaafe ohne bemerkbaren Nachtheil in den Staatsforsten.

des Betriebes hängt überall lediglich von der Forstverwaltung und dem Präfekten, in letzter Instanz von der Bestimmung des Finanzministers ab, und ohne Genehmigung des Präfekten darf nichts darin geschehen, nicht einmal die Mast darin verkauft werden *).

Die, öffentlichen Anstalten gehörenden, Forsten werden nach denselben Grundsätzen behandelt und verwaltet, wie die Gemeindewaldungen.

Die Privaten haben ihre Forstbeamten dem Unterpräfekten zur Bestätigung vorzuschlagen, und können im Falle der Nichtbestätigung ihren Rekurs nur an den Präfekten nehmen. Die Mast-, Weide- und Triftberechtigungen dürfen nur in den Distrikten der Privatwaldungen ausgeübt werden, in denen es die Staatsforstverwaltung als zulässig erklärt, auch ist der Eintrieb von Schaafen in dieselben gänzlich verboten. — Binnen 20 Jahren, von Bekanntmachung des neuen Gesetzbuches an, darf kein Private Waldungen ausroden oder in Ackerland umwandeln, wenn er nicht 6 Monate vorher der Unterpräfektur Anzeige gemacht hat. In dieser Zeit stehet der Verwaltung frei, Einwand gegen diese Rodung zu machen, und der Präfekt oder in letzter Instanz der Finanzminister entscheiden über ihre Zulässigkeit, d. h. mit anderen Worten ohne Erlaubniß des Präfekten kann kein Privatforst gerodet werden. Ausgenommen sind die in den nächsten 20 Jahren durch Saat oder Pflanzung gemachten freiwilligen Holzanlagen. In allen der Forstregie unterworfenen Waldungen, und in den ersten 10 Jahren auch in den Privatwaldungen, hat das Departement des Seewesens das Recht,

*) Wenn man in dem despotischen Preußen auf gleich milde Weise so mit dem Gemeindevermögen verfahren wollte, wie in dem constitutionellen freien Frankreich, so würden sich die Preußischen Sklaven, die an so etwas von ihren Tyrannen gar nicht gewöhnt sind, höchlich wundern! Wie glücklich macht die Einbildung der Freiheit bei rein despotischen Institutionen unsere Nachbarn! —

die zum Hiebe bestimmten Eichen, deren Umfang 4 Fuß über der Erde, 6 Fuß und darüber beträgt, mit ihrem Hammer zu bezeichnen, d. h. für sich auszuwählen *). Die Eigenthümer müssen 6 Monate vorher, ehe eine Eiche von dieser Stärke gefällt wird, auf der Unterpräfektur Anzeige davon machen, und dürfen nur dann darüber disponiren, wenn die Marineverwaltung sie in dieser Zeit nicht für ihren Dienst bezeichnen läßt. Im Fall die Eigenthümer sich über den Preis mit der Marine nicht gutachtlich einigen, wird derselbe durch Sachverständige bestimmt **).

Aus den Waldungen, welche nicht über eine Meile vom Rheinufer abwärts liegen, kann der Präfekt, in sofern es die Staatsforsten nicht liefern, das zum Wasserbaue erforderliche Holz gegen Bezahlung requiriren, und die Eigenthümer sind ebenfalls gehalten der Behörde Anzeige zu machen, wenn sie Fällungen in den am Rheine gelegenen Forsten vornehmen wollen.

Innerhalb, oder in der Nähe der der Forstregie unterworfenen Waldungen darf kein Gebäude errichtet werden; es ist verboten innerhalb einer bestimmten Entfernung davon Zimmerplätze anzulegen, Schneidemühlen zu erbauen, Ziegelleien oder Gypsöfen zu errichten. Ebenso ist den Gemeinden untersagt, aus den Staatsforsten verbotene Nebennutzungen zu beziehen.

Es läßt sich hiernach die Grundidee der neueren Forstgesetzgebung Frankreichs in Bezug auf die Controle der Waldungen, die nicht unmittelbares Staatseigenthum sind, in folgender Art aussprechen:

Alle Wälder, welche nicht volles Privateigenthum sind, sondern Gemeinden, Stiftungen, Geistlichen u. s. w. gehören, werden nach gleichen Grundsätzen, wie die Staatsforsten,

*) Wie wäre in Preußen ein solches Gesetz denkbar!

**) Wir übergehen eine Menge in dieser Beziehung vorgeschriebener beschränkender Formalitäten.

durch die Staatsforstbehörden verwaltet, und diese giebt das Einkommen, wie sie es für zulässig findet, nach Abzug der Verwaltungskosten, an die Eigenthümer ab.

Die reinen Privatwaldungen können zwar durch Forstbeamte, unter Genehmigung der Staatsbehörde angestellt und von ihr vereidet, für Rechnung des Eigenthümers verwaltet werden, doch behält sich die Regierung, gegen Bezahlung, die Disposition über dasjenige Holz vor, welches für öffentliche Zwecke gebraucht wird. Auch dürfen keine Rodungen in den Privatforsten vorgenommen werden, und sie müssen sich hinsichts der Benutzung derselben auch diejenigen Beschränkungen gefallen lassen, welche die Verwaltungsbehörden gegen Verwüstung durch Nebennutzungen u. s. w. für nöthig erachtet.

Die wesentlichste Aenderung der neueren französischen Gesetzgebung gegen die ältere betrift daher die Regie der eigentlichen Privatforsten, denen man nicht bloß eine Menge Abgaben und Beschränkungen zu Gunsten des Fiskus erlassen hat, sondern hinsichts deren man auch die Idee ausspricht, daß eigentlich nur dasjenige verboten seyn soll, was wirklich zur Verwüstung und Vernichtung des Holzbestandes führen kann, ohne sonst die Eigenthümer in der vortheilhaftesten Benutzungsart beschränken zu wollen. Auch das Ungerechte der Bestimmungen zu Gunsten des Fiskus scheint man gefühlt zu haben, indem z. B. der Vorbehalt des Schiffbauholzes nur noch auf die nächsten 10 Jahre gültig seyn soll, wenn man nicht etwa nach französischer Weise den stillschweigenden Vorbehalt hat, nach Ablauf dieser Frist eine Verlängerung dieser Bestimmung auf abermals 10 Jahre u. s. w. eintreten zu lassen, und nur für jetzt die Einwendungen der Kammern zu beseitigen.

Eine beachtungswerthe Bestimmung enthält auch der Codex darin, daß die Waldungen, auf den Gipfeln der Berge liegend, nicht bloß besonders in Schutz genommen werden, sondern auch hier und auf Dünen und Sandschollen neue Anlagen vorläufig von aller Grundsteuer befreiet bleiben.

§. 11.

Dem westlichen und südwestlichen Deutschlande hat die französische Gesetzgebung mehr oder weniger zum Muster gedient, und nur dies muß dabei anerkannt werden, daß man hier niemals das fiskalische Interesse so vorherrschen ließ, wie in Frankreich, sondern mehr den reinern Gesichtspunkt der Erhaltung und Pflege der Forsten zum Wohle des Volkes in das Auge faßte.

Die Ansichten, welche man früher hinsichts der Beaufsichtigung der Privat-, Communal- und Geistlichen Waldungen in Süddeutschland hatte, sprechen sich am geläutertsten in der Forstordnung für die Oesterreichischen Vorlande, des Breisgau, vom 7ten Dezember 1786. aus*). Man findet hier nur diejenigen Beschränkungen der Privaten rc., welche man für das Wohl des Ganzen als durchaus unvermeidlich ansah. Die Regierung Oesterreichs, immer ihrem Karakter der Milde, der Schonung der Rechte der Unterthanen getreu, der sie von jeher ausgezeichnet hat, vermied darin offenbar jede Beschränkung der Privaten, so weit es ihr irgend zulässig schien. Wir können sie daher am besten, hinsichts der Karakteristik der öffentlichen Meinung über die Nothwendigkeit der Einmischung der Regierung, benutzen, zumal da sie gerade kurz vor der französischen Revolution erlassen wurde, welche als ein Wendepunkt der Regierungsgrundsätze, in Bezug auf Bevormundung des Volkes in seinen Privatangelegenheiten, betrachtet werden kann.

Es wird darin das Recht der Oberaufsicht über alle Waldungen des ganzen Landes, ohne Rücksicht darauf, wem sie gehören, vorbehalten, dabei aber ausdrücklich bevorwortet, daß weder die Rechte der Eigenthümer noch die der Obrigkeiten**) dadurch beeinträchtigt werden sollen. Das Wesentliche der darin enthaltenen Vorschriften bestehet in Folgendem.

*) Mosers Forstarchiv I. S. 196. rc.

**) D. i. der Grundherrschaften.

Alle Waldungen ohne Ausnahme sollen nur durch geprüfte und tüchtig befundene Verwalter bewirthschaftet werden, und wenn ein Privatforst zur Anstellung eines solchen zu klein ist, müssen mehrere Besitzer dazu zusammen treten.

Die Privat-, Communal- und Geistlichen Forsten sollen nach Maaßgabe der Holzgattung ꝛc. vermessen und in jährliche Schläge getheilt, und diese Eintheilung inne gehalten werden. Die Eintheilung ist der Regierung zur Kenntnißnahme einzusenden, und dann streng inne zu halten. Das allgemeine Umtriebsalter der verschiedenen Holzgattungen wird dazu gesetzlich bestimmt. Auch muß durch Sachverständige ein Material-Etat festgesetzt werden, der nicht zu überschreiten ist.

Die Ausrodung ganzer Forsten oder einzelner Holzflecke und ihre Umwandlung in Acker, Wiesen, Weinberge, ohne dazu landesherrliche Genehmigung erlangt zu haben, ist bei Strafe untersagt. Verwüstete Bergkuppen und Berghänge müssen wieder aus der Hand angebauet werden. Die Theilung der Gemeindeforsten unter die einzelnen Mitglieder der Gemeinden ist verboten. Wo dieselbe schon früher erfolgt war, müssen sich die einzelnen Forsteigenthümer streng nach der Forstordnung richten.

Die Privateigenthümer müssen alle Vorschriften der Forstordnung, hinsichts des Einschlages und der Nachzucht vom Holze, befolgen, und die abgeholzten Schläge wieder mit Holze anbauen, wenn sie nicht von selbst sich bestecken. Die jungen Schläge dürfen nicht eher beweidet werden, selbst nicht vom Eigenthümer des Viehes, bevor nicht das junge Holz dem Viehe entwachsen ist. Eben so sind alle andere dem Walde verderblichen Nebennutzungen unzulässig.

Neue Holz consumirende Gewerbe dürfen ohne Erlaubniß der Landespolizeibehörde nicht angelegt werden, und diese ist nur für Gegenden zu ertheilen, wo hinreichender Holzüberfluß dazu vorhanden ist.

Die Erbauung massiver Häuser und alle Vorkehrungen zur möglichsten Holzersparniß sind gesetzlich vorgeschrieben, der Verkauf von Holz in das Ausland ohne landesherrlichen Consens ist ganz verboten.

Zur Aufrechthaltung dieser Vorschriften war ein Oberforstamt angeordnet, und die Distriktsforstmeister hatten die Verpflichtung, auch die Privatwaldungen von Zeit zu Zeit zu bereisen, so wie die Förster diejenige Anzeige zu machen, wenn sie eine Verletzung derselben erfuhren oder bemerkten, wo sodann das Oberforstamt die bestimmten Strafen verfügen und die nöthigen Anordnungen treffen konnte, daß dem Gesetze gemäß verfahren wurde.

§. 12.

In Würtemberg sind seit 1614. die Forsten ohne Ausnahme unter Beaufsichtigung der Staatsbehörden gestellt gewesen. Für die bedeutenden Forsten, welche bei Aufhebung der Klöster zur Zeit der Reformation dem Staate zufielen, und die mit den übrigen geistlichen Gütern einen besondern vom Kron= und Cameralvermögen getrennten Fond bildeten, war in dem Kirchenrathe, welcher eine technische Abtheilung für die Forstverwaltung hatte, eine eigene Verwaltungsbehörde angeordnet; doch beaufsichtigt die oberste Forstbehörde diese Waldungen ebenfalls. In der neueren Zeit ist das Kirchengut mit dem Staatsgute zusammengeworfen, und nur ein ganz kleiner Theil*) wird abgesondert für Rechnung verschiedener Stiftungen durch Staatsforstbeamte, und nach denselben Grundsätzen wie die Staatsforsten bewirthschaftet.

Die in dem Alt=Würtembergschen geltenden strengen Forstpolizeigesetze wurden 1804. und 1805. auch auf die damals acquirirten Neu=Würtembergischen Landschaften ausgedehnt**).

Im ganzen Königreiche bestehen daher gegenwärtig folgende

*) Nach Memminger 479, 714 Morgen.

**) Schmidlin, Handbuch der Forstgesetzgebung Würtembergs §. 13.

Gesetze, die sich in Hinsicht der Communal- und Privatforsten auch auf die gedachte Forstordnung von 1614. gründen *).

Die Standesherren sind in Hinsicht der Benutzung ihrer eigenen Forsten keinen Beschränkungen unterworfen, obwohl sich der Staat die Oberaufsicht über dieselben vorbehalten hat, um erforderlichen Falls Devastationen und Waldausreutungen untersagen zu können. Sie üben die Aufsicht und Controle über die in den standesherrlichen Bezirken liegenden Communalforsten den Gesetzen gemäß durch ihre Forstbeamten und Behörden.

Der ritterschaftliche Adel, worunter sowohl der ehemalige reichsunmittelbare, als der altlandsassige Adel gehört, übt für seine Forsten zwar auch die Forstpolizei aus, und läßt sie durch seine Beamten verwalten, jedoch nur nach den für die Staats- und Communalforsten gegebenen Gesetzen und Verordnungen. Auch die Verwalter dieser Forsten sind verpflichtet, den oberen Staatsforstbehörden alle verlangten Nachweisungen und Auskünfte zu geben. Von Seiten dieser kann durch die benachbarten Oberförster oder deren gesetzliche Stellvertreter eine Lokal-Untersuchung vorgenommen werden, um sich von der nachhaltigen Benutzung der Forsten zu überzeugen. Waldausreutungen können darin nur mit Genehmigung der Regierung vorgenommen werden. Auch die Kultur der vorhandenen Blößen kann von den Eigenthümern verlangt werden. Bei einer pfleglichen und nachhaltigen Bewirthschaftung besitzen sie übrigens das volle Nutzungsrecht.

Die Waldungen aller übrigen Privaten, welche weder zu den Standesherren oder ritterlichem Adel gehören **) sind ganz der Bevormundung des Staats unterworfen. Sie sind in die

---

*) Nach Wiedemann Forstliche Blätter für Würtemb. 4s Heft. S. 1. u. f.

**) Wahrscheinlich haften doch wohl die Rechte am Gute und nicht an der Person, diese mag vom Adel oder Bürgerstande seyn? —
d. Verf.

Verwaltungsbezirke und Reviere der Revierförster eingetheilt, und der ganze Betrieb wird durch die Staatsforstbeamten, ohne entscheidende Stimme des Eigenthümers, geordnet und geleitet. Auch können diese die Nebennutzungen nur innerhalb derselben Einschränkungen beziehen, wie der Berechtigte aus den Staatsforsten. Die genehmigten Hiebspläne darf der Eigenthümer nur nach Anweisung des Forstbedienten, welcher die Stämme anschlägt, ausführen, und das gefertigte Holz kann von diesen nachgesehen werden, wenn sie dazu veranlaßt zu seyn glauben. Die Kultur muß nach der Anweisung der Forstbehörden erfolgen.

Dieselben Beschränkungen sind für die Gemeindeforsten angeordnet.

Das für die Privat- und Communalforsten anzustellende Forstpersonal *) wird nach dem Ermessen der Staatsbehörde bestimmt, und genießt ganz dieselben Rechte, wie die unmittelbaren Staatsforstbeamten, selbst wenn keine Staatsforsten in ihren Bezirken liegen. Die Besoldung der bloßen Communal-Wildschützen wird zwar von dem Gemeindevorstande regulirt, jedoch von den Oberämtern geprüft und nach Umständen abgeändert oder genehmigt. Für die Geschäfte, welche den Forstmeistern und Oberförstern in den Communal- und Privatforsten obliegen, haben die Eigenthümer, jedoch nur in dem Falle Entschädigung und Diäten zu bezahlen, wenn einer dieser Beamten genöthigt wird, dieselben außer der Grenze seines Dienstbezirkes zu übernehmen.

Gegen diese Beschränkung der Forstwirthschaft der Privaten sind in der neueren Zeit, und namentlich von der zweiten Kammer in den Jahren **1826**, **1827**. lebhafte Reklamationen erhoben**), die sich jedoch nicht auch allgemein auf die Communalwaldungen ausdehnten. Man stellte von Seiten derer,

---

*) Schmidlin Forstgesetzgebung. §. 36.

**) Wiedemann, a. a. O. S. 23.

welche die Anträge machten, zwar nicht in Abrede, daß es nöthig seyn dürfe, über die Waldausstockung bestimmte gesetzliche Vorschriften zu erlassen, forderte aber möglichst freie Bewirthschaftung für die Eigenthümer der Privatforsten, in einer an den König gerichteten Petition.

Von Seiten der Regierung scheint im Allgemeinen das Zweckmäßige einer Revision der bestehenden Gesetze, die nothwendige Milderung der allerdings wohl drückenden Forstregie anerkannt worden zu seyn, obwohl in der neueren Zeit nichts weiter zur Ordnung und Abänderung der bestehenden Forstpolizeigesetze geschehen ist, und die Regierung sich wahrscheinlich noch mit dem Entwurfe dazu beschäftigt.

§. 13.

In Baiern hat man sehr lange nicht mit den Ansichten über die Ausübung der Beaufsichtigung von Privatforsten auf das Reine kommen können. Der Grundsatz: für die Erhaltung aller Waldungen ohne Ausnahme Sorge tragen zu müssen, wurde zwar anerkannt, aber über die Art und Weise, wie diese Aufsicht ausgeübt werden sollte, war man sehr verschiedener Meinung. Durch das Generalmandat vom 14ten März 1789 *) wurde die Erhaltung der Waldungen im Allgemeinen vorgeschrieben, die Forstmeister, welche man zu der Zeit anordnete, wurden angewiesen, darauf zu achten, daß dieselben nicht ausgereutet, abgeschwendet und gegen die Vorschriften der Forstordnungen behandelt und verwüstet würden, im Uebrigen aber sollten sie sich in das ständische Forstwesen, wo die Forstauszeige und Forstjurisdiktion den Ständen überlassen war, im geringsten nicht einmischen.

Diese Bestimmung bezog sich jedoch allerdings mehr auf die Forsten des Adels und der Rittergüter, denn die Gemeindewaldungen, die Forsten der Geistlichen und milden Stiftungen, so wie die kleinen Gehölze der Bauern und Bürger befinden

*) Hazzi, echte Ansichten der Waldungen. München, 1805. S. 54.

sich unter unmittelbarer Verwaltung und Fürsorge der Staatsforstbeamten und vorzüglich der Landgerichte, welche zugleich die Polizei und innere Landesverwaltung mit besorgten. Nach den Mandaten von 1772. und 1786. war den Staatsforstbeamten das Auszeichnen alles Holzes in den Gemeindewaldungen und den Gehölzen der kleinen Grundbesitzer übertragen, welches auch, wie es scheint, sehr strenge und nicht ohne von den Forstbeamten für eigene Zwecke benutzt zu werden, durchgeführt wurde. In der erwähnten Schrift von Hazzi finden sich eine Menge Klagen und Belege über die Tyrannei der Förster und ihre Bedrückung der Unterthanen, und vorzüglich dieser berühmte Streiter für die Erhöhung der Bodenkultur Baierns suchte die Nachtheile der Forstregie in Baiern darzuthun, und zugleich alle Servituten von den Wäldern abzulösen. In seiner Stellung, zuerst als Forstfiskal und dann als General-Landesdirektionsrath in München, wo er mit der Leitung des Servitut-Ablösungsgeschäftes und der Veräußerung der kleinen Staatswaldungen, besonders beauftragt war, konnte er viel für seine Lieblingsidee wirken, und vorzüglich war es wohl sein Werk, daß durch das Gesetz im Regierungsblatte vom Jahre 1803. S. 865. die Kultur und Benutzung aller Privatforsten freigegeben wurde. Im Jahre 1804. wurde dies nochmals bestätigt und zugleich die Veräußerung der kleinen Staatsforsten befohlen, um sie der freien Betriebsamkeit des Volkes zu übergeben, und so eine vortheilhaftere Benutzung derselben zu erlangen*). Damit fielen auch von selbst alle früheren Beschränkungen der Unterthanen, hinsichts des Holzhandels, weg, nachdem früher bald die Holz-Ausfuhr ganz verboten war, bald die Regierung sich das Monopol derselben vorbehalten hatte, und sogar nach französischem Vorbilde den Versuch gemacht, nur alle für den auswärtigen Holzhandel benutzbaren Stämme in den Forsten

*) Hazzi, a. a. O. S. 592.

der Unterthanen zu bezeichnen, und für die Regierungen zu reserviren (1786).

In den Jahren von 1805 bis 1822. wurden in Baiern fortwährend einzelne Verfügungen zur Regulirung der Forstpolizeigesetzgebung erlassen, von da ab aber ein allgemeines Forstpolizeigesetz vorbereitet, welches denn auch dem Landtage 182⁷⁄₈. vorgelegt wurde, nachdem sich viele Stimmen *) für die entgegengesetztesten Meinungen hatten hören lassen.

Die älteren Vorschriften dieser Zeit, bis zur Erscheinung des neuesten Kulturgesetzes, waren im Wesentlichen folgende **): Die Landesforstordnungen wurden auch für alle Privatforstbesitzer verbindlich erklärt, doch wurden einzelne besondere Forstordnungen der Mediatisirten, wie die für die Fuggerschen Herrschaften auch besonders bestätigt und als solche anerkannt. Der Staat übt zwar die Oberaufsicht über alle Forsten ohne Ausnahme aus, doch hinsichtlich der Forsten der Mediatisirten und Patrimonialgerichtsherrschaften nur durch die oberen Polizeibehörden, nicht durch die untergeordneten Forstbeamten, denen bloß zustehet, Anzeige bei jenen zu machen, wenn ihnen ungesetzliche Handlungen bekannt werden. Die Aufsicht über die Gemeindewaldungen soll von den Patrimonialgerichten der Mediatisirten und Gutsherren mit der Forst- und Jagdpolizei zugleich ausgeübt werden, ebenso wie dies von Seiten der Landgerichte in den übrigen Gemeindewaldungen und kleinen Privatgehölzen geschehen soll.

Die Standesherren in dem ehemaligen Großherzogthum Würzburg (Untermainkreise) wurden aller Aufsicht von Seiten des Staats entbunden, und es ihnen ganz überlassen, ihr Eigenthum nach bester Einsicht zu benutzen und zu verwalten ***).

---

*) Müller, Papius, Ziment u. s. w.

**) Handbuch der Forst- u. Jagdgesetzgebung Baierns, von Behlen, 1831. 2r Bd. S. 378. u. f.

***) Verordnung vom 24. Febr. 1817. Behlen, a. a. O. S. 380.

Die Beschränkung der Bewirthschaftung der Gemeindewaldung erstreckt sich auf folgende Bestimmungen.

Ohne Vorwissen der Staats- oder gutsherrlichen Forstbehörde darf kein Holz gefällt werden, und der jährliche Fällungsplan muß dieser zur Genehmigung vorgelegt werden. Diesen stehet das Recht zu, Anordnungen zur zweckmäßigen Leitung des Hiebes und zur Wiederkultur der abgeholzten Forstorte zu treffen. Auch werden die Gemeindewaldungen nicht durch besondere Schutzbeamte, durch die Gemeinden angestellt, beschützt, sondern dies soll den Beamten der vorgesetzten Forstbehörde übertragen werden. Wenn die Gemeinden Ursache zu haben glauben, sich über die Bewirthschaftung ihrer Waldungen zu beschweren, so steht ihnen der Rekurs an die Königliche Regierung offen. In denjenigen Theilen Baierns, wo für die einzelnen kleinen Privatwaldungen Forstbeamte von Seiten des Staats oder der ehemaligen Regierungen früher angestellt waren, welche die Bewirthschaftung und Beschützung derselben besorgten, soll dies auch ferner unverändert erhalten werden.

Die Kirchen- und Stiftswaldungen werden ganz wie die Staatsforsten bewirthschaftet und verwaltet.

Aus diesen neueren Vorschriften ergiebt sich, daß man von durch Hazzi verfochtenen, und 1803. und 1804. ausgesprochenen Ansichten in Baiern theilweis wieder zurückgekommen war, und eine Bevormundung, vorzüglich der Communal- und kleinen Privatforsten für unerläßlich hielt. Den größern Gutsbesitzern gestattete man jedoch offenbar mehr Freiheit hinsichts der Benutzung derselben, wenn man auch dasjenige in Abrechnung bringt, was den Mediatisirten vermöge ihrer besonderen Berechtigungen eingeräumt werden mußte.

Das neue den Ständen vorgelegte Kulturgesetz enthielt hinsichts der Forstregie folgende Bestimmungen*) dem Wesentlichen nach.

---

*) Beilage XXX. der Landtagsverhandlungen von 182 5/8.

§. 19. Die freie Benutzung des Grund und Bodens kann nur aus gesetzlich anerkannten Privatrechtstiteln, oder durch verfassungsmäßige oder gesetzliche Bestimmungen beschränkt werden.

§. 32. Gemeinde- und Stiftswaldungen dürfen nur forstordnungsmäßig benutzt werden.

§. 13. Waldungen, welche verschiedenen Gemeinden gehören, können zwar unter diese, aber nicht unter die einzelnen Gemeindemitglieder getheilt werden.

§. 63. Die allgemeine polizeiliche Aufsicht erstreckt sich über alle Waldungen, sie kann jedoch nur gegen Verwüstungen, und gegen die Gefahren, welche daraus auch für andere Waldungen, die damit in Verbindung stehen, entspringen können, gerichtet werden. Polizeiliche Anordnungen, hierdurch veranlaßt, müssen von jedem Waldbesitzer befolgt werden. — Specielle Kosten aus Veranlassung dieser Oberaufsicht können den Gemeinden, Stiftungen und Privaten nicht erwachsen.

Die Bewirthschaftung oder Benutzung der Waldungen, welche freies Privateigenthum sind, darf nicht beschränkt werden, und ist eine Einmischung in dieselbe unzulässig, wodurch sie gestört oder erschwert würde.

Hinsichtlich der Grund- oder lehnherrlichen, oder im fideicommissarischen Verbande befindlichen Waldungen haben die Grund- und Lehnsherren, so wie die Agnaten der Fideicommißbesitzer das Recht zu verlangen, daß die Waldungen nicht abgeschwendet werden.

In Ansehung der Gemeinde-, Stifts- und geistlichen Waldungen müssen von den Vorstehern derselben gehörig berathene Wirthschaftspläne der Kuratelsbehörde zur Prüfung und Genehmigung vorgelegt werden. Zur Bewirthschaftung solcher Waldungen müssen geprüfte Forstcandidaten angestellt und verhältnißmäßig besoldet werden, wenn es nicht vorgezogen wird, die Verwaltung dem Königlichen oder standesherrlichen Forstpersonale mit zu übertragen. Auf ein Mehreres als die Aufrechterhaltung und Befolgung des genehmigten Wirthschaftsplanes zu beaufsichtigen, erstreckte sich die Einwirkung der controlirenden Forstbehörde nicht. Das Schutzpersonale haben die Verwaltungsbehörden der Gemeinden- und Stiftungsgüter anzustellen.

§. 64. Bestimmungen über die Feststellung der Benutzung der Gemeinde und Stiftungsgüter,

die Theilung der Gemeindegrundstücke unter einzelne Mitglieder,

die Einführung und Controle wirthschaftlicher Schutzmaaßregeln,

gehören vor die obere Polizeibehörde und ist diese befugt und verpflichtet dabei überall von Amtswegen einzuschreiten.

Für größere im Zusammenhange liegende Gemeinde- und Stiftungswaldungen bleibt der Staatsregierung die Bestellung einer Forstbehörde vorbehalten.

§. 14.

Baden ist aus so vielen verschiedenen kleinen Ländern zusammengesetzt, daß seine ältere Forstgesetzgebung ebenso wie die Preußische, in sehr verschiedenartigen Forstordnungen aufzusuchen ist. Deshalb hat auch Laurop in seinem Handbuche der Forst- und Jagdgesetzgebung Badens, Manheim 1827. dieselbe getrennt darstellen müssen, für die Alt-Badenschen Lande und die später zugekommenen Ländertheile besonders, welcher Darstellung wir hier folgen.

In den älteren Besitzungen Badens wurde die forstliche Obrigkeit durch die Forstbedienten im Namen der Landesherrschaft ausgeübt, und die erlassenen Forstordnungen galten gleichmäßig für alle Forsten im Lande.

In den Gemeindeforsten mußte alles einzuschlagende Holz von dem herrschaftlichen Forstbeamten angewiesen werden, und wenn Ausreutungen vorgenommen werden sollten, so durfte dies nur geschehen, nachdem diese den Wald besichtigt, darüber an die obere Behörde berichtet nnd diese es genehmigt hatte.

Gleichen Beschränkungen waren die Privatwaldungen unterworfen, welche überhaupt ebenso unter Controle der Forstbeamten standen, wie die Gemeindeforsten.

Um diese und die Privatforsten besser bewirthschaften zu können, ließ sie die Regierung auf Kosten der Eigenthümer umsteinen, vermessen und so viel als möglich in Schläge theilen *).

Die Gemeinden waren verpflichtet, tüchtige Männer zu Wildmeistern und Bannwarten zu wählen, welche in Forst- und Jagdsachen unter den landesherrlichen Forstbedienten standen.

In den Kirchenwaldungen stehet die specielle und allgemeine Leitung des Betriebes ebenfalls den Forstbehörden des Staates zu, welche die Naturalabgabe bestimmt und die erforderlichen Kulturen vorschreibt.

Später (1821) wurde dem Privatforstbesitzer nachgegeben, das Holz für seinen Wirthschaftsbedarf, ohne Concurrenz der Staatsforstbehörde, fällen zu dürfen, nachdem er denselben vorher bei der Ortsbehörde angezeigt, und diese das Verzeichniß bei dem betreffenden Forstamte eingereicht hatte. Auch durfte er, bei gehöriger Schonung der jungen Schläge, die Waldweide in seinem Forste benutzen und den unentbehrlichen Streubedarf daraus entnehmen, alles unter der Bedingung einer pfleglichen Waldbehandlung, da im entgegengesetzten Falle die Forstbehörde verpflichtet war, einzuschreiten **). Rodungen in Privatwaldungen konnten nur unter Genehmigung der Forstbehörde erfolgen. Auch war diese verpflichtet, bei den eingereichten Nutzungsplänen der Gemeinden und Privaten darauf zu sehen, daß eine nachhaltige Wirthschaft geführt wurde. Kahler Abtrieb in den Mittel- und Niederwaldungen durften nicht erfolgen, sondern immer mußte eine verhältnißmäßige Holzmasse im Baumholze übergehalten werden. Früher war auch der Verkauf an Ausländer den Gemeinden und Privaten

*) A. a. O. §. 118. **) Ebendaselbst §. 262.

Privaten ein für allemal untersagt, gegenwärtig gilt dies Verbot nur noch für diejenigen Landestheile, in denen die Holzausfuhr überhaupt untersagt ist, oder noch verboten werden wird.

Die Forstgesetzgebung in den übrigen zugekommenen Landestheilen ist im Wesentlichen, in Bezug auf die Bevormundung der Gemeinde-, Geistlichen und Privatwaldungen nicht verschieden. Ueberall standen dieselben mittelbar und unmittelbar unter der Verwaltung der von der Regierung angestellten oder in Pflicht genommenen Forstbeamten, und mußten, hinsichts der Benutzung und Bewirthschaftung, den von diesen ertheilten Vorschriften gemäß behandelt werden.

Die Mediatisirten haben auf Grund besonderer Bestimmungen ihre eigene selbstständige Forstverwaltung und die Forstgerichtsbarkeit und Forstaufsicht über die in ihren Besitzungen gelegenen Gemeindewaldungen.

In der neuesten Zeit (1833) hat Baden ein vollständiges Forstpolizeigesetz, welches man zugleich als Vorschrift zur Wiederkultur betrachten kann, erhalten, aus dem wir das Wesentliche folgen lassen, soweit es die eigentliche Forstpolizei in Bezug auf Bevormundung der Privatwaldungen berührt. Das Forstgesetz enthält neben den eigentlichen Forstpolizeivorschriften die in das Einzelne gehende Anordnung zur Behandlung der Waldungen, Behufs des Wiederanbaues des Holzes. Dies ist wohl ein offenbarer Mißgriff. Die Kenntniß des Waldbaues, die Ansichten über das Alter, worin das Holz die größte Masse gewährt u. s. w., wächst fortwährend, und diese wechseln ebenso. Man hat jetzt schon häufig ganz andere Ansichten über die Stellung eines Samenschlages in Buchen als früher, und auch über die vortheilhaftesten Umtriebszeiten berichtigen sich die Meinungen. Solche Dinge in ein Forstpolizeigesetz aufnehmen und mithin einen Stillstand gebieten zu wollen, alle Versuche, etwas besser und vortheilhafter einzurichten, zu untersagen, ist offenbar unpassend. Dies wäre eben so als wenn man in eine allgemeine Kulturgesetzgebung die Vorschrift über den passendsten Fruchtwechsel aufnehmen wollte. Wir begnügen uns daher auch, nur das, was sich auf die Bevormundungen derjenigen Forsten, welche nicht unmittelbares Staatseigenthum sind, bezeichnet, anzuführen. Es bestehet in Folgendem *).

Der Regierung und ihrer oberen Forstbehörde stehet das Recht der Beaufsichtigung aller Waldungen im Staate zu.

Nur solche Forstbeamte können angestellt werden, welche von der Staatsbehörde für ihre Stellung geprüft und für befähigt erklärt sind. Auch muß die Anstellung aller Forstbeamten ohne Ausnahme von der Regierung genehmigt werden, und dieselben sind vor ihrem Dienstantritte zu beeidigen.

Dagegen haben diese auch überall gleiche Amtsgewalt und gleichen öffentlichen Glauben wie die Forstbeamten des Staats.

Die Beschränkungen der Forstbeamten hinsichts der Annahme von Nebenerwerben, des Treibens eines Holzhandels, der Landwirthschaft u. s. w., gelten zwar für alle ohne Ausnahme; jedoch können Ausnahmen statt finden, sobald derjenige, welcher den Forstbeamten angestellt hat, seine Zustimmung giebt und die obere Forstbehörde es genehmigt.

Wenn eine unmittelbare Verwaltung und Beschützung (Beförsterung) der Gemeinde-, Korporations- und Privatwaldungen durch die Staatsforstbehörde erfolgt, so bezahlen die Eigenthümer eine durch die Finanzbehörde zu bestimmende Steuer zur Entschädigung an die Staatskasse, und die gesetzlichen Diäten an die Forstbeamten.

Wo die Staatsforstbeamten das einzuschlagende Holz anzuweisen haben, zeichnen sie es mit ihrer Waldaxt, welcher der Eigenthümer sein Controlzeichen beifügen kann.

Die Gemeindewaldungen stehen unter der unmittelbaren Aufsicht der Regierung. Der jährliche Holzeinschlag, mit Rücksicht auf die Bedürfnisse und die Nachhaltigkeit, muß

*) Nach der Forst- und Jagdzeitung. Oktober 1833.

von dieser genehmigt werden, und die ihr verantwortlichen Forstbeamten vollziehen den Entwurf des genehmigten Wirthschaftsplans.

Die Verwerthung des Holzes, die Vertheilung desselben an die Gemeindemitglieder bleibt den Gemeindebehörden überlassen, und das gesammte eingeschlagene Holz wird diesen dazu überwiesen, sobald es von dem Forstbeamten vorschriftsmäßig abgenommen, aufgemessen und nach Beendigung des Schlages in Rechnung gestellt ist. Ohne dies kann jedoch kein Holz aus den Gemeindeforsten verabfolgt werden.

Die Gemeindebehörde entwirft den jährlichen Kulturplan zur Unterhaltung des Forstes, welcher von der Forstbehörde revidirt, genehmigt und hinsichts seiner zweckmäßigen Ausführung controlirt wird. Auch muß dem Gemeindevorstande Anzeige von allen Holzanweisungen, Holzabnahmen und Aufmessungen und anderen nicht blos auf die Beaufsichtigung des Waldes Bezug habenden Geschäften des Försters Anzeige gemacht werden, und dieser ist zur Theilnahme daran, oder zur Anordnung einer Mitwirkung von Seiten des Gemeindeausschusses befugt.

Die von einer Gemeinde beschlossenen Waldausstockungen, oder außerordentlichen Holzhiebe, können nur von der Regierung, nach erfolgter Begutachtung, durch die obere Forstbehörde bewilligt werden.

Die Waldungen der Körperschaften werden nach denselben Vorschriften, wie die Gemeindewaldungen, behandelt.

Die Forsten der Standes- und Grundherren werden wie die Privatwaldungen behandelt. Die Aufsicht darüber stehet, nach Maaßgabe der folgenden gesetzlichen Bestimmungen für diese, der Regierung zu.

Den Privaten stehet in ihren eigenthümlichen freien Forsten die freie Bewirthschaftung zu, und eine Einschreitung der Forstbehörde kann nur in den Fällen statt finden, welche in dem Nachstehenden vorgesehen sind.

Die Privaten sind gehalten, ihre Forsten vermessen zu lassen, sobald eine zusammenhängende Waldung mehr als 50 Morgen beträgt, und muß eine solche innerhalb 5 Jahren, von Publikation des Gesetzes an beschrieben, versteint, eingetheilt und zum Zwecke einer nachhaltigen Bewirthschaftung im Naturalertrage summarisch angeschlagen werden.

Das Hauen, Verarbeiten und Abführen von Waldprodukten, das Eintreiben von Weidevieh darf des Nachts nicht geschehen.

Die für die Staats= und Gemeindeforsten gegebenen Vorschriften wegen Abwendung von Feuersgefahr, der Verhütung von Insektenschaden, und des Verbots des Wegfangens der Meisen und anderer kleinen Waldvögel, gilt auch für die Privatforstbesitzer.

Das Holz, für den öffentlichen Verkehr bestimmt, muß nach den in den Staatsforsten vorgeschriebenen Maßen angefertigt werden, in sofern nicht ein besonderes Abkommen darüber mit dem Betheiligten getroffen worden ist.

Wenn der Privatforstbesitzer von wenigstens 50 Morgen durch die Bewirthschaftung seines Forstes, die Zerstörung der Holzbestände, oder die gänzliche Ausrottung desselben herbeiführt, so kann er durch die Kreisregierung angehalten werden, denselben wieder anzubauen. Diese wird jedoch, wenn die Kulturveränderung durch Gründe gerechtfertigt wird, die Genehmigung dazu nicht versagen, sobald der Eigenthümer vorher deshalb einkömmt. Nöthigenfalls können die vorgeschriebenen Kulturen auf seine Kosten durch die Forstbehörde ausgeführt werden, wenn dies nicht in der gesetzten Frist durch ihn selbst geschiehet.

Dasselbe soll geschehen, wenn Waldblößen von wenigstens 50 Morgen öde liegen bleiben, deren Kultur binnen 6 Monaten erfolgen muß, sobald dies vorgeschrieben ist.

Werden durch die Wirthschaft der Privaten die Rechte eines Dritten gefährdet, so findet das gewöhnliche rechtliche Verfahren statt, und die Forstbehörde schreitet nur auf Requisition des Gerichts ein.

Auch dem Besitzer von Stammgutleben oder Erbstandsforsten stehet die freie Bewirthschaftung seiner Waldungen zu. Jedoch haben die Staatsbehörden von Amtswegen eine Verwüstung derselben zu verhindern. Auch die einem Minorennen gehörenden Forsten stehen unter gleicher Fürsorge des Staates.

Waldungen, welche Privaten gemeinschaftlich mit dem Staate, mit Gemeinden oder Korporationen besitzen, stehen unter gleicher forstpolizeilicher Aufsicht, wie die Gemeindeforsten.

Waldungen an Flußufern.

Diejenigen Waldungen, welche zwischen den Ufern und den Hauptdämmen, oder auf Inseln, sich befinden und die nicht Hochwälder sind, können bis zu einem Alter von 5 Jahren bei weichen, und 10 Jahren bei harten Hölzern, zu jeder Zeit von der Flußbaubehörde in Anspruch genommen werden. Doch muß innerhalb 3 Monaten, von dem Hiebe oder von dem Anerbieten zur Uebernahme an, die Flußbaukasse nach dem von der Kreisregierung bestimmten örtlichen Preise und Tarife, das daraus entnommene Holz bezahlen.

Dasjenige Holz, welches der Eigenthümer zu seinen eigenen Flußbauten bedarf, oder was er an Korbruthen und Erndtewieden daraus entnimmt, kann er ohne weitere Anzeige zu jeder Zeit darin benutzen.

Will jedoch der Eigenthümer das vorbezeichnete Buschholz ganz fällen, so muß er es der Wasserbaubehörde wenigstens 4 Wochen vor der beabsichtigten Fällung anzeigen. Erklärt diese sich nicht zur Uebernahme des Holzes vor dem bezeichneten Tage der Fällung bereit, so stehet das Holz zur freien Verfügung des Waldeigenthümers.

§. 15.

Im Herzogthume Nassau war schon durch die Holzordnung vom Jahre 1562. vorgeschrieben, daß die Gemeindewaldungen in allen Stücken ebenso wie die herrschaftlichen behandelt werden sollten*). Auch durfte darin nichts ohne Vorwissen und Genehmigung der Herrschaft vorgenommen werden. Ebenso war nur erlaubt, Holz in ihnen zu hauen, wenn solches durch die herrschaftlichen Forstbedienten angewiesen war. Dieselbe Vorschrift galt auch für die Pfarrwaldungen, wo ohne Anweisung der Rentkammer die Forstbedienten kein Holz auszeichnen durften.

Die Amtleute waren angewiesen, diese Waldungen mit Zuziehung der Schultheißen, und der für diese Forsten angestellten Waldförster und Landknechte, jährlich ein- oder zweimal zu besichtigen, das Aufgeben der Schonungen für das Vieh zu bestimmen, und darauf zu sehen, daß sie im Stande gehalten wurden, und keine verbotene Handlung darin vorgenommen werde. Auch sollten die Forstbeamten über den Zustand derselben an die Herrschaft berichten. Dazu sollen dieselben diese Forsten fleißig begehen und revidiren, und gute Aufsicht darin halten.

Von den Privatforsten ist in diesen älteren Forstordnungen nichts erwähnt.

Gegenwärtig bestehen hinsichts der Bevormundung der Gemeinde- und anderen Privatforsten in Nassau folgende Gesetze.

Die Bewirthschaftung der Gemeindeforsten stehet ebenso wie die der Stiftungswaldungen unter der Leitung der Landesregierung. Die Oberförster, von welchen diejenige des Betriebes unmittelbar abhängt, werden von der Regierung bestellt, und nur den Standesherren stehet das Recht zu, geprüfte Forstkandidaten zur Bestätigung zu präsentiren. Die Förster werden für die Gemeinde- und Stiftungsforsten von der Regierung, nach dem Vorschlage der Oberforstbeamten, bestellt, in den eigentlichen Privatwaldungen schlagen dagegen die

*) Wir folgen bei der nachstehenden Darstellung dem Handbuche der Forst- und Jagdgesetzgebung des Herzogthums Nassau, von Laurop, Hadamar. 1828.

Eigenthümer dieselben vor. Zur Aufrechterhaltung des Forstschutzes sind in der Regel die Gemeindeförster für die Communalforsten, aus der Mitte der Gemeinden zu wählen. Diese müssen denn auch die Beschützung der in dem Gemeinde-Kataster eingetragenen kleinen Privatgehölze unentgeldlich mit übernehmen.

Die Standesherren und Privaten, welche eigene Förster und Forstschutzbeamte bestellen, müssen dem Oberforstbeamten dieselben bekannt machen, damit diese ihnen ihre Anordnungen unmittelbar mittheilen können. Auch müssen diese Förster, um öffentlichen Glauben bei ihren Anzeigen zu haben, bei den Gerichten vereidet werden. Die Oberförster können ohne richterliches Erkenntniß von ihrer Stelle nicht entsetzt werden, die Förster und Forstschutzbeamten kann dagegen diejenige Behörde entlassen, welche sie angestellt hat.

Der Privatwaldbesitzer kann seine Waldungen selbst administriren und beschützen, oder dazu Jemanden bestellen.

Für die Forsten der Gemeinden und Stiftungen sind der Behörde jährlich Nutzungs- und Kulturpläne zur Prüfung und Genehmigung vorzulegen. Das Holz kann in den Gemeindeforsten zwar im Gemeindedienste gefällt werden, jedoch hat dabei der Oberförster für die nöthige Aufsicht Sorge zu tragen, daß der genehmigte Nutzungsplan auch ordnungsmäßig ausgeführt wird. Das eingeschlagene Holz darf erst nach vorhergegangener Revision durch die Forstbeamten abgefahren werden.

Der Oberförster entwirft für die in seinem Verwaltungsbezirke liegenden Waldungen den jährlichen Kulturplan, und hat dabei darauf zu halten, daß alle Blößen darin mit Holze in Bestand gebracht werden. Der Behörde, welche den Hauptfond, wozu die Waldung gehört, verwaltet, stehet frei, ihre abweichenden Ansichten der oberen Forstbehörde vorzulegen, wenn diese nicht mit den des Oberförsters übereinstimmen. Aus dem Kulturplane muß ersichtlich seyn, wie viel Kulturkosten jedem der verschiedenen Eigenthümer zur Last fallen. Der Oberforstbeamte prüft diese Kulturpläne und legt die, welche die Gemeinde- und Stiftungsbehörden betreffen, mit seinem Berichte der Regierung vor, welche sie festsetzt, und wo sie dann unverändert ausgeführt werden müssen, wenn nicht unvermeidliche Hindernisse eintreten. Die Gemeinden können dazu den Samen, den sie bedürfen, selbst sammeln oder eintauschen. Der Oberförster wacht über die zweckmäßige Ausführung der Kulturen und ist in dieser Beziehung verantwortlich.

Den Gemeindevorstehern ist es zur Pflicht gemacht, bei den Abzählungen u. s. w. die Controle mitzuführen.

Wenn plötzlich aus den Gemeindeforsten für dringende Bedürfnisse Holz verlangt werden muß, hat der Oberforstbeamte die Befugniß, die Anweisung desselben erforderlichen Falls zu verfügen.

Das Geld für verkauftes Holz aus den Gemeindeforsten, wird gleich an die Gemeindekasse gezahlt.

Die Eigenthümer von Waldungen sind verpflichtet, die Schläge und Schonungen mit ihrem Viehe zu meiden, dürfen auch kein Gras daraus entnehmen, wenn dadurch Schaden am jungen Holze geschehen kann. Bei nachgewiesenem Mangel an Stroh kann das Laubsammeln und Streurechen den Gemeinden in ihren Forsten von der Forstbehörde nachgegeben werden. Der Förster muß jedoch dabei darauf sehen, daß dies nur in Hochwaldungen über 60 Jahr alt, und in Niederwäldern, welche im folgenden Jahre zum Abtriebe kommen, geschiehet. Zur Abkürzung der Geschäfte bei den vielen Anträgen der Gemeinden, auf Erlaubniß zum Laubsammeln, sollen der Oberforstbeamte, Oberförster und Schultheiß jährlich zusammentreten und die Distrikte bestimmen, in denen das Streurechen nachgegeben werden kann. — Dabei sollen zugleich die Forstorte bezeichnet werden, in denen Stöcke gerodet werden dürfen und Leseholz gesammelt werden kann.

§. 16.

In Kurhessen finden nach Hundeshagen, Versuch einer Forststatistik von Kurhessen*), und der in Laurops Jahrbüchern, 1ster Jahrgang (1823), 4tes Heft, Seite 3, mitgetheilten hessischen Dienstverfassung, folgende gesetzliche Anordnungen in Bezug auf Gemeinde- und Privatforsten statt, da die Waldungen der Klöster ꝛc. den Staatsforsten einverleibt worden sind.

Die Gemeindeforsten stehen ganz unter Verwaltung der Staatsforstbeamten, und werden diesen ganz gleich behandelt, hinsichts der Nutzung des Holzes und dessen Wiederkultur. Doch beschränkt man die Gemeinden weniger im Bezuge der Nebennutzungen von Weide und Streulaub, und gestattet ihnen auch, Schaafe in dieselben einzutreiben, wenngleich es gesetzlich wohl untersagt werden kann.

Die Oberaufsicht über die Gemeinde- und Stiftungswaldungen führen die Oberforstmeister. Sie haben darauf zu sehen, daß sie forstmäßig behandelt werden, ihnen liegt die Sorge ob, daß eine gute Forstbeschreibung davon entworfen wird. Sie prüfen die periodischen Wirthschaftspläne derselben, die jährlichen Natural-, Haupt- und Nebennutzungsvorschläge, die Kulturpläne, so wie sie auch die jährlichen Forstbereisungsprotokolle der Forstinspectoren über den Zustand und Betrieb dieser Waldungen nachzusehen haben.

Die Oberforstmeister haben ferner dafür zu sorgen, daß den Gemeinde- und Stiftungsvorständen die Naturalbezüge durch die herrschaftlichen Forstbedienten zur Verwendung und Verwerthung überwiesen wird, ohne daß sich diese darin mischen.

Sie begutachten die Besoldung der darüber gesetzten Forstbeamten, und machen die Vorschläge über die denselben zu bewilligenden Belohnungen.

---

*) In Laurops Beiträgen zur Kenntniß des Forstwesens in Deutschland. Leipzig, Baumgärtnersche Buchhandlung, 1819. 5 Hefte.

Alle Maaßregeln der Forstpolizei zur Beschützung und Erhaltung dieser Forsten bringen sie in Antrag, oder ordnen die Ausführung der vom Gesetze vorgeschriebenen an.

Die Forsten der Standesherren und adlichen Gutsbesitzer (andere kleinere Privatgehölze giebt es in Kurhessen nur sehr wenige) sind ihren Eigenthümern unter gewissen polizeilichen Beschränkungen zur pfleglichen Bewirthschaftung selbst überlassen. Diese bezwecken nur, die Verwüstung der Forsten zu verhindern und eine unnachhaltige Benutzung derselben zu untersagen*).

§. 17.

Im Großherzogthum Hessen erhielt das Forstwesen unter dem 16ten Januar 1811 eine neue Organisation, nachdem in allen den Ländern, woraus es sich gebildet hatte, früher dieselben forstlichen Einrichtungen statt gefunden hatten, wie in den übrigen schon erwähnten süd- und westdeutschen Ländern, weshalb wir die Wiederholung derselben vermeiden zu können glauben.

Danach wurden die Forstbeamten verpflichtet, im Allgemeinen alle Waldungen im Staate, ohne daß der Eigenthümer derselben berücksichtigt wurde, zu beaufsichtigen, auch möglichst Sorge für den Anbau holzleerer Stellen zu tragen.

Die Communalforsten wurden durch sie auch fernerhin, wie früher, der Verwaltung der Staatsforstbedienten überwiesen. Dem Revierförster wurde darin die Ausführung der durch den Oberförster zu gebenden Betriebsvorschriften übertragen, die Beaufsichtigung der Arbeiter, die Führung der Naturalrechnung, die specielle Leitung der Kulturarbeiten, indem diese Gemeindewalduugen als ein Theil seines Reviers

*) Herr Hundeshagen bemerkt dazu in der Anmerkung S. 461., daß mehrere der größern Privatforsten sehr gut und besser als die Staatsforsten bewirthschaftet würden, daß dadurch die Furcht beseitigt werde, in der befangen man glaubt, jeden Eigenthümer in strenge polizeiliche Aufsicht nehmen zu müssen. Es werde durch sie erwiesen, wie auch in diesem Produktionszweige der Privatmann den höchsten Ertrag der Grundstücke erziele.

angesehen wurden. Der Oberförster sollte für die Vermessung derselben, die Feststellung eines nachhaltigen Nutzungsplans, die ganze Bewirthschaftung in eben der Art, wie für die herrschaftlichen Waldungen, Sorge tragen, doch aber keine forstliche Handlung darin vornehmen, ohne daß der Vorstand der Commune seine Zustimmung dazu gegeben hatte, und zugezogen worden war. Die obere Forstbehörde hatte dann, bei abweichenden Ansichten zu prüfen und zu entscheiden, indem ihr überhaupt oblag, die Betriebspläne des Oberförsters zu revidiren und zu genehmigen, auch sollten die Oberforstmeister die Communalwaldungen eben so beaufsichtigen, wie die herrschaftlichen. — Man kann daher sehr kurz sagen: die Communalwaldungen sollen nach diesem Organisationspatente ganz so wie die landesherrlichen behandelt werden, nur daß darin den Gemeindevorstehern das Recht eingeräumt wird, gegen beabsichtigte Wirthschaftsmaaßregeln Vorstellungen zu machen, auch über die Verwendung des abgezählten und ihnen durch die Forstbeamten überwiesenen Holzes in so weit zu bestimmen, als dasselbe zu fixirten Abgaben gebraucht wird. Der Verkauf des Holzes wurde dem Revierförster übertragen, jedoch durch die Gemeinden controlirt. Alle ehemaligen oder noch bestehenden Märkerwaldungen werden als Gemeindewaldungen, in Bezug auf ihre Administration, angesehen.

Die Privatwaldungen werden in gedachter Organisation in zwei Klassen getheilt:

1) in die Forsten der Standesherren und adlichen Gerichtsherren,
2) in diejenigen der gemeinen Privatwaldungen, d. h. die der kleinen Gehölze der Privateigenthümer.

Den Standesherren wurde vorgeschrieben, der Oberforstbehörde die Hiebspläne jährlich vorzulegen, welche dieselben durch die Oberförster prüfen lassen konnte, auch alle zwei Jahre eine Revision der Waldungen überhaupt veranlassen sollte. Die Revierförster waren, in Bezug auf diese Waldungen, bloß beauftragt, deren Beschädigung mit zu verhüten, in sofern diese von einem Fremden erfolgt, und die ihnen speciell darin übertragenen Geschäfte nach der von ihren Vorgesetzten erhaltenen Vorschrift auszuführen. Dem Oberförster lag es ob, Anzeige zu machen, wenn er in Erfahrung brachte, daß die Eigenthümer die bestehenden Polizeivorschriften verletzten, und die Hiebspläne, so wie die vorjährigen Schläge an Ort und Stelle zu prüfen.

In den übrigen Privatwaldungen, welche die zweite Klasse bildeten, wurde der Revierförster verpflichtet, jede Verwüstung derselben zu verhindern, und Uebertretungen der Forstpolizeivorschriften anzuzeigen, die Hauungen zu beaufsichtigen, und die Controle der Bewirthschaftung war in Hinsicht ihrer nur darin von derjenigen in den Communalforsten verschieden vorgeschrieben, daß über den Einschlag keine Rechnung vom Revierförster geführt werden durfte, und dem Eigenthümer die Verwendung des Materials ganz überlassen blieb. — Wo diese Privatwaldungen nur in ganz kleinen Stücken vorkommen und in eine Verwaltung zusammen geworfen werden mußten, um ihnen den nöthigen Schutz zu verschaffen und sie regelmäßig behandeln zu können, sollten sie ganz so wie Gemeindewaldungen behandelt werden. Alle frühern polizeilichen Vorschriften über die willkührliche Ausreutung des Waldes, das Verbot, Ziegen und Schafe einzutreiben, die Verwüstung des Waldes durch Mangel an Schonung u. s. w. blieben ganz unverändert bestehen, und galten diese wie andere polizeiliche Anordnungen in Betreff des Holzstehlens u. s. w. eben so gut für die Privatwaldungen als die für landesherrlichen *).

In Bezug auf die Ausführung der Holzhiebe in den Communalwaldungen wurde vorgeschrieben **).

Sobald eine besondere Geschicklichkeit bei dem Aushiebe

*) Dies erwähnte Organisationspatent stehet im Auszuge in Laurops Annalen, 1ster Bd. 1811. 4s Heft S. 111.

**) Wedekind, Anleitung zur Forstverwaltung, S. 494. 496.

des Holzes erforderlich ist, wie z. B. bei den ersten Durchforstungen, beim Entästen der Bäume ꝛc., und die Gemeindeglieder besitzen diese nicht, so ist die Forstverwaltung befugt, Holzhauer vom Handwerke anzunehmen und die Aufarbeitung des Holzes in der Gemeindearbeit zu verweigern, welche außerdem zu gestatten ist. Die in den Staatswaldungen eingeführten Holzmaße müssen zwar auch in den Communalforsten angewendet werden; wo jedoch für die Waldordnung kein Nachtheil daraus entspringen kann, dürfen auch Modificationen dabei nach dem Wunsche der Gemeinden und Empfänger eintreten.

Im Allgemeinen bestehet diese Forstorganisation vom Jahre 1811. im Großherzogthum Hessen in ihren Grundzügen auch gegenwärtig noch, und hat nur folgende Erweiterung oder Ausbildung erhalten *).

In denjenigen Bezirken, worin die standesherrlichen Rechte ausgeübt werden, haben die unter Bestätigung der Regierung angestellten Forstbeamten der Standesherren dieselben Befugnisse hinsichts der Beaufsichtigung der Communalforstverwaltung und der Aufrechthaltung und Befolgung der forstpolizeilichen Vorschriften, wie die Staatsforstbeamten in den Bezirken, wo keine Standesherren sind.

Zur Ersparung bei dem Forstschutze werden die Forstschutzbezirke, ohne Rücksicht auf die Eigenthümer, so gebildet, wie die Waldungen zusammen liegen. Abgelegene, einzelne ganz kleine Forststücke werden den Feldschützen zur Beschützung überwiesen. Wo die Gemeinde- und Privatwaldungen den Schutzbezirk allein bilden, werden von diesen die Forstschutzbeamten zur Anstellung präsentirt. Die Eigenthümer der einzelnen Waldparcellen, welche keinen eigenen Schutzbezirk bilden, müssen den nach der gesetzlichen Repartition bestimmten Beitrag zur Besoldung des officiellen Forstschützen entrichten, selbst wenn

*) Wedekind, Jahrbücher 8tes Heft 1830. S. 137.

sie es ihrer Convenienz gemäß finden, noch außerdem einen eigenen Schutzbeamten anzustellen.

Als Revierförster werden für die Communalforsten nur geprüfte und approbirte Forstkandidaten von der Regierung und den Standesherren angestellt, indem sie diese mit den herrschaftlichen Forsten zugleich verwalten. Sie haben die Rechte aller übrigen höheren Staatsbeamten, und erhalten ihre Anstellung auf Lebenszeit. Sie leiten den Betrieb in den Gemeindeforsten, ohne darin von dem Gemeindevorstande abhängig zu seyn, jedoch sollen sie mit ihm Rücksprache über zu treffende Anordnungen nehmen, und die Wünsche derselben so weit zu berücksichtigen, als es sich mit einem geregelten Haushalte verträgt. Eine Veränderung in der Substanz der Waldungen darf ohne Genehmigung der obern Behörde nicht vorgenommen werden. Die Materialrente wird, nachdem die Forstverwaltung ihre Gewinnung besorgt hat, der Communalverwaltung überwiesen. Ein Mehreres als die nachhaltige Benutzung der Waldungen daraus zu entnehmen erlaubt, kann dieselbe nicht fordern *). Es stehet ihr bloß Rekurs an die Oberforstbehörde offen, wenn sie auf ein größeres Einkommen daraus Anspruch machen zu können glaubt, und in letzter Instanz entscheidet bei solchen Collisionsfällen das Ministerium.

Den Communalbehörden stehet auch das Recht zu, fordern zu können, daß sie durch das Forstschutzpersonale von den das Eigenthum beschädigenden Freveln in Kenntniß gesetzt werden, und, insofern ein Ansinnen des Gemeindevorstandes nicht gegen die Dienstpflichten und Dienstinstruktion ist, muß es von demselben beachtet werden. Nachlässigkeiten desselben kann die Communalverwaltung rügen und bei der vorgesetzten Behörde zur Sprache bringen. Die Holzanweisung hat der Revierförster im Beisein des Bürgermeisters; die Abzählung nehmen beide gemeinschaftlich vor.

*) Der sonst statt findende Verkauf durch die Forstverwaltung hat daher jetzt aufgehört.

Den Forstbeamten liegt es ob, die nachhaltige und verwüstende Ausdehnung der Nebennutzungen zu verhindern, die Kulturpläne zu entwerfen, und alles in Vorschlag zu bringen, was zur Verbesserung der Waldungen dienen kann.

Der Forstinspektor als Revisor der Revierförster, der Landrath als nächste vorgesetzte Polizei- und Verwaltungsbehörde der Gemeinde liegt es ob, die Ausführung der getroffenen Anordnungen in dem Sinne zu bewachen, in welchem sie gegeben wurden, und nach welchem den Gemeinden als Eigenthümer jede zulässige Nutzung ohne Beschwerde zugelassen, ihnen die Controle durch die Regierung so wenig lästig als möglich gemacht, und nur allein Handlungen verhütet werden sollen, die dem Gemeindevermögen und der Wohlfahrt der Gemeinde nachtheilig werden können. Sobald diese glaubt, daß diesem Sinne der getroffenen Einrichtungen nicht gemäß gehandelt wird, kann sie sich bis an die höchste Behörde, wegen Abstellung von Mißbräuchen, wenden *).

§. 18.

Indem wir nun zur Forstpolizeigesetzgebung Preußens bis zur neuesten Zeit übergehen, müssen wir bemerken, daß diese lediglich nach den verschiedenen Provinzen angeführt werden kann. Nicht bloß, daß überhaupt jede derselben ihre besondere Provinzialgesetzgebung und ihre eigene Forstordnung hatte, so waren auch alle Eigenthumsverhältnisse in den einzelnen Theilen der Monarchie so verschieden, Sitten und Gewohnheiten, Kulturzustand und alle landwirthschaftliche Einrichtungen so abweichend, daß es ganz unmöglich gewesen wäre, für alle ein und dasselbe Gesetz zu geben.

Beginnen wir mit der Mark Brandenburg, so ist schon am andern Orte **) bemerkt, daß die Regierung sich zu einer

---

*) In wiefern den Privaten gegen das Dekret vom 16ten Januar 1811. noch mehr Freiheit in Bewirthschaftung ihrer Waldungen eingeräumt ist, finden wir vom Herrn v. Wedekind nicht angeführt.

**) Kritische Blätter, 7ter Bd. 1s Heft S. 161. u. f.

Einmischung in die Privatforstwirthschaft erst im 17ten Jahrhunderte veranlaßt fand. Dies lag offenbar darin, daß in der Mark Brandenburg Communal-, Märker-, Kloster- und geistliche Forsten, wie sie in den süddeutschen Staaten waren, und dort zuerst Veranlassung zu einer Controle der Privatforstwirthschaft gaben, nie vorhanden gewesen sind. Die wenigen Bauerheiden aus mit Kiefern angeflogenen Aeckern, oder die Erlenbüsche, aus verwachsenen Wiesen bestehend, waren mehr als Gutsforst anzusehen, denn als Bauerforst, da die Bauern größtentheils gar nicht einmal wirkliche Eigenthümer, sondern nur Laßbauern waren, die unter der sehr strengen Bevormundung der Gutsherren oder Domainenbeamten standen. Die Klosterforsten waren zum unmittelbaren Staatsgute eingezogen, das Vermögen der wenigen Stiftungen *) stand von jeher unter der unmittelbaren Staatsgüterverwaltung, so daß nur noch die Städteforsten und die adlichen Güter mit ihren Waldungen übrig bleiben. Die erstern sind zum Theil sehr beträchtlich, und die Regierung kümmerte sich auch, wir wir finden werden, vielfältig um ihre Verwaltung, sobald sich dies als nöthig zeigte. Die adlichen Gutsbesitzer, welche sich als Landstände lange Zeit ihre Rechte und Unabhängigkeit in der Benutzung ihrer Forsten zu bewahren wußten, da die älteren Brandenburgischen Fürsten wegen Verwilligung der Steuern sie sehr bedurften, haben erst spät zu einer pfleglichen Behandlung ihrer Forsten gesetzlich angehalten werden können. Beinahe bei jeder Huldigung wußten sie, bis zu Friedrich Wilhelm II. Zeiten eine sogenannte Assekuration zu erhalten, worin ihnen der Regent freie Wirthschaft in ihren Forsten zusicherte. Niemals ist die Einmischung der Regierung in die Verwaltung und Benutzung der adlichen Gutsforsten sehr bemerkbar geworden. Dies lag unstreitig darin, daß theils bei dem großen Wald-Reichthum der Gegend, der Unver-

*) Z. B. die Güter des Joachimsthalschen Gymnasiums in Berlin.

Unverwüstlichkeit der Holzgattungen, welche hier herrschen, der Kiefer und Erle, die Veranlassung dazu nicht nahe lag, theils die Regierung stets sehr schonend mit dem Adel umging, auch die Landräthe aus der Mitte der Gutsbesitzer genommen, keine strengen Controleurs waren, was sie, der Natur der Sache nach, eigentlich nur seyn konnten.

Eine der ältesten Verordnungen, wodurch der Verwüstung der Gutsforsten gesteuert werden sollte, war die, welche den Verkauf von starken Nutzhölzern aus den Lehnswaldungen in der Uckermark untersagte, vom 9ten Juli 1674. Diese Verordnung wurde unter dem 19ten Oktober 1688. auf die ganze Mark Brandenburg ausgedehnt, erstreckte sich aber immer nur auf Verkauf von Schiffbau- und Stabholz für den Handel in das Ausland, welcher nur mit Consens der Regierung erfolgen sollte. Sie ist jedoch durch die Assecuration von 1717. wieder aufgehoben worden. In der Forstordnung von 1720. wird überhaupt nur die Verwüstung der adlichen Forsten verboten. Wenn man den entsprechenden §. 3. aber genau lieset, so beziehet sich das eigentliche Verbot wohl nur auf diejenigen Forsten, worin dem Fiscus die Mast und das Jagdrecht zustand, so daß der Grund des Verbots einer Verwüstnng offenbar mehr in der Beeinträchtigung der fiscalischen Rechte zu suchen ist, als in der Sorge für das öffentliche Wohl. Dies gehet auch daraus hervor, daß ausdrücklich zugestanden wird, den Ständen 1717. solle der freie und unbeschränkte Verkauf aus ihren Forsten, ohne daß es einen Consens der Regierung bedurfte, bewilligt seyn, und da, wo die Rede von den Forsten ist, worin dem Fiskus weder Mast noch Jagd zustand, scheint zur pfleglichen Behandlung der Forsten mehr ermahnt zu werden, als dieselbe geboten zu seyn.

In der Praxis waren die Gutsbesitzer selbst schon vor der neuesten Gesetzgebung, worin ihnen die willkührliche Behandlung ihrer Forsten gestattet wurde, in der That von jeher unbeschränkt darin, und nur aus Veranlassung der Rechte eines Dritten trat ein gerichtliches Verfahren ein, oder die Landespolizeibehörde untersagte bedeutende Rodungen, wenn besondere Umstände eintraten, welche dieselben sehr nachtheilig erscheinen ließen. Doch trat auch dieser letztere Fall sehr selten ein. Selbst die alte Bestimmung vom 14ten Februar 1722, wonach der Adel wenigstens kein Holz unter der Königl. Forsttaxe verkaufen sollte, wurde in der letzten Zeit nicht mehr geachtet. Sie war wohl auch nur nach der Ansicht erfolgt, daß die Holzpreise in den Domainenforsten nicht herunter gedrückt werden sollten. Ebenso blieb die Vorschrift des Edikts vom 22sten Mai 1765., so wie des Reglements vom 23sten April 1796. unbeachtet, wonach die adlichen Forsten in Schläge getheilt werden sollten.

Die Gehölze der Amtsunterthanen, bestehend in verwachsenen Aeckern und Wiesen standen unter der unmittelbaren Aussicht der Staatsforstbeamten und der Domainenpächter, welche die erste Polizeibehörde in den Domainenämtern bildete. Die Forstbedienten sollten den Bauern den Bedarf darin anweisen, und die Bauerheiden sollten so behandelt werden, daß die Eigenthümer immer nicht nur ihre Bedürfnisse daraus befriedigen konnten, sondern auch im Falle eines Unglücksfalls, im Brand, Hagelschlag, Viehsterben, eine Hülfsquelle darin vorfanden. Als erste Ursache, warum die Regierung auf die Conservation dieser Bauerheiden der Amtseinsassen drigt, wird immer angegeben, „daß sie sonst, wenn sie dieselben verwüstet haben würden, den herrschaftlichen Forsten mit der Befriedigung ihrer Bedürfnisse zur Last fallen würden.“ Ganz consequent bekümmerte sich deshalb auch die Regierung um die Erhaltung der Forsten, welche den Gutsunterthanen des Adels gehörten, gar nicht, da diese doch niemals Ansprüche an die Staatsforsten machen konnten, und überließ die Sorge dafür den Gutsbesitzern selbst. Dagegen wurden diese wieder erinnert, ihre eigenen Forsten stets in einem solchen Zustande zu erhalten, daß die Bedürfnisse ihrer Gutseinsassen dadurch gesichert blieben.

Die Beschützung der Bauerheiden in den Domainenämtern lag dem Staatsforstpersonale ob, und die Frevel darin wurden von diesem zur Bestrafung angezeigt. Dagegen sollten die Forstbeamten dafür den vierten Theil der Strafgelder, so wie für die Anweisung des an Fremde verkauften Holzes sieben Pfennige vom Thaler erhalten *).

Der Verkauf von Holz wurde den Unterthanen nur von denjenigen Holzhändlereien gestattet, welche sie als kontribuable Aecker besaßen, und nur in dem Falle, wenn es entschieden war, daß das zu verkaufende Holz zur Befriedigung der Bedürfnisse des Bauers an Bau-, Nutz- und Brennholz nicht erforderlich war. Sollten eigentliche Forstgründe, die den Bauern zur Nutzung eingeräumt waren, abgeräumt werden, so mußte das Holz für Rechnung der Königl. Holz-Magazinkasse verkauft werden **).

Die beträchtlichen Städteforsten in der Mark Brandenburg wurden in der früheren Zeit den adlichen Gutsforsten, hinsichts der Einmischung der Regierung in ihre Verwaltung, ganz gleich gestellt, wie sich dies noch aus dem §. 3. der Forst- und Jagdordnung für die Mark von 1720. deutlich ergiebt. Erst unter Friedrich dem Großen trat eine spezielle Einmischung der Regierung und eine ziemlich ausgedehnte Bevormundung ein, und die Verwaltung der Staatsforsten wurde ganz nach den Grundsätzen der Staatsforstverwaltung geordnet.

Unter dem 20sten November 1713. war zuerst eine Verordnung erlassen, die aber besonders die Neumark betraf, wodurch befohlen wurde, die Grenzen der Städteforsten in Ordnung zu bringen und zu versteinen, um zu verhüten, daß nicht den Städten Grundeigenthum verloren gehe. Darauf wurden für die Forsten aller Städte eigene Forstbeamte, ie Städte-Forstmeister unter Friedrich dem Großen von der

*) Kabinetsordre vom 4ten April 1766.

**) Rescript vom 8ten August 1769.

Regierung angestellt*), welche in Gemeinschaft mit den Steuerräthen**), denen die Verwaltung der Städteangelegenheiten übertragen war, der Forstverwaltung in den Stadtheiden vorstanden. Die erste besondere Holzordnung für die Städte erhielt die Neumark unter dem 17ten September 1749. (Mylius C. C. B. 9. S. 278.). Diese erstreckt sich jedoch, eben so wie die spätern Forstordnungen für die Städte, nur allein auf die der Kämmerei gehörigen Forsten oder die eigentlichen Stadttheile. Die davon sehr verschiedenen Bürgerheiden d. h. die mit Holz bewachsenen eigenthümlichen Grundstücke de einzelnen Bürger, ebenfalls gewöhnlich aus verwachsenem Acker und Wiesen bestehend, waren von aller Beaufsichtigung durch die Staatsforstbeamten oder den Magistrat befreit, und konnten von ihren Eigenthümern beliebig benutzt werden.

Durch die Städte-Forstordnung wurde festgesetzt: daß die der Stadtgemeinde gehörenden Kämmereiforsten zuerst zur Bestreitung der öffentlichen Bedürfnisse für Schulen, Kirchen, Besoldungen, städtische Bauten benutzt werden sollten. Sodann sollten aber auch nicht nur die von altersher wohlbegründeten Ansprüche der Bürgerschaft an freiem Bau- und Brennholz daraus befriedigt werden, sondern es sollten auch selbst die unberechtigten neuen Anbauer und Mitglieder der Gemeinde nach der Billigkeit durch mäßige Holzpreise berücksichtigt werden. Ein Verkauf zum Vortheil der Kämmereikasse konnte nur dann statt finden, wenn diesen Ansprüchen an die Stadtforst genügt war, und auch dann sollten die Bürger, welche als Tischler, Stellmacher, Drechsler u. s. w., Holz zur Betreibung ihres Gewerbes bedurften, zuerst berücksichtigt werdrn. Ein Verkauf im Großen, vorzüglich von Nutzholz für den auswärtigen Handel, konnte nur mit specieller Genehmigung der Regierung statt finden. Die Vorschriften

*) Instruction für die Städte-Forstmeister vom 7ten Januar 1749.

**) Die Steuerräthe waren dieselbe Behörde für die Städte wie die Landräthe für das platte Land.

über die Kultur der Forsten, diejenigen, wodurch die Beschädigung derselben verhütet werden sollte, waren ganz gleichlautend mit denjenigen, welche zu eben diesem Zwecke für die Staatsforsten gegeben waren.

Die Verwaltung sollte der Städteforstmeister in der Art mit den Magisträten gemeinschaftlich führen, daß der technische Betrieb und dessen Leitung von dem erstern abhing, dem zu diesem Ende auch das Schutzpersonale untergeben war, welches der Magistrat zwar selbstständig anstellte, jedoch aus den zur Civilversorgung berechtigten Jägern und andern Militairs (Invaliden) nehmen sollte.

Der Magistrat übte die Forstgerichtsbarkeit in der untern Instanz aus, war befugt, die Sorge für den Forstschutz zu übernehmen, und die dazu bestellten Forstbeamten zu beaufsichtigen; ihm lag die Rechnungsführung, die Cassenverwaltung ob, und die Verwendung des gewonnenen Materials, welche jedoch der Forstmeister zu controliren angewiesen war. Auch sollten die Magisträte und Forstdeputirten bei Anfertigung der Forstverbesserungs-Anschläge zugezogen werden. Die Besoldung der Schutzbeamten trug die Kämmereikasse jedes Orts allein für ihre Waldungen, diejenige der Forstmeister wurde aus den gesetzlich bestimmten Stamm-, Mast- und Anweisegeldern größtentheils bestritten, wobei jedoch alle diese Gelder in die Kämmereikassen gezahlt und von diesen erst den Empfängern behändigt wurden. Außerdem erhielten die Forstmeister noch eine fixirte Besoldung aus den Kämmereikassen.

Für die bedeutendern Städteforsten wurde auch ein besonderer Rechnungsführer in der Person des Holzschreibers angesetzt, dem zugleich die Controle der bei den Schlägen und Verkäufen stattfindenden Ausgaben mit übertragen war.

Sowohl der Forstmeister und Steuerrath, wie der Magistrat, waren der Krieges- und Domainenkammer in allen die Forstverwaltung betreffenden Gegenständen untergeordnet, und mußten sich nach allen in Forstsachen überhaupt ergehenden landesherrlichen Anordnungen richten. Den Kammern mußten auch die jährlichen Etats und Rechnungen zur Prüfung und Genehmigung vorgelegt werden.

Alle die für die Staatsforsten erlassenen Polizeivorschriften und vorgeschriebenen Anlagen von Eichelkämpen, Ansaaten und Anpflanzungen von Birken, die Eintheilung in Jahresschläge und ähnliche wirthschaftliche Einrichtungen mußten gleichmäßig in den Städten erfolgen, worüber auch, wenn irgend der Zustand des Kämmereivermögens es erlaubte, mit Strenge gehalten wurde.

Die Kirchenhölzer, welche eigenthümliches Vermögen der Kirche waren, so wie die selten vorkommenden Pfarrhölzer, die dem Prediger zum Nießbrauche überlassen bleiben, standen unter der Beaufsichtigung und Verwaltung des Patrons der Kirche, wobei jedoch der Prediger verpflichtet war, Rechnung über das Einkommen der Kirche und die Nutzung aus den Gehölzen derselben zu führen, und Sorge zu tragen, daß derselben nichts verloren ging, nnd die Forsten geschützt und pfleglich behandelt wurden. Im Fall etwas dabei zu rügen sich fand, war er verpflichtet, der oberen geistlichen oder Landespolizeibehörde Anzeige zu machen.

Sowohl bei den Kirchenwaldungen als Städteforsten sollte die Nachhaltigkeit auf das sorgfältigste beachtet werden, und die Behörden waren in dieser Hinsicht verantwortlich gemacht. Auch war jede Abgabe an die Bürger in Losholze und ganzen Bäumen durchaus untersagt, um die Erhaltung des Etats besser controliren können. Bei deu Kulturen sollten so viel als möglich die holzberechtigten Bürger zur Mitwirkung herangezogen werden, und durch Fuhren, Leistung von Handarbeiten u. s. w. Hülfe leisten.

§. 19.

Die Vorschriften in der Provinz Pommern (mit Ausschluß des damals der Krone Schweden gehörenden Stralsunder Regierungsbezirks) waren im Allgemeineu ziemlich dieselben wie in der Mark Brandenburg, und sind im Tit. XI. der Forstordnung für diese Provinz vom Jahre 1777. zusammengefaßt.

Auch hier war den größeren Gutsbesitzern nur der Verkauf vom Holze unter der Forsttaxe und die Verwüstung der Forsten untersagt, im Uebrigen aber freie Hand hinsichts der Benutzung gelassen. Das Ausroden und Urbarmachen von Forstgrund in Gegenden, wo Holzüberfluß war, wurde ausdrücklich für keine Forstdevastation erklärt und den Gutsbesitzern frei gegeben, in sofern nicht die Rechte eines Dritten dadurch verletzt würden. Nur eine Rodung von solcher Ausdehnung wurde untersagt, daß dadurch die Befriedigung des Bedürfnisses des Guts und der Gutseinsassen gefährdet werden könnte. In denjenigen Forsten, wo dem Fiskus die Mastgerechtigkeit zustand, war jedoch den benachbarten Staatsforstbeamten die Controle bei Fällung der Masthölzer vorbehalten.

Die Holzung der Gutsunterthanen war unter die Controle der Gutsherrn gesetzt, die sich jedoch größtentheils darauf beschränkte, daß sie ohne herrschaftlichen Consens kein Holz verkaufen durften.

Die Forsten der Amtsdörfer standen unter der Aufsicht der Staatsforstbedienten, welche nöthigenfalls unter Mitwirkung der Domainenbeamten und Landräthe, die Amtsunterthanen auch zum Anbaue von Sandschollen anhalten konnten.

Die Städter Kämmereiforsten sollten durchaus nach den für die Staatsforsten erlassenen Verordnungen behandelt werden, und die Special-Forst-Etats mußten der Krieges- und Domainenkammer vorgelegt werden, wo dann über die richtige Ausführung derselben die Steuerräthe und Städteforstmeister zu wachen hatten. Alle Ueberschüsse flossen in die Kämmereikasse.

§. 20.

Diese gesetzlichen Bestimmungen änderten sich in den westlichen Provinzen der Monarchie. Den Rittergutsbesitzern im Herzogthum Magdeburg, Fürstenthume Halberstadt und der Grafschaft Hohenstein wurde zwar unterm 4ten August 1719. ebenfalls die Zusicherung ertheilt, daß sie in denjenigen ihrer Forsten, worin dem Fiskus kein Mast- und Jagdrecht zustand, nicht hinsichts der Bewirthschaftung beschränkt seyn sollten, jedoch wurde schon damals der ausdrückliche Vorbehalt eingeschaltet, daß sie zu einer forstmäßigen Behandlung ihrer Waldungen verpflichtet seyn sollten, auch den Consens der Kriegs- und Domainenkammer zu erwerben gehalten waren, wenn sie eine beträchtliche Quantität Holz zu verkaufen beabsichtigten. In denjenigen Revieren, wo dem Fiskus die Mast zustand, durften nur dürre und zapftrockene Eichen gehauen werden, welche von dem benachbarten Königlichen Oberförster vorher angeschlagen werden mußte. Auch hatten diese darauf zu sehen, daß der Niederwald und das Unterholz im Mittelwald nicht vor der Haubarkeit abgeholzt wurde.

Durch die Verordnung vom 25sten Mai 1765. wurde eine schärfere Aufsicht über die Waldungen des Adels und der Klöster befohlen. Den Forstbeamten wurde zur Pflicht gemacht, darüber zu wachen, daß keine Verwüstung derselben, oder eine Ausrodung erfolgte, und jede unnachhaltige Benutzung bei einer Strafe von 50 bis 1000 Rthlr., nach der Größe der Verwüstung, untersagt. Dabei wurde dem Denuncianten, wenn er es verlangte, unter Verschweigung seines Namens, die Hälfte der fiskalischen Strafe als Denuncianten-Antheil zugesichert, wogegen er aber auch die Kosten der Untersuchung tragen mußte, wenn die Denunciation falsch befunden wurde. Jeder war zu dieser befugt, welchem eine Verwüstung der Forsten bekannt wurde, die Adlichen oder Klöstern gehörten.

Diejenigen Unterthanen, welche eigenes Gehölz besaßen, und zur Schonung desselben Holz aus den herrschaftlichen Forsten kaufen wollten, sollten Anzeige deshalb machen, und sich einer gnädigen Resolution gewärtigen.

Den Amtsunterthanen, welche ihre Aecker und Grundstücke hatten mit Holz bewachsen lassen, war nicht erlaubt, dasselbe ohne Genehmigung und Anweisung der Forstbedienten abzuholzen. Der Fiskus nahm vielmehr alles Bau- und Nutzholz darauf für sich in Anspruch, und die Erlaubniß zur Abräumung sollte erst ertheilt werden, wenn dies Nutzholz für Rechnung der Regierung verkauft worden war *). Dieselben Anordnnngen bestanden in dem Fürstenthume Minden und der Grafschaften Ravensberg, Tecklenburg und Lingen. Durch die Forstordnung für diese Provinz vom 4ten März 1738. war schon verfügt, daß zum Aushiebe einer ungewöhnlichen Menge von Buchen und Eichen die Genehmigung der Regierung eingeholt werden müsse, und durch die Verordnung vom 11ten Mai 1769. wurde dies in gleicher Art, wie im Magdeburgischen, geschärft. Es wurde dabei überhaupt der Grundsatz aufgestellt, daß zwar, den früheren Zusicherungen gemäß, die Vasallen ihre Forstwirthschaft ohne Einmischung der Regierung sichern konnten, doch kein Oberholz an Eichen und Buchen ohne Consens derselben verkaufen durften, und überhaupt jeder Waldverwüstung bei schwerer Strafe sich enthalten mußten.

In Betreff der Märkwaldungen und Privatgehölze wurden die alten Gesetze und Observanzen aufrecht erhalten, jedoch durch die verbesserte Holzungs-Instruktion für die Grafschaft Lingen vom 21sten Juni 1753. die früher von der Spanischen Regierung ertheilte Holzungs-Instruktion aufgehoben. Die wesentlichsten Vorschriften dieser neuen Holzordnung waren folgende.

Die eigengehörigen Unterthanen dürfen nur mit dem Consense ihrer Grundherrschaft grüne auf ihrem Grunde stehende Eichen einschlagen. Dieser soll ihnen jedoch nicht nur zur Befriedigung ihres Bedarfs an Bauholze, sondern auch zum mäßigen Verkaufe gegeben werden, wenn sie sich die Nachzucht des Holzes angelegen seyn lassen. Den Forstbedienten,

---

*) Magdeburgische Forstordnung von 1753. Tit. XV. §. 3.

welche das Holz anweisen, haben sie dafür ein gewisses Accidenz zu bezahlen, auch den Stempel für den Consens zu entrichten. Das Brennholz können dieselben so viel sie bedürfen, vom Unterholze und abständigen Bäumen ohne Consens hauen.

Die Markgenossen sind verbunden, für die Nachzucht und den Wiederanbau des Holzes in den gemeinen Marken Sorge zu tragen. Dagegen soll ihnen auch darin das nöthige Bau- und Reparaturholz angewiesen werden. Ein Consens dazu brauchte nicht nachgesucht zu werden, sondern wenn die Designation des erforderlichen Bauholzes durch den Landbaumeister angefertigt war, so konnte dasselbe durch das jährlich einmal abzuhaltende Holzungsgericht, worauf alle, die Marken betreffenden Sachen abgehandelt wurden, dem Forstbeamten zur Auszeichnung angewiesen werden, ohne daß dadurch weitere Kosten erwuchsen, als die gesetzlich bestimmten Diäten der Forstbeamten. Für jeden empfangenen Baum mußten aber sowohl die Eigengehörigen, als Markgenossen vier junge Eichen pflanzen, und jede nicht gepflanzte, mit 10 Stübern bezahlen. Alles den Unterthanen angewiesene Holz mußte der Oberförster mit dem Waldhammer zeichnen und es in ein besonderes Register tragen, was denn bei Abhaltung des Generalholzgerichts diesem übergeben wurde.

Bei dem vielem Flugsande in der Grafschaft Lingen, welcher den Feldern und Wiesen sehr nachtheilig wurde, war die Regierung veranlaßt worden, die Sandschollen unter die angrenzenden Ackerbesitzer zu vertheilen, und ihnen den Anbau derseiben zur Pflicht zu machen. Die Forstbeamten waren zu einer jährlichen Revision angewiesen, um nachzusehen, inwiefern dieser Verpflichtung genügt war. Das Hüten und Plaggenstechen auf den eingehegten Sandschollen war Jedermann bei Strafe verboten.

§. 21.

Die strengste Beaufsichtigung der Privatforsten fand ohnstreitig in den erst spät mit Preußen vereinten Provinzen

Ansbach und Baireuth statt, in welchen man alle in dieser Hinsicht vorgefundenen Einrichtungen bei der Besitznahme bestätigte, und in keiner Art milderte. Es scheint uns dies ein beachtungswerther Umstand, indem es die Vermuthung erregt, daß die Preußische Regierung die im Allgemeinen in Preußen größere Freiheit der Privatforstwirthschaft als im ganzen übrigen Deutschlande, vielleicht weniger aus Grundsatz in dieser Art so bestehen ließ, als aus Schonung wohlhergebrachter Rechte der Unterthanen, die man sich zu verletzen scheute, da die dringende Nothwendigkeit dazu noch nicht vorhanden war.

Schon durch die alten Ansbachischen Forstordnungen von **1613, 1697, 1702** *) war die Ausrodung und Verwüstung der Privatforsten zur Erhaltung der Wildbahn und fürstlichen Forstgerechtsame verboten. Auch war in beiden Provinzen die Controle der Privatforstwirthschaft längst hergebracht. Durch das Rescript vom 8ten Oktober **1796** **) wurden wiederholt sämmtliche Städte-Gemeindewaldungen des Fürstenthums Ansbach, aus Veranlassung der darin bemerkten schlechten Wirthschaft, unter eine geschärfte Controle gesetzt, da nach dem Ausdrucke desselben, alle bisherigen Verfügungen, Anweisungen und Recherchen, ohne Erfolg geblieben waren. Sämmtliche Waldungen der Provinz wurden dadurch der speciellen Aufsicht der Krieges- und Domainenkammer unterworfen, und zu einer bessern Ausführung derselben sollte zugleich eine genaue Aufnahme und Beschreibung derselben erfolgen.

Durch die verschiedenen Organisationsdekrete vom Jahre **1797** ***) wurden nun die Kämmerei-, Communal-, geistlichen und Privatwaldungen in gleicher Art der Staatsforstverwaltung untergeordnet, wie dies der Fall in Baiern, Hessen, Baden und andern süddeutschen Ländern der Fall war, und

*) Mosers Forstarchiv 23stes Bd. S. 176.

) Mosers Archiv 22ster Bd. S. 109. *) Ebendaselbst 24ster und 25ster Bd.

wie dies schon ältere Vorschriften der früheren Markgräflichen Regierung bestimmten.

Den herrschaftlichen Forstbeamten stand die Beaufsichtigung der Kämmerei-, Communal-, geistlichen und Privatforsten zu, und hatten sie überall die Anweisung darin zu besorgen. Die Polizei jeder Art wurde durch dieselben in allen diesen Waldungen ausgeübt. Sie hatten für gehörigen Wiederanbau der Schläge zu sorgen, für Ordnung des Betriebes und nachhaltige Wirthschaft überhaupt, so daß sich im Allgemeinen die ertheilten Instructionen und Vorschriften eben so gut auf alle diese gedachten Waldungen ohne Unterschied bezogen, als auf die eigentlichen Staatsforsten. Nur war den Forstbeamten zur Pflicht gemacht, zwar alle Vorschriften der Forstordnungen streng zu befolgen, jedoch auch alle Irrungen mit den Magisträten und Rittergutsbesitzern möglichst zu vermeiden, und dieselben nicht in ihren Nutzungen und Rechten zu kränken.

Diese fränkischen Fürstenthümer sind die einzigen Besitzungen Preußens gewesen, wo die Waldregie in dieser Ausdehnung wirklich stattgefunden hat.

§. 22.

Schlesien bildete mit seiner Forstpolizeigesetzgebung gleichsam einen Uebergang von der großen Freiheit der eigentlichen Privatforstwirthschaft in den Marken, und der Beschränkung derselben im Ansbach-Baireuthschen, oder zwischen Süd- und Norddeutschland. Schon nach altem Schlesischen Rechte (Siehe Lib. I. Cap. XXII. des Friedbergischen Juris Silesiaci) waren die Wälder als ein kostbares Kleinod des Landes zu betrachten, und deren Verwüstung war verpönt. Auch war der Verkauf von Holz an die Ausländer, ohne Consens der Breslauer Ober-Amtsregierung, von jeher verboten. Auch noch kurz vorher ehe Preußen diese Provinz in Besitz nahm, war (1735) der willkührliche Verkauf des Eichnutzholzes untersagt worden. Durch die Forstordnung von 1756. wurde aber überhaupt eine nachhaltige Wirthschaft für alle Forsten ohne Ausnahme speciell vorgeschrieben.

Die beträchtlichen Forsten der Immediat-Städte *) erhielten ganz dieselbe Verwaltung und mußten in ganz gleicher Art vermessen, taxirt, eingetheilt, benutzt und angebauet werden, wie die Staatsforsten, obwohl die Einkünfte den Kämmereien verblieben. Es wurden für sie besondere Städteforstmeister angestellt, welche ihre Instruktionen und Vorschriften von den Krieges- und Domainenkammern erhielten, und in Gemeinschaft mit den Magistraten die Verwaltung leiteten. Es war im Wesentlichen dieselbe Einrichtung für sie getroffen, wie in der Mark Brandenburg. Für die Erhaltung der Mediat-Städte war die Grundherrschaft befugt, Sorge zu tragen, ohne jedoch der Kämmerei und Bürgerschaft die nachhaltig daraus zu beziehenden Nutzungen verkümmern zu können.

Die zu den Rittergütern und Standesherrschaften gehörenden Forsten, viel beträchtlicher als die Domainenwaldungen dieser Provinz, waren gleichen Beschränkungen unterworfen. Dagegen waren aber diese nicht überall, nnd in allen Gegenden Schlesiens gleich, da man sich um die Waldungen der kleineren Güter weit weniger kümmerte, als um diejenigen der größeren Besitzungen, mit denen Hüttenbetrieb verbunden war. Auch waren doch die Gesetze im Allgemeinen zu unbestimmt, so daß sehr viel, hinsichts der Beaufsichtigung und Rüge einer unerlaubten Wirthschaft, von den Landräthen und Kammern abhing. Die wesentlichsten Vorschriften der Forstordnung von 1756. und der Deklaration derselben (des Regulativs) vom 26sten März 1786. waren folgende.

Die unnachhaltige Bewirthschaftung und Devastation war streng verboten, und die Landräthe, Oberforstmeister, Krieges- und Domainenkammern waren angewiesen, darüber zu wachen, daß alle Privatforsten pfleglich und nachhaltig behandelt wurden,

*) Die nicht zu den Besitzungen des Adels gehörten.

nöthigenfalls auch den Eigenthümern allen Einschlag zum Verkaufe zu untersagen. Zu beträchtlichen Verkäufen, zu Ausrodungen von Wald, vorzüglich zum Einschlage beträchtlicher Quantitäten von Eichenholz für den auswärtigen Handel, mußte immer Genehmigung der Regierung nachgesucht werden, welche die Zulässigkeit derselben erst durch den Landrath des Kreises und den Oberforstmeister untersuchen ließ. Zur Ausfuhr des geschlagenen Holzes mußte noch ein besonderer Paß gelöset werden. Dabei sollten die Revisoren, welche über die Zulässigkeit des Eicheneinschlags zu berichten hatten, darauf sehen, daß der innere Landesbedarf an Nutzholz hinlänglich gedeckt blieb, die Kontrakte nicht in einer Art abgeschlossen wurden, daß dem Walde und dem allgemeinen Besten ein Nachtheil daraus erwachsen könne, und daß das eingeschlagene Holz durch den Anbau von Eichen genugsam ersetzt werde.

Eine ganz besondere Wachsamkeit war den Krieges- und Domainen-Kammern, hinsichts der häufig vorkommenden Speculation, empfohlen, wo Gutskäufer bloß die Idee hatten, den Wald des angekauften Gutes herunter zu hauen und dadurch einen Gewinn zu suchen.

Wo Holzungsservituten auf einem Forste lasteten, war die Landespolizeibehörde verpflichtet, darüber zu wachen, daß nicht durch einen liederlichen Haushalt die Berechtigten, in der Regel Gutsunterthanen, außer Stand gesetzt wurden, ihre Berechtigung gesetzlich zu benutzen, und genöthigt waren, sich in weitläuftige Prozesse einzulassen.

Die Besitzer von Eisenhütten, von deren fortgesetztem Betrieb die Existenz einer Menge von Arbeitern abhing, wurden ganz besonders zu einem nachhaltigen Betriebe verpflichtet. Neue Concessionen zur Anlegung solcher, oder ähnlicher, viel holzconsumirenden Gewerbe, sollten gar nicht mehr ertheilt werden, bevor diese nicht nachgewiesen war. Von allen Gütern, welche Eisenhütten besaßen, sollte binnen sechs Jahren ein nachhaltiger Forstwirthschaftplan der Regierung zur Genehmigung vorgelegt werden. Der Umtrieb wurde für Kiefern auf 100, für Fichten und Weißtannen auf 90 Jahre im Allgemeinen bestimmt, und die Verkürzung desselben bis unter 70 Jahr im Nadelholze als unzulässig erklärt. Die Erlenbrüche sollten in 36 bis 45 Schläge getheilt werden. Alles Ausplentern der Bestände wurde bei Strafe verboten, und nur eine regelmäßige Schlagwirthschaft als zulässig erklärt. Das Schroten des Holzes mit der Axt durfte seit 1781. nicht mehr stattfinden, und überhaupt wurden alle Vorschriften der Forstordnung, auch in Hinsicht des Wirthschaftsbetriebes, den Privatforstbesitzern zur Beachtung empfohlen. Eisenhüttenbesitzern, welche sich eines unwirthschaftlichen Gebahrens zu Schulden kommen ließen, konnte der Betrieb ihrer Werke so lange untersagt werden, bis sie sich über den nachhaltigen Betrieb ihrer Waldungen ausgewiesen hatten. Rodungen, ohne Genehmigung der Regierung, waren ihnen gänzlich untersagt, so wie auch in ganz Oberschlesien und der Grafschaft Glaz die Ausfuhre von Holz in fremde Länder verboten war.

Diese Vorschriften wurden bis 1806. ziemlich streng aufrecht erhalten, und wenn man dazu noch diejenige Aufsicht rechnet, welche die Landschaftsdirektionen, oder die Vorstände des Schlesischen Kreditvereins über diejenigen Forsten übten, welche mit Pfandbriefen belastet waren, so dürfte diese Provinz diejenige gewesen seyn, wo, nach den fränkischen Fürstenthümer, der Rittergutsbesitzer im Königreiche Preußen am wenigsten frei über seine Forsten schalten kannte. Immer hatten doch aber alle Beschränkungen desselben keinen andern Zweck als die Verwüstung der Forsten zu hindern, denn um die Anstellung der Privatforstbeamten, um die Kulturen und den innern Betrieb einer nicht notorisch unpfleglichen Behandlung kümmerte sich niemand.

Eigentliche Communalwaldungen der Dörfer giebt es in Schlesien wenig, dagegen aber viel Gehölze, welche zu den Schultiseien und Bauergütern gehören, oder welche von einzelnen

Bürgern als privatives Eigenthum besessen werden. Die Amtsunterthanen standen, hinsichts der Benutzung ihrer Holzgründe, unter den Domainenbeamten und dem Königl. Oberförster, und konnten sich, im Fall sie von diesen widergesetzlich beschränkt zu werden glaubten, an die Kammern wenden. Ueber die Bauerhölzer der Gutsunterthanen führte die Gutsherrschaft die Aufsicht. Ueber die eigenthümlichen Bürgerheiden war zwar nichts speciell bestimmt, es leidet jedoch keinen Zweifel, daß der Magistrat, Steuer- oder Landrath erforderlichen Falls eine Verwüstung hätten verbieten können, da sie allgemein und allen Unterthanen ohne Ausnahme untersagt war. Die Rodung verwachsener steuerbarer Aecker 2c., die mit Holz bewachsen waren, um sie wieder als Acker oder Wiesen zu benutzen, wurde in der Praxis als gesetzlich erlaubt angesehen.

Die nicht unbedeutenden geistlichen Forsten, welche dem Fürstbischofe in Breslau, den Stiften und Klöstern oder Ritter-Commenderien gehörten, waren nach der Forstordnung von 1756. im Allgemeinen denselben Beschränkungen unterworfen, wie die Rittergutsforsten, wogegen sie durch die Deklaration von 1788. mehr den Städteforsten dadurch gleichgesetzt wurden, so daß sie eingetheilt und taxirt werden mußten, um für sie einen nachhaltigen Etat zu entwerfen, der nicht überschritten werden durfte. Geschahe dies letztere, so sollte die Administration von Seiten des Staates eintreten. Bei einer geregelten Verwaltung waren sie dagegen aber auch nicht mehr verpflichtet, den früher vorgeschriebenen Consens bei einem Verkaufe von mehr als 200 Rthlr. nachzusuchen.

Die Holzungen, wovon die Pfarrer den Nießbrauch hatten, die Kirchen und Schulen gehörten, sollten lediglich zur Bestreitung des Naturalbedarfs derer, welche diesen daraus ganz oder theilweis zu fordern hatten, benutzt werden; ein Verkauf sollte in der Regel gar nicht daraus stattfinden, und in jedem Falle uicht nur streng auf die Nachhaltigkeit gesehen, sondern auch immer noch ein Vorrath von Bauholz für unvorhergesehene

Fälle darin erhalten werden. Die Geistlichen, Kirchenpatrone und Gemeindevorsteher waren gemeinschaftlich verpflichtet, für die Befolgung dieser Vorschriften Sorge zu tragen.

Die erlassenen Vorschriften zur Ersparung von Holz durch Verbot der Knüppeldämme, Zäune von todtem Holze u. s. w. waren für Jedermann verbindlich.

§. 23.

In ganz Deutschland ist die Art und Weise der Entstehung des Grundeigenthums mehr oder weniger dunkel, nicht so aber in der Provinz Preußen, wo bei der Eroberung dieses Landes durch die deutschen Ritter im 13ten Jahrhunderte eine gänzliche Revolution des Grundbesitzes stattfand, die sich noch jetzt aus Urkunden und Documenten der Vorzeit übersehen läßt. Der deutsche Orden ging von demselben Grundsatze aus, wie alle Kreuzfahrer bei den Eroberungen in Asien, indem er alles von Heiden und Nichtchristen eroberte Land als unmittelbares Eigenthum betrachtete, und wenn die bisherigen Bewohner, aus Mangel an andern Bearbeitern, auch ferner darauf geduldet wurden, dies nur in der Eigenschaft derselben als Eigengehörige, Laßbauern, Dienstleute, Hintersassen geschehen konnte. Eine natürliche Folge dieses Grundsatzes war, daß die großen geschlossenen Waldmassen alle ohne Ausnahme in den Händen des Ordens blieben, der sie den verschiedenen Ordenshäusern und Komthureien zutheilte. Erst in der neuesten Zeit ist durch die Ablösung der Waldservituten mit Grund und Boden, ein sehr großer Theil dieser sehr bedeutenden Staatsforsten leider in die Hände der Privaten gekommen, von denen er bald verwüstet wurde.

Da jedoch der Orden als Landesherr nicht den ganzen Boden benutzen und für seine Rechnung bearbeiten lassen konnte, so wurden gegen Zins eine Menge neuer Ansiedler oder auch Eingeborene, deren Treue und Dienste man belohnen wollte, mit Grundeigenthum beliehen *). So die Withinge,

*) Voigt', Geschichte von Preußen, 3ter Bd. S. 20. u. f.

treugebliebene Edle des alten Preußens, welche an den vielmaligen Aufständen nicht Theil nahmen, denen man einen durchaus freien Allodialbesitz zugestand, und der als der edle Herrenstand betrachtet wurde; die Freilehnsleute, welche ihre Güter als wirkliche Lehen besaßen, und gewöhnlich deutsche Einwanderer von Adel oder ausgezeichnete Krieger des Ordens waren, ferner die Kölmer, ebenfalls größtentheils deutsche Kolonisten, welche ihren Namen davon erhielten, daß sie ihre Vergabungsbriefe nach Kulmischem Rechte erhielten. Doch wurden in diesen Stand auch Stammpreußen aus dem gemeinen Haufen aufgenommen, die man belohnen oder auszeichnen wollte, da diese Güter den Zehnten an den Orden entrichten mußten, wenn sie gleich sonst freie Erbgüter mit der niedern Gerichtsbarkeit und mit Hintersassen waren.

Der übrige Theil der alten Stammpreußen wurde zu bloßen Hintersassen und Unterthanen des Ordens und dieser Güter, behielt deshalb auch kein eigentliches Waldeigenthum, sondern nur diejenigen Waldrechte, welche er zu seiner Existenz haben mußte. Was später an sogenannten Dorfheiden wieder entstand, war wohl nur verwachsener Acker, Weiden oder Wiesen.

Die Städte, welche alle erst seit der Besitznahme durch den Orden entstanden, da das alte Preußen keine Städte hatte, wurden mit nicht unbeträchtlichen Waldungen begabt, gewöhnlich nach Kulmischem Rechte, wonach ihnen die freie Benutzung der Wälder zustand.

Diese Art und Weise der Bildung des Waldeigenthums ist nicht ohne Einfluß auf die Forstpolizeigesetzgebung geblieben. Die ausgedehnten Staatsforsten sicherten in den mehrsten Gegenden gegen Holzmangel, in andern, wo er aber wirklich empfunden wurde, hatte man bei dem guten Boden schon sehr frühzeitig den ganzen Wald ausgerodet, und es gab hier nichts mehr zu beaufsichtigen. Ueberall traten aber auch der Regierung die bestimmt ausgesprochenen Privilegien und Freibriefe der Eigenthümer, die sich diese namentlich bei dem

Uebergange des Landes an die Kurfürsten von Brandenburg hatten bestätigen lassen, entgegen. Auch war es bei den Zwistigkeiten mit der Krone Polen hinsichts der Lehnsherrlichkeit, die im Anfange stattfanden, bei der lebhaften Opposition der Stände in den ersten Zeiten, für die Regierung keineswegs rathsam, die Freiheit des Eigenthümers so zu beschränken, wie dies zu Ende des 17ten und im Anfange des 18ten Jahrhunderts in dem größten Theile von Deutschland geschah.

So findet sich denn auch in der Forstordnung von 1739 in Bezug auf die Rittergüter mehr eine Ermahnung, daß bei dem schon sehr fühlbaren Holzmangel darauf gesehen werden sollte, daß die Forsten der Vasallen nicht ruinirt würden, als ein eigentliches, mit bestimmter Strafe im Fall der Uebertretung ausgesprochenes Gebot. Es wurde sogar dem Adel darin fernerhin gestattet, über die aus seinen Forsten verkauften Hölzer selbst Passirscheine auszustellen, ohne daß eine Vorschrift gegeben worden wäre, wodurch das Recht zum Verkaufe eine Beschränkung erlitten hätte. Die Besitzer von Kölmer und Freigütern mußten zwar die erforderlichen Atteste zum Verkaufe des Holzes in die Städte und in das Ausland, sich von den landesherrlichen Forstbeamten ausstellen lassen, jedoch war diese Anordnung offenbar nicht getroffen, um sie im Verkaufe zu beschränken, sondern vielmehr nur um bedeutende Entwendungen aus den Staatsforsten zu verhüten.

Daß diese unbeschränkte Freiheit der Privatforstwirthschaft zu einer Zeit, wo man so viel über Holzmangel in Preußen klagte, offenbar nur aus Rücksicht auf die bisherigen Privilegien und Gerechtsamen der Grundbesitzer gestattet wurde, gehet deutlich daraus hervor, daß man zu derselben Zeit sehr drückende Einschränkungen der Consumtion in Königsberg und andern Städten vornahm, um diesem Holzmangel zu begegnen*).

*) Siehe die Forstgeschichte Preußens in den kritischen Blättern für Forstwissenschaft vom Verf.

Ueberall schritt man in ähnlichen Fällen zu Verbot des Waldausreutens, der Waldverwüstung, erzwang Holzkulturen; was aber alles in Preußen nicht der Fall war. Nur allein die Hintersassen oder Dienstleute der Domainen und Güter, standen mit ihren Forsten unter den Domainen- und Forstbeamten auf dem Domainengrunde, oder unter den Gutsherrn.

In der neuern Forstordnung vom Jahre 1775 nahm man jedoch auf die frühern Einrichtungen, Observanzen und Vorrechte der Grundbesitzer in dieser Beziehung schon weniger Rücksicht.

Die Waldungen der Kirchen, Stiftungen und Geistlichen wurden dem Consistorio und der Regierung untergeordnet.

Die Besitzer der Rittergüter wurden denselben Beschränkungen unterworfen, welche in Pommern stattfanden (§. 19.)

Die Kämmerei- und Bürgerforsten sollten nach Vorschrift der Wirthschaftsordnung in den Staatsforsten behandelt werden; jedoch wurden nicht wie in den übrigen Provinzen besondere Städte-Forstmeister für sie angesetzt, sondern der Oberforstmeister der Provinz war beauftragt, das Technische zu besorgen, und der Steuerrath, das Finanzielle zu leiten. Die örtliche Forstwirthschaft war dem Magistrate überlassen, welcher dazu eines seiner Mitglieder bestimmte, und das untere Forstpersonale bestellte. Die Rechnungsrevisionen standen den Kammern zu.

Die Besitzer von Kölmer Gütern blieben ferner unbeschränkt in der Benutzung und Bewirthschaftung ihrer Forsten. Die Gehölze der Amtsbauern standen in sofern unter der Oberaufsicht der Königlichen Beamten, daß diese befugt waren, dieselben zur pfleglichen Behandlung anzuhalten und ihnen den Einschlag anzuweisen. Verkaufen durften die Bauern daraus nur mit besonderer Genehmigung der Kammern, „um zu verhüten, daß sie nicht mit ihrem Holzbedarf den Königlichen Forsten zur Last fielen.“

Im Allgemeinen waren wohl nur die geistlichen und

Kämmereiforsten einer wirklichen Beaufsichtigung von Seiten des Staats unterworfen, denn mit den übrigen Privatforsten ist es in dieser Beziehung nie genau genommen worden.

§. 24.

Die neueste der älteren Preußischen Forstordnungen ist diejenige für Westpreußen und den Netzedistrict vom 8ten Oktober 1805., welche zugleich für die von dem alten Königreiche Preußen zu Westpreußen geschlagenen Kreise gelten sollte. Sie enthält hinsichts der Bevormundung der Privatforsten folgende Bestimmungen.

Jeder vollständige Eigenthümer eines Waldes, welcher diesen allein besitzt, kann darüber ohne Einschränkung von Seiten des Staates verfügen. Jedoch muß er bei der Benutzung desselben die Forstpolizeigesetze beobachten, worüber die Landespolizeibehörde zu wachen hat.

Wenn mehr als der vierte Theil von der ganzen Waldfläche eines Gutes gerodet werden soll, ohne wieder mit Holze in Anbau gebracht zu werden, so ist dazu die Genehmigung der Regierung nöthig *).

Die Forsten der Geistlichen und Klöster stehen unter der Verwaltung der Staatsbehörden.

Die Forsten der Städte und Bürgerwaldungen werden durch die Magistrate zum Besten der Eigenthümer verwaltet, müssen jedoch nach nachhaltigen Nutzungsplänen bewirthschaftet werden, und stehen unter der Kuratel der Staatsbehörden.

Auch diejenigen Forsten, welche den Königlichen oder Kämmereidörfern gehören, sind der Aufsicht der Krieges- und Domainenkammern unterworfen. Ebenso alle die Waldungen, wovon das Obereigenthum gleichfalls der Regierung zustehet.

Die Besitzer der auf Erbpacht ausgethanen Güter, derjenigen, welche an Privatpersonen nur auf gewisse Zeiten verliehen sind, können nur den Bedarf für sich und ihre Ein-

*) Anhang zum Titel 1. §. 8. und 9. der Forstordnung.

sassen aus den dazu gehörigen Forsten entnehmen, und dürfen kein Holz ohne Genehmigung der Krieges- und Domainenkammern verkaufen, so lange dieselbe nicht vermessen, in Schlägen oder Jagen getheilt sind, so daß man den jährlichen nachhaltigen Ertrag mit Bestimmtheit übersehen kann. Die abgeholzten Schläge müssen in ihnen jederzeit regelmäßig wieder angebauet werden.

Die Kirchen- Schul- und Hospitalwaldungen stehen unter der speciellen Verwaltung derjenigen Behörde, welche das übrige Vermögen derselben administrirt, jedoch unter der Ober-Aufsicht des Consistorii der Provinz und der geistlichen Departements des Staatsministerii. In Absicht der Forstpolizei und sonst überall, sollen sie den adlichen Forsten gleich geachtet werden. Wälder und beträchtliche Waldungen, welche nach ihrer Beschaffenheit und ihrem Umfange einer forstmäßigen Benutzung fähig sind, darf der Eigenthümer nur dergestalt benutzen, daß dadurch keine Holzverwüstung entstehet. Der Begriff einer Holzverwüstung wird nach den Verhältnissen jeder Gegend bestimmt. Da wo Holzüberfluß und Mangel an Absatz vom Holze ist, ist nur dann eine solche vorhanden, wenn der Eigenthümer eines Waldes davon nicht so viel übrig läßt, als zur Befriedigung der Bedürfnisse seines Gutes und der Dorfseinwohner bedurft wird. Die Gerichte haben auf den Antrag der Landespolizeibehörde zu bestimmen, ob eine Holzverwüstung vorhanden ist. Wird deren Vorhandensein entschieden, so kann der Eigenthümer des Waldes so lange in der Benutzung desselben beschränkt werden, als zur Wiederherstellung desselben erforderlich ist.

Wer sich einer offenbaren Waldverwüstung durch Niederschlagung und Ruinirung seines Waldes schuldig gemacht, oder der Vorschrift der Landespolizeibehörde wegen Einschränkung seines Holzschlages entgegen gehandelt hat, der soll in 50 bis 1000 Rthlr. Geldstrafe genommen werden oder verhältnißmäßige Gefängnißstrafe erleiden.

Glas- und Eisenhütten, oder ähnliche Holz consumirende Gewerbe, sollen nur unter Genehmigung der Landespolizeibehörde angelegt werden.

Alle Polizeivorschriften, um Beschädigung der Wälder zu verhüten, welche für die Staatsforsten gegeben sind, finden auch Anwendung auf die Privatforsten. Namentlich müssen die Besitzer dieser bei dem Verkaufe von Waldprodukten die vorgeschriebenen Ursprungsatteste ertheilen, Feuerschaden verhüten u. s. w.

Auch sollen die Hülfsdienste der Holzberechtigten zu Kulturen von den Privaten ebenso in Anspruch genommen werden können, wie sie in den Staatsforsten geleistet werden müssen. In Bezug auf die Verwaltung der Starosteien und der dazu gehörigen Forsten in dem ehemaligen Königreiche Polen, die den Besitzern nur auf Lebenszeit oder eine bestimmte Zahl von Jahren verliehen waren, hatte man schon unter dem 24sten März 1794. die Anordnung getroffen, daß die Forsten derselben unter die Verwaltung der Staatsforstbeamten gesetzt wurden und die Nutznießer der Starosteien dagegen ihren vollen Holzbedarf, wozu sie, der Verfassung nach, nur berechtigt waren, ganz unentgeldlich darin angewiesen erhielten.

§. 25.

Kursachsen zeichnete sich schon sehr frühzeitig durch seine geregelte Forstwirthschaft aus, die ihm bei seinem starken Bergbau und Hüttenbetrieb sehr zum Bedürfnisse wurde. Vor allen andern deutschen Fürsten stiftete sich der Kurfürst August durch seine große Sorge für eine gute Forstwirthschaft ein unvergängliches Gedächtniß in der Forstgeschichte. Seine Forstordnung von 1560 diente lange Zeit zum Muster für alle übrigen, so wie das Erzgebirge in den ersten Jahren des 18ten Jahrhunderts für alle sich ausbildende Forstmänner ein eben solches Vorbild war, wie es später der Harz wurde.

In den zahlreichen Kursächsischen Landes-*) und Forstpolizeigesetzen war im Allgemeinen ebenso wie in dem übrigen Deutschlande vorgeschrieben, daß die Privatforsten pfleglich behandelt werden sollten, und die Obrigkeit verpflichtet und berechtigt war, Verwüstungen zu verhindern. Eine specielle Einmischung in die eigentliche Privatforstwirthschaft fand aber in der Provinz nicht statt, und wo nicht eine offenbare Waldverwüstung zu rügen war, bemerkte der größere Gutsbesitzer des Kurstaates, bei dem stets sehr milden Sinne und der sorgfältigen Schonung alter Rechte von Seiten der Regierung, eine Beschränkung seines Benutzungsrechtes sehr wenig. Die Kirchen- geistlichen, Stiftungs- und Klosterforsten standen dagegen unter der Controle der Patrone, Verwaltungs- und Landesbehörden. Die Holzungen der Bauern standen unter der Aufsicht der Grundherrschaft und den die Polizei verwaltenden Gerichten. Stifter und Städte hatten zum Theil ihre eigenen Verfassungen und Privilegien, denen gemäß sie in der Benutzung ihres Grundeigenthumes mehr oder weniger unabhängig waren. Ueberhaupt existirten in Kursachsen eine Menge Provinzialrechte, Privilegien, Bevorrechtungen, welche alle mit vielem Veralteten sorgfältig aufrecht erhalten wurden, so daß eigentlich kein specielles Forstpolizeigesetz, für alle Privatforsten gleichmäßig verbindlich, darin galt.

Zu Ende des 19ten Jahrhunderts empfand man das Bedürfniß, die Gesetzgebung hinsichts der Beaufsichtigung der Privatforsten zu revidiren, und 1799, so wie abermals 1805 machten die Stände deshalb Eingaben an die Regierung.

Diese ließ demgemäß einen Gesetz-Entwurf anfertigen, wonach dieser Gegenstand geordnet werden sollte, welcher den Ständen mittelst des Dekretes vom 18ten März 1811. zugefertigt wurde **).

---

*) Cod. Aug. Tom. I. S. 2464. u. f. Ferner im Jure Georgico von Leyser No. 75. Cap. XI. Lib. III.

**) Laurops Annalen, 2ter Bd. 1812. 3tes Heft. S. 111.

Es enthielt folgende Bestimmungen.

1. Die eigenmächtige Ausrodung von Wald, um den Boden dem Holzbaue zu entziehen, ist gänzlich untersagt und wird bei einer Strafe von 50 Rthlr. für jeden Acker verpönt. Nur in folgenden Fällen können schrift- und amtssässige Gutsbesitzer bei den resp. Länder- und Stiftsregierungen, die Grundeigenthümer bei ihrer Gerichtsobrigkeit, auf die Genehmigung von Rodungen antragen.

a) Wenn sich darthun läßt, daß der zu rodende Distrikt fortdauernd mit mehr Gewinn zu landwirthschaftlichem Gebrauche wie als Forstland benutzt werden kann.

b) Wenn derselbe nicht schon mit jungem wüchsigen Holze bestanden ist.

c) Wenn ein anderer, gleich großer, bisher einer landwirthschaftlichen Benutzung unterworfen gewesener Distrikt anstatt des zu rodenden mit Holze bebauet wird.

d) Wenn durch die Rodung keine Beeinträchtigung der Rechte eines Dritten zu befürchten ist.

Diese Bedingungen müssen aber nicht einzeln, sondern alle vereint erfüllt werden.

2. Die schlagbaren Hölzer dürfen niemals in solchen Quantitäten weggenommen werden, daß sie in keinem Verhältnisse mehr zu den jüngern und mittelwüchsigen Altersklassen stehen. Als schlagbar ist aber ein gesundes Holz dann anzusehen, wenn es nach Verschiedenheit der Holzart, des Bodens und Klimas ein Alter erreicht hat, wo es den stärksten jährlichen Zuwachs, und im Allgemeinen die Stärke und Beschaffenheit eines guten Brennholzes erlangt hat. Im Allgemeinen muß das Nadelholz in den Privatwaldungen wenigstens 70 Jahre, das Laub-Oberholz 100 Jahre, der Niederwald zu Knüppelholz 20 Jahre, das Buschholz 8 Jahr alt werden, ehe es als schlagbar anzunehmen ist.

3. Als eine unpflegliche und verbotene Behandlung des Waldes ist anzusehen, wenn der Anbau der weggeschlagenen

Gehaue mit Holz unterlassen, durch forstwidrige Behandlung verhindert und die Wiederanzucht junger Hölzer wegen mißbräuchlicher Ausdehnung der Forstnebennutzungen unthunlich gemacht wird. Die Blößen müssen, wenn auf keinen natürlichen Anflug oder Aufschlag zu rechnen ist, spätestens 3 Jahre nach dem Abtriebe wieder durch Anbau aus der Hand in Anwuchs gebracht werden, insofern dies nicht durch natürliche Hindernisse unausführbar gemacht wird. Die erforderliche Holzkultur kann nöthigenfalls auf Kosten des Waldbesitzers ausgeführt und der Kostenbetrag durch Exekution beigetrieben werden.

Die Kreis- und Amtshauptleute führen die Aufsicht in ihren Kreisen über die pflegliche Behandlung der Forsten der schrift- und amtssässigen Güter, die Gerichtsobrigkeiten diejenige über die andern Privatwaldungen. Diese Behörden können vorläufige Besichtigungen vornehmen, wenn dazu Veranlassung ist, und die Holzschläge inhibiren; sie haben jedoch sogleich deshalb an ihre vorgesetzte Behörde zu berichten. Die Oberforstmeister haben ebenfalls auf die pflegliche Behandlung der Privatforsten zu achten und mit den Gerichtsobrigkeiten oder Amtshauptleuten zu comuniciren, wenn sie Unregelmäßigkeiten bemerken; auch können sie erforderlichen Falls an das Geheime Finanz-Collegium berichten.

Die Gerichtsbehörden können ihre Gerichtsunterthanen durch Zwangmaaßregeln zur Befolgung der vorstehenden Forstpolizeivorschriften anhalten.

Die Eigenthümer des Waldes dürfen eben so wenig als die Berechtigten die Nebennutzungen bis zu einem Maaße ausdehnen, daß sie dem Wiederwuchse des Holzes verderblich werden könnten. Diese Vorschrift hat vorzüglich Bezug auf die Nebennutzungen des Laubes, der Hutweide, des Grases, der Waldstreu, des Leseholzes, der Baumsäfte und Früchte. Der Eigenthümer muß die jungen Schläge eben so lange mit der Weide verschonen, wie der Berechtigte, und sich überhaupt an die gesetzlichen Vorschriften über Ausübung der Waldservituten binden, in soweit sie auf die Sicherung des Waldes gegen Beschädigungen Bezug haben*).

§. 26.

Böhmen hat streng genommen wenig oder gar keine Staatsgüter und Staatsforsten. Der Territorialbesitz vertheilte sich zwischen die adlichen Gutsbesitzer, die Klöster, geistlichen und Stiftungen, die Königlichen unmittelbaren Städte und Freibauern. Später sind allerdings mehrere Herrschaften und adliche Güter in den unmittelbaren Besitz des Staats durch Aufhebung von Klöstern, ältere Confiscationen, Ankauf u. s. w. gekommen, die aber ganz in der Kategorie der adlichen Güter stehen, und auch einer ähnlichen Verwaltung unterworfen sind.

Man kann daher folgende Vertheilung des Waldeigenthumes annehmen:

1) Obrigkeitliche Waldungen, d. h. solche, welche zu den Herrschaften und adlichen Gütern (obwohl auch von Bürgerlichen besessen) gehören.
2) Kirchenwaldungen.
3) Pfarrwaldungen.
4) Stiftungswaldungen.
5) Städtische Waldungen.
6) Unterthänige Forsten, d. i. den Bauergemeinden oder einzelnen Mitgliedern derselben gehörend.

Besäße der Staat Waldungen in einer andern Herrschaft als einer solchen, die dem Staate selbst gehört, liegen, so würden diese entweder unterthänige oder städtische seyn müssen und unter der Controle des Eigenthümers der Herrschaft und der Polizei- und Gerichtsbehörde (Obrigkeit) derselben stehen.

*) Es ist nichts darüber bekannt geworden, in wiefern die Landstände sich mit diesem Forstpolizeigesetze einverstanden erklärt haben, und ob es Gesetzeskraft erhalten hat. Es genügt aber auch wohl, daraus die Ansichten der Regierung und Sächsischen Forstmänner über diesen Gegenstand kennen zu lernen.

Den Herrschaften stehet überall die Ausübung der Forstgerichtsbarkeit und niedern Forstpolizei zu, worunter auch die Sorge für die forstmäßige Behandlung der Waldungen, die Anstellung der Forstbeamten für alle darin belegenen Forsten. Dies kömmt daher, daß aus Veranlassung des Feudalwesens der Vorzeit das ganze Land, mit Ausnahme der wenigen Königlichen und Freistädte, in solche Herrschaften getheilt ist, deren Justiz- und Administrationsbehörden überall die Rechtspflege, Polizei, Einziehung der Abgaben, besorgen*).

Die dem Staate gehörenden Herrschaften sind im Verhältnisse zum Ganzen nicht beträchtlich**) und die Sorge für eine geordnete Forstpolizeigesetzgebung, wonach die Obrigkeiten in den Herrschaften zunächst die Wälder zu beaufsichtigen verpflichtet waren, und wonach sie von den ihnen vorgesetzten Kreisdirectorien und in letzter Instanz von dem Landes-Gubernio in Prag wieder controlirt werden konnten, war daher schon frühzeitig Bedürfniß. So erschien denn auch schon unter Maria Theresia 1754, das Kaiserlich-Königliche Patent einer Wald- und Holzordnung für das Königreich Böhmen, welches noch jetzt als die Grundlage der daselbst bestehenden Forstpolizeigesetzgebung betrachtet werden kann. Nach dem Inhalte derselben sind:

1. Die Eigenthümer sind zu einer pfleglichen und nachhaltigen Benutzung ihres Waldes verbunden und die Devastation desselben ist ihnen auf das strengste untersagt.

2. Die Städte und Marktflecken sollen aus der Bürgerschaft sichere Personen, oder wo es die Größe der Wälder erfordert, eigene holzgerechte Förster, anstellen, welche unter der den Städten vorgesetzten Behörde stehen, und ihnen verantwortlich sind. Diese Behörden werden die Genehmigung

---

*) Siehe v. Wedekind, Reise durch Böhmen, in Laurop Beiträgen zur Kenntniß des d. Forstwesens. 33stes Heft. S. 652. u. f.

**) Sie betragen etwa ein Zehntheil der herrschaftlichen Forsten.

zu den Holzanweisungen ertheilen, ohne welche kein Einschlag und Verkauf in den städtischen Forsten zulässig ist.

Die Privatgehölze, welche einzelnen Bürgern gehören, sind zwar von dieser Aufsicht befreiet, jedoch sind diese verpflichtet, sich an die Hauungszeiten zu kehren, und die Stadtmagiströte sollen Devastationen in ihnen verhindern.

Die Kirchen- und Fundationswaldungen stehen unter der Aufsicht und Fürsorge derjenigen Behörden, welche das Patronatsrecht ausüben.

Die Gehölze der Gutsunterthanen stehen unter ihrer Obrigkeit. Diejenigen der Königlichen Freibauern unter dem Kreisamte und dem Königl. Fiscus.

3. Der Verkauf von Holz in das Ausland ist nur den dicht an der Grenze liegenden Dominien erlaubt*).

4. Das Laubholz soll nur in regelmäßigen Schlägen bewirthschaftet werden, das Nadelholz zwar in der Regel ebenfalls, jedoch kann da, wo die Nachzucht noch eine Plenterwirthschaft nöthig zu machen scheint, diese mit Rücksicht auf den Nachwuchs noch beibehalten werden.

5. An den Flüssen, worauf das Holz nach Prag gebracht wird, dürfen keine Glashütten und Eisenhämmer angelegt werden, und überhaupt ist die Anlegung derselben nur da zu erlauben, wo hinreichender Holzvorrath ist, um ihren Bedarf nachhaltig zu bestreiten, und nicht zu fürchten ist, daß das Holz für die Hauswirthschaft übermäßig vertheuert wird.

6. Die jungen Schläge müssen hinreichend gehegt und mit dem Viehe verschont werden, um sie wieder in Bestand zu bringen, und wo es nöthig ist, muß der Anbau aus der Hand eintreten, um die Entstehung von Blößen zu verhüten. Mindestens soll die Hälfte des Waldes in Hege liegen können**),

*) Diese Bestimmung muß wohl nicht mehr in Kraft seyn, da viel Holz aus Böhmen auf der Elbe herabkömmt.

**) Die böhmischen Forste sind größtentheils von der Waldweide und andern Servituten befreit.

und jedem Waldbesitzer muß die erforderliche Schonzeit gewährt werden.

Das Uebrige dieser Forstordnung betrifft die Verbote der Beschädigungen des Waldes, die darauf gesetzten Strafen und die Anleitung zur Bewirthschaftung des Waldes und Erziehung des Holzes, welche jeder zu befolgen verbunden seyn sollte.

Diese allgemeinen Vorschriften genügten nicht, jeder Walddevastation vorzubeugen, uud vorzüglich fanden sich Spekulanten, welche holzreiche Herrschaften kauften, und sich aus den herunter gehauenen Forsten bezahlt machten. Wiederholte Befehle ergingen deshalb, um dies zu verhüten, ohne von wesentlichem Erfolge zu seyn, bis unter Joseph II. bei Gelegenheit der Steuerregulirung der Entwurf eines nachhaltigen Betriebsplanes und darauf gegründeten Etats (Wäldersystematisirung *) befohlen wurde. Da ein großer Theil der Böhmischen Forsten in den Händen des reichen Adels ist, dem die pflegliche Behandlung seiner Forsten selbst am Herzen liegt, so wurde von ihnen diese Weisung gern befolgt, und die so vorsichtige und sorgsame Oesterreichische Regierung scheint über die Walderhaltung jetzt unbesorgt, da die noch in den Händen der Regierung befindlichen Herrschaften noch fortdauernd verkauft werden, ohne daß den Käufern weitere Beschränkungen hinsichts der Forstwirthschaft aufgelegt werden, als die allgemein bestehenden. Die Controle der Herrschaftverwaltung von Seiten der Regierung ist ungemein mild, und gar kein technisches Controlpersonale vorhanden. Die Staatsforstverwaltung ist als nichts anders anzusehen als die übrigen Privatforstbehörden, da ihr durchaus keine Vorrechte zustehen, und sogar, wie schon bemerkt wurde, ein Revier, dem Staate gehörend, und in einer Herrschaft gelegen, die einem Privat-

*) Wedel nannte in Schlesien ein Wirthschaftsganzes oder einen Block „System," welches wahrscheinlich auch nach Böhmen überging. Da nun die Bildung von Systemen gleich war mit Wirthschaftseinrichtung, so ist das Wort leicht erklärbar.

manne gehört, die Controle diesem und seiner Administrations-behörde gebührt.

Die Controle der übrigen Privatforsten hängt ebenfalls beinahe allein von den Lokalobrigkeiten ab, und ist daher natürlich sehr verschieden in ihrer Wirkung, die näher zu erörtern hier noch nicht der Ort ist.

§. 27.

Um bemerkbar zu machen, daß die Oesterreichische Regierung recht gut die verschiedenen Verhältnisse zu würdigen weiß, und die große Freiheit der Privatforstwirthschaft, wie sie in der That in Böhmen stattfindet, nicht da gestattet, wo sie gefährlich werden kann, führen wir noch die neuere Forstgesetzgebung in Tyrol und Vorarlberg an. Ohne diesen angedeuteten Zweck würde sie sonst von geringem Interesse für Norddeutschland seyn, da die Alpenländer so ganz eigenthümliche Verhältnisse haben, daß man sie eigentlich gar nicht mit den Ebenen vermengen darf, wenn von den Grundsätzen die Rede ist, nach welchen die Forstpolizeigesetzgebung geordnet werden muß. Höchstens kann man sie mit dem hohen Norden zusammenstellen, denn dort wie hier sind die Folgen einer einmal eingetretenen Waldverwüstung gar nicht mehr zu beheben, unter beiden Verhältnissen ist die Beachtung der klimatischen Wichtigkeit des Waldes, die Nothwendigkeit seiner Erhaltung zum Schutze des Ackerbaues und der Viehzucht, oft noch wichtiger als die Erhaltung seiner Holzproduktion.

Durch die neue provisorische Organisation des Domainen-Forstwesens in Tyrol und Vorarlberg vom 17ten August 1822, durch die k. k. allgemeine Hofkammer angeordnet *), sind folgende Bestimmungen gegeben.

Die für die Verwaltung der Domainen-Forstämter, die Montan- und Salinen-Forstämter gegebenen Vorschriften

*) André Abhandlungen aus dem Forst- und Jagdwesen. 3ter Band. No. 21.

gelten zugleich für die Gemeinde- und Unterthanen-Forsten, und dienen den Kreisämtern, politischen Obrigkeiten und übrigen Forstbehörden zur Norm.

Die Wirthschaft in den Forsten muß auf Nachhaltigkeit begründet seyn. Um diese übersehen zu können, müssen alle Forsten vermessen, kartirt und taxirt werden. Bis jedoch diese umfassenden Arbeiten ausgeführt werden können, genügt eine umständliche, nach besondern Vorschriften abzufassende Beschreibung, wodurch die Oberbehörden in den Stand gesetzt werden, alle Verhältnisse des Waldes, insbesondere aber seine Belastungen, Größe, muthmaßliches Holzkapital, und die bisherige Wirthschaft, überhaupt seinen Zustand zu übersehen.

Die Wälder werden dazu in Bezirke, Reviere und Distrikte getheilt, um ihnen die erforderlichen Beamten vorsetzen zu können. Die Förster oder Waldaufseher werden von den Eigenthümern ernannt, immer jedoch vereidet. Alle Waldungen stehen aber unter dem Forstamte, welches diejenige vom Staate bestellte Forstpolizeibehörde ist, welche unter der Leitung der Kreisregierung darüber wacht, daß alle gesetzlichen Vorschriften, die Forsten betreffend, befolgt, und dieselben pfleglich und kunstmäßig bewirthschaftet werden, da der Staat als Obereigenthümer aller Forsten anzusehen ist, wenn gleich er keinen Anspruch auf das Nutzungseigenthum derjenigen hat, welche vollständig Privatbesitzern gehören.

In denjenigen Staatswaldungen, worin das Nutzungsrecht nicht allein dem Staate zustehet, den Gemeinde-, Stiftungs- und Privatforsten, führt das Kreisamt die obere Leitung des Betriebes, wird jedoch von der, den Staatsforsten in oberer Instanz vorgesetzten vereinten Gefällverwaltung (Domainen-Verwaltungsbehörde ꝛc.) nöthigenfalls durch technische Begutachtung unterstützt. Da wo die unmittelbaren Staatswälder betheiligt sind, müssen beide Behörden sich berathen. Gegenstände, welche die allgemeine Kultur des Landes, Gewerbe, die Erhaltung der Substanz der Gemeinde-,

Stiftungs-

Stiftungs- und Privatwälder, Bestrafung der Frevel, Servituten u. s. w. betreffen, liegen innerhalb des Wirkungskreises der politischen Behörden*). Konzessionen auf Berg-, Hütten- und Hammerwerke ertheilt das Provinzial-Berggericht.

Die Gemeindewälder werden von den Gemeinden als ungetheiltes, oder als unter die Gemeindemitglieder getheiltes Eigenthum benutzt. (Folglich fallen auch die einzelnen Bauergehölze in polizeilicher Beziehung in die Kategorie der Gemeindewälder). Die getheilten Wälder werden als Pertinenzstück der Höfe und Häuser, denen sie zugetheilt sind, betrachtet, was davon nicht getrennt werden kann, wenn die Regierung es nicht genehmigt.

Alle Wälder dürfen nur als ein nicht zu verringerndes Stammkapital benutzt werden, von dem der Eigenthümer mehr nicht als die nachhaltigen Zinsen beziehen darf. Es muß dasselbe sogar durch Anbau und Kultur möglichst zu vergrößern gesucht werden. Die Nachhaltigkeit beziehet sich eben so auf die Nebennutzungen wie auf die Hauptnutzung.

In Wäldern, an welchen dem Fiscus ein Nutzungsrecht zustehet, kann nur Holz nach Anweisung des Forstamts gefällt werden. In Gemeinde- und Stiftungswäldern autorisirt das Kreisamt, nach dem Gutachten der Forstbehörden, zur Holzfällung. Dasselbe gilt von solchen Wäldern, wo den Privaten nur das Nutzungsrecht ohne volles Eigenthum zustehet.

Wo Wälder sich im ausschließlichen Privatbesitze befinden, ist der Einschlag, insofern er nur die Befriedigung des eigenen Bedarfs für ein Jahr betrifft, dem Eigenthümer überlassen, wenn es nicht Bannwälder sind, oder eine offenbar forstwidrige Behandlung dabei stattfindet. Verkäufe von mehr als 10 Stämmen, Einschlag von mehr als 40 Stämmen für die eigene Konsumtion des Besitzers, werden als unbedeutende

*) In Preußen würde man sagen: Abtheilung des Innern und der Polizei, statt politische Behörden, und Abtheilung für Domainen, Forsten und direkte Steuern statt vereinte Gefällverwaltung.

Fällungen betrachtet, von denen die Forstbehörde nur in Kenntniß zu setzen ist, wenn das Holz in das Ausland gehet.

In Hinsicht der Beziehung der Nebennutzungen müssen sich die Privaten an die deshalb allgemein bestehenden Vorschriften auch in ihren eigenen Wäldern binden.

Das Eintreiben der Ziegen, dürftigen Gemeindemitgliedern gehörend, welche nicht 2 Kühe auswintern können, in die Gemeindeforsten, darf nur gegen Bewilligungsschein, in welchen durch das Waldamt die Art der Ausübung dieser Hütung bezeichnet wird, geschehen.

Den Gemeinden werden jährlich auf der Forsttagsatzung, die jedes Familienhaupt in Person oder durch Vertretung bei Strafe zu besuchen hat, die bestehenden Forstpolizeigesetze erläutert und in Erinnerung gebracht.

Jedes Gemeindemitglied muß auf dieser Forsttagsatzung seinen Bedarf, den es aus der Gemeindewaldung in Anspruch nimmt, an Haupt- und Nebennutzung eingeben, sich erforderlichen Falls darüber ausweisen, damit dem nachhaltigen Ertrage der Forsten gemäß ein Nutzungsetat für die verschiedenen Gemeindemitglieder entworfen und auch zugleich ein Verbesserungsplan angefertigt werden kann.

Die Bäume, welche zum Schutze gegen Elementarereignisse, als Waldmantel u. s. w. dienen, müssen ganz verschont werden, so lange es für nöthig erachtet wird. Wo Lavinen zu fürchten sind, müssen die Bäume 1 bis 3 Fuß hoch abgestockt und dürfen die Stöcke nur da gerodet werden, wo es das Forstamt nachgiebt. Ausreutungen können nur mit obrigkeitlicher Genehmigung vorgenommen werden, wenn die Absicht statt findet, den Boden ganz dem Holzwuchse zu entziehen. Die Waldfrevel, von Bürgern und Bauern begangen, werden in der Regel mit Leibesstrafen und nicht mit Geld geahndet, und Gesinde, Handwerksburschen und Individuen aus ähnlichen Volksklassen, körperlichen Züchtigungen unterworfen.

Das Forstamt hat für die Entdeckung der Frevel und deren Bestrafung durch die Obrigkeit Sorge zu tragen. —

Man siehet, daß Oesterreich eine durchaus lokale Forstpolizeigesetzgebung hat, was gewiß höchst zweckmäßig ist.

§. 28.

Wenngleich das Königreich Westphalen eine so beklagenswerthe als vorübergehende Erscheinung gewesen ist, so scheint uns doch die Forstgesetzgebung desselben in mancher Beziehung noch jetzt zu beachtenswerth, als daß wie sie ganz übergehen könnten, zumal da sie theilweis noch bestehet, wie z. B. im Hildesheimschen. Es fand zuerst hier der seltene Fall statt, daß man auf gar keine herkömmlichen Rechte, keine früher bestandenen Einrichtungen, selbst auf keine Sitten und Gewohnheiten Rücksicht nahm, sondern bei der ganz neu gestalteten Forstgesetzgebung von keiner anderen Ansicht auszugehen, keine andere Rücksicht zu beachten schien, als nur die, das Beste und Vollkommenste, sowohl für die Forsten als den Staat überhaupt herzustellen.

Dazu trat zweitens noch der Umstand, daß man hier zwar alles Vorzügliche der deutschen Forstwirthschaft beibehalten wollte, doch aber auch bereit war, das Gute und Bessere, was vielleicht die französische Verwaltung im Rechnungs- und Controlwesen haben kann, zu benutzen und mit der deutschen Verwaltung zu verschmelzen.

Dazu kam noch zuletzt, daß man nicht bloß ein ausgezeichnetes Forstpersonale, den verdienten Witzleben an der Spitze, vorfand, sondern auch bei der neuen Organisation im Stande war, oder doch die Befugniß dazu thatsächlich in Anspruch nahm, allen neu in Thätigkeit zu setzenden Forstbeamten nur allein nach ihrer Dienstfähigkeit, ihren Kräften und ihrem moralischen Werthe einen Wirkungskreis anzuweisen. Alles dies sind Begünstigungen zur Herstellung einer idealen vollkommenen Forstwirthschaft und Forstgesetzgebung, welche nur eine auf solche Weise entstandene und gehaltene Regierung genießen kann.

Sehen wir daher, was sie bei dieser unbegrenzten Freiheit, Alles zu ordnen, wie es ihr am zweckmäßigsten schien, geleistet hat *), indem wir folgende Vorschriften betrachten.

Alle Forsten des Staats werden der General-Administration der Domainen und Forsten untergeordnet, ohne Rücksicht darauf, wem sie gehören **). Sie werden demgemäß auch ohne Rücksicht auf den Besitz in die verschiedenen Verwaltungs- und Schutzbezirke getheilt.

Die Reviere werden ohne Unterschied aus verschiedenen Eigenthümern gehörenden Waldungen gebildet, und es kann ein solches Staats-, Gemeinde-, Stiftungs- und ungetheilte Waldungen in sich schließen.

Die ungetheilten Forsten, welche der Staat mit einem andern Eigenthümer gemeinschaftlich besitzt oder benutzt, sollen ganz nach den Grundsätzen der Staatsforstverwaltung von dem dafür angestellten Personale behandelt werden.

Alle den Gemeinden und öffentlichen Anstalten gehörenden Forsten sind derselben Verwaltung, wie die Staatsforsten, unterworfen, und die Eigenthümer müssen einen verhältnißmäßigen Beitrag zu den Kosten der Aufsicht geben, wie er von den Conservatoren und Präfekten festgesetzt wird. Auch bezahlen die Gemeinden bestimmte Gebühren für alle im Walde von dem Beamten des Staats vorzunehmenden Geschäfte des Anschlags, der Besichtigung der Schläge u. s. w. Sie erhalten zwar den Ertrag ihrer Forsten entweder in Gelde, oder in Natura, wenn ihnen das Material überlassen wird; vorher werden aber alle Steuern, Aufsichtskosten, Anweise-

*) Königl. Westphälisches Dekret, die General-Administration der Domainen, Gewässer und Forsten betreffend, vom 29sten März 1808. Laurop Annalen für Forst- und Jagd-Wissenschaft. 1ster Band. 2tes und 3tes Heft.

**) Es ist nothwendig den Unterschied zu beachten, ob die Privatforsten dem Ministerio des Innern oder der Forstverwaltung des Staats in forstpolizeilicher Beziehung untergeordnet sind.

gebühren, Vermessungsgelder, Kulturkosten, Holzhauerlohn u. s. w. davon abgezogen *). Auch müssen die Käufer, im Falle der Versteigerung des Holzes, als der allein zulässigen Verkaufsmethode, ein Zehntel des Kaufgeldes an den Staatsschatz zahlen, und die Verkaufskosten berichtigen. Die Gebühren der Beamten rc. müssen vom ganzen Schlage gezahlt werden, selbst wenn ein Theil desselben für Rechnung des Staats zur Deckung der Steuern, Aufsichts- und Verwaltungskosten verkauft wird.

Die Vertheilung des Materialeinschlags und die Versteigerungen können nur mit Zuziehung der Forstbeamten des Staats erfolgen, welche Rechnung darüber zu führen haben.

Die erforderlichen Kulturkosten werden auf Vorschlag der Forstbeamten vom Präfekten angewiesen. Jede eigenmächtige Handlung der Gemeinden in ihren Forsten ist verboten, und soll bestraft werden. Alle Geldstrafen, welche für Frevel in den Gemeindewaldungen eingehen, gehören dem Staatsschatze, und nur auf den Schadenersatz kann der Eigenthümer Anspruch machen, wenn er nicht selbst der Frevler ist.

Dem Privatforstbesitzer stehet die Wahl seiner anzustellenden Forstbeamten zu; jedoch muß diese vom Conservator gut geheißen werden, und sie erhalten ihre Bestallung durch den General-Direktor. Im Falle der Conservator die Genehmigung verweigert, stehet der Rekurs an den Präfekten offen, welcher definitiv darüber entscheidet. Vereidet werden die Privatforstbeamten bei dem Civiltribunale, wo auch ihre Bestallungen eingetragen werden. Die in dieser Art angestellten Privatforstbeamten erhalten bei der Anzeige der Forstfrevel dieselbe Glaubwürdigkeit, wie die Forstbedienten des Staates. Sie müssen aber die Stempel zur Anklage und die Untersuchungskosten aus eigenen Mitteln vorschießen, welche ihnen dann durch die

*) Sehr viel mag wohl in den mehrsten Fällen nicht für die Gemeinden übrig geblieben seyn.

Bußfälligen wieder ersetzt werden. (NB. wenn diese etwas haben!). Die Geldstrafen für Forstvergehen beziehet die Staatskasse von den Privatforsten ebenso wie aus den Gemeindewaldungen.

Privatforsteigenthümer können ohne Zuziehung der öffentlichen Forstbeamten, Schläge anlegen und damit nach Belieben schalten. Jedoch müssen diese Schläge einem regelmäßigen Forstbetriebe angemessen seyn, so daß die Waldung im guten Stande bleibt und nicht verwüstet wird. Ohne Genehmigung der Regierung kann kein Waldeigenthümer einen über 60 Pr. Morgen großen Wald umreißen und urbar machen. Die Forstbeamten des Staats sind verpflichtet, die Privatwälder von Zeit zu Zeit zu bereisen und über jede bemerkte Waldverwüstung und Ausrodung Anzeige, mit Schätzung des entstandenen Schadens, zu machen, damit die Bestrafung des Forsteigenthümers, gemäß dem noch zu entwerfenden Forstgesetzbuche, erfolgen kann.

Alle Arten der Waldbenutzung müssen der Herstellung vollkommener Holzbestände untergeordnet werden.

So weit die Bestimmungen des gedachten Gesetzes.

Bei der Unbestimmtheit dessen, was die Staatsforstbeamten als Waldverwüstung oder Uebertretung der Vorschrift einer pfleglichen Waldbehandlung anzusehen hatten, waren offenbar die Privatforstbesitzer ganz in den Händen derselben, sobald die Präfekten, von deren Ansichten so viel abhing, sie nicht schützten. Eine eigentliche Freiheit der Privatforstwirthschaft fand daher nicht statt, so sehr es auch der Fall zu seyn schien.

Der fiskalische Sinn, in welchem die ganze Controle und Verwaltung der Gemeinde- und Privatforsten geordnet war, wird keines nähern Nachweises bedürfen.

§. 29.

Die Einzelnheiten der Forstgesetzgebung in verschiedenen andern norddeutschen Staaten sind zum Theil nicht bekannt, wenigstens ist es dem Verfasser nicht gelungen, darüber sich vollständig unterrichten zu können. Doch besitzen wir noch Mittheilungen über die Gesetzgebung hinsichts der Controle der Privatforsten in Mecklenburg, Braunschweig, vorzüglich aber von Hannover.

In Mecklenburg-Schwerin wurde schon 1703. aus Furcht, daß ein Holzmangel entstehen könne, das ausgedehnte Holzfällen auf den adlichen Gütern verboten. Durch das Holzedikt vom 24sten Februar 1750.*) wurde von neuem der eigenmächtige Einschlag von hartem Holze, d. h. Eichen und Buchen, in einer größern Menge als der eigene Bedarf es verlangte, allen Allodial-Rittergutsbesitzern untersagt. Es sollte jedesmal vorher Anzeige gemacht werden, wenn ein Verkauf davon beabsichtigt wurde, damit die Regierung im Stande sey, die Zulässigkeit desselben untersuchen zu lassen, und danach die Genehmigung zu ertheilen. Im Nadelholze (Kiefern) blieb dagegen dem freien Allodialbesitzer die beliebige Benutzung seines Waldes anheim gestellt.

Die Eigenthümer von Lehngütern dagegen wurden, gemäß den bereits früher ergangenen Anordnungen, verpflichtet, für jede Holzfällung zum Verkaufe, welche den eigenen Bedarf überschritt, den Consens der Regierung vorher einzuholen.

Rodungen des Waldes, wodurch der Boden eine andere Bestimmung als zur Holzzucht erhielt, sind ganz untersagt. Im Uebrigen bekümmert sich die Regierung nicht um die Anstellung der Privatforstbeamten, die Bewirthschaftung und Kultur der Privatforsten, sondern beschränkt sich lediglich auf dieses Verbot des Einschlages einer zu großen Holzmasse.

Die Städte im Mecklenburgischen haben zum Theil sehr beträchtliche Wälder, dabei aber auch, wie z. B. Wismar und Rostock, besondere Rechte und Gerechtigkeiten in Hinsicht ihrer innern Verwaltung und der Administration ihres Stadtvermögens, so daß in dieser Beziehung wohl keine gleichmäßige

*) Mosers Forstarchiv. 3ter Bd. S. 253.

Gesetzgebung stattfindet. Die Waldungen der Bauern sind im Allgemeinen nur sehr unbeträchtlich.

Im Herzogthume Braunschweig ist den adlichen Gutsbesitzern die freie Bewirthschaftung ihrer Forsten, in sofern sie sich keine Verwüstung derselben zu Schulden kommen lassen, und sie nachhaltig und forstwirthschaftlich benutzen und behandeln, überlassen. Die Gemeindeforsten und die Gehölze der einzelnen Besitzer nicht adlicher Güter, stehen unter der Administration der Staatsforstbedienten. Diese besorgen jedoch nur die Beschützung derselben und den Holzanschlag, indem sie dem Eigenthümer die Holzerndte zur beliebigen Verwendung überlassen, ohne sie zu Vermessungen, Taxationen oder Kulturen nöthigen zu können, da sich die Innehaltung der Nachhaltigkeit nur auf die gutachtliche nachhaltige Benutzung der Holzvorräthe beschränkt. Dagegen aber dürfen sich die Eigenthümer keiner verwüstenden Benutzung der Waldweide, Waldstreu oder anderer Nebenbezüge zu Schulden kommen lassen.

In denjenigen Forsten, wo der Herrschaft die Mast- und Jagdgerechtigkeit zustehet, haben auch die landesherrlichen Forstbedienten die Controle der Erhaltung der Masthölzer. Rodungen ohne Genehmigung der Regierung sind gänzlich untersagt.

Die Stadtforsten, gleichviel ob der Kämmerei oder Bürgerschaft gehörend, stehen in gleicher Art unter Verwaltung des Staates wie die Gemeindeforsten.

Im Königreiche Hannover, welches sich durch seine musterhafte Forstwirthschaft so sehr auszeichnet, ist die Forstgesetzgebung, hinsichts Bevormundung der Privatforsten, nicht gleich.

Im Hildesheimschen fand man bei der Uebernahme des Landes die Forstgesetzgebung des Königreichs Westphalen vor, und behielt dieselbe bei, indem man sie nur vom fiskalischen Sinne reinigte, und die Besoldungsbeiträge und Abgaben der Gemeinden verminderte. Die Verordnung vom 21sten Oktober 1815, bildet hier die Grundlage der Controle der

Wirthschaft in den Gemeinde=, Kirchen=, Stiftungs= und Privatwaldungen. Hiernach behielten die herrschaftlichen Forstbedienten die direkte Verwaltung aller Communal=, Korporations=, Kirchen= und Stiftungswaldungen, und es sollte dafür ein für allemal vom Kalenberger Morgen zu 120 □Ruthen in der ersten Klasse 2 Mariengroschen, 2ten Klasse 1 Mariengr. 4 Pfennige, 3ten Klasse 1 Mariengr. 4ten Klasse 4 Pfennige jährlich an Administrationskosten zur herrschaftlichen Kasse entrichtet werden. Hinsichts der Privatwaldungen wurden alle Rodungen verboten, und eine nachhaltige Wirthschaftsführung bedingt, sonst aber den Eigenthümern die Verwaltung und Wirthschaftsführung überlassen. Die herrschaftlichen Forstbedienten wurden angewiesen, die Privatwaldungen zugleich mit zu besuchen, und ein unnachhaltiges und unwirthschaftliches Gebahren, so wie jede Verwüstung und Ausrodung, mit Angabe des angerichteten Schadens anzuzeigen. Das Forstdepartement ist dann berechtigt, nöthigenfalls durch Mitwirkung der Regierungsbehörde, die Veranstaltung zur Wiederherstellung des Waldes zu treffen. Dies hat sich nur später in sofern geändert als nach Bildung der Landdrosteien nicht mehr die Domainen=Forstbehörde diese Controle führt, sondern vielmehr diese Behörde, von welcher der Oberforstmeister der Provinz ein Mitglied ist, der das Technische besorgt.

In den übrigen Theilen des Königreichs hat man Anstand genommen, so tief als im Hildesheimschen in die Privatverhältnisse der Gemeinden einzugreifen.

Nach der Verwaltungs=Ordnung für die Forsten der Landgemeinden im Bezirke der Landdrostei Hannover vom 1sten September 1830.*) findet daselbst folgende Anordnung statt.

Die Landdrostei führt die Ober=Aufsicht über die Gemeindeforsten. Die nähere Aufsicht über die Bewirthschaftung stehet den landesherrlichen Forstbeamten zu, wofür von den

*) Gesetzsammlung für das Königreich Hannover. 3te Abtheilung.

Gemeinden von einer Fläche von 61 bis 100 Morgen 1 Rthlr. 12 gGr., von 101 bis 200 Morgen 2 Rthlr., und für jede 100 Morgen mehr 1 Rthlr. Besoldungsbeitrag gezahlt wird. Der inspicirende Forstbeamte entwirft für jeden Gemeindeforst einen Betriebsplan, welcher vom Oberforstamte, mit Genehmigung der Landdrostei, bestätigt wird. Die Vergütigung für diese Arbeit wird besonders von der Behörde festgesetzt. Der die specielle Aufsicht führende Beamte fertigt den jährlichen Hiebs- und Kulturplan an, welcher der Gemeindeforstverwaltung zur Bestätigung mitgetheilt und dann dem inspicirenden Forstbeamten eingereicht wird. Diese sind verpflichtet, sich durch jährliche Revisionen von der Befolgung desselben zu überzeugen. Entdeckte Unregelmäßigkeiten werden den Amts- und Gerichtsobrigkeiten zur Abhülfe angezeigt. Wo viel Gemeindeforsten vorhanden sind, können, zur Abmachung derselben, Forst-Conferenzen angeordnet werden, wo im Gerichtsamte das Verwaltungspersonale die zu erörternden Gegenstände berathet.

Die Vorstände der Gemeinden bilden die Forstverwaltungsbehörde der Gemeindeforsten, welche die Verwendung und Benutzung des gewonnenen Materials besorgt, die Rechnung führt, Einnahmen und Ausgaben besorgt, und Sorge für die Erhaltung der Waldungen trägt, auch das dafür besonders angestellte Schutz- und Wirthschaftspersonale controlirt. Diese Forstverwaltungsbehörde ist in allen die Gemeindeforsten betreffenden Gegenständen zu hören.

Für Waldungen von größerem Umfange, welche einen geregelten Betrieb gestatten, sollen eigene technische Beamten, welche hinreichend ausgebildet sind, angestellt werden. In den kleinern Communalforsten genügt die Anstellung eines Forstschützen oder Aufsehers aus der Mitte der Gemeinde. Die landesherrlichen Behörden entscheiden, welche Art von Forstbeamten im zweifelhaften Falle anzustellen ist, prüfen diejenigen, von welchen eine technische Ausbildung zu verlangen ist, bestätigen sie und nehmen sie in Pflicht. Zwar sind diese Beamten auf Kündigung angestellt, jedoch kann diese nur mit Genehmigung der controlirenden landesherrlichen Behörden erfolgen. Die Salarirung derselben bleibt zwar der Bestimmung der Gemeinden überlassen, doch darf sie nicht durch Forstnebennutzungen erfolgen, und der Landdrostei stehet das Recht zu, erforderlichen Falls dieselbe festzusetzen.

Die Forstrechnung muß in einer vorgeschriebenen Form geführt werden, und unterliegt einer Superrevision der höhern Behörde, nachdem sie der Gemeinde mit der Gegenrechnung, welche der Forstaufseher führt, vorgelegt worden ist.

Die Gehölze der Maier und Eigenbehörigen stehen noch wie früher unter polizeilicher und technischer Aufsicht der Gutsherren.

Die eigentlichen Privatforsten sind im Wesentlichen der freien Bewirthschaftung und Benutzung der Eigenthümer überlassen, und nur eine wirkliche Devastation und Ausrodung derselben ist verboten, und wird fiscalisch gerügt und nach Umständen bestraft.

Die Pfarr-, Kirchen- und Klosterforsten stehen unter der Verwaltung der Klosterkammer, welche sie zum Theil durch Staatsforstbeamte, theilweis durch ihr eigenes Personal, ganz nach den Grundsätzen der Staatsforstverwaltung administriren läßt. Die Oberaufsicht führen jedoch immer die Königlichen Oberforstmeister *).

§. 30.

Es bleibt uns nun noch übrig, das Wesentlichste aus der neuesten Provinzialgesetzgebung Preußens in Hinsicht der höhern Forstpolizei anzuführen, welche auf ganz andern Grund-

---

*) Die Hannöversche Verwaltungsordnung für die Forsten der Landgemeinden scheint uns die beste zu seyn, welche wir in Deutschland besitzen, und da sie bis jetzt noch nicht in öffentlichen Blättern mitgetheilt ist, glauben wir den Lesern durch ihre Mittheilung in der Beilage am Ende des Abschnitts einen Dienst zu erweisen.

lagen beruhend, als die ältern Forstordnungen, deshalb absichtlich ganz getrennt und als für sich bestehend aufgeführt wird. Für die 1808. das Königreich bildenden Provinzen bestehet bekanntlich eine unbeschränkte Freiheit der Privatforsten, die auch für das Großherzogthum Posen gilt. Für die westlichen Provinzen aber wurde ein besonderes Gesetz gegeben. Es ist dies dasjenige vom 24sten Dezember 1816*), wodurch die Verwaltung der Forsten, welche Gemeinden und öffentliche Stiftungen in den Provinzen Sachsen, Westphalen, Kleve, Berg und Niederrhein besitzen, geordnet wird.

Wir müssen annehmen, daß bei Abfassung dieses Gesetzes die Regierung blos ihrer Ueberzeugung, hinsichts dessen, was dem allgemeinen Wohle vortheilhaft sei, folgte, während bei dem Entwurfe aller früheren Forstordnungen dieselbe immer mehr oder weniger dabei beengt war, da sie altherkömmliche Rechte der Gemeinden und Privaten zu schonen genöthigt oder veranlaßt war.

In dem größten Theile der genannten Provinzen bestand, an vielen Orten schon seit langer Zeit, eine sehr drückende Waldregie, welche sich in vielen Dingen auch selbst bis auf die eigentlichen Privatforsten erstreckte. Es wäre sehr einfach gewesen und man würde auch gar keinen Widerspruch und keine Klage zu fürchten gehabt haben, wenn man die ältere Forstpolizeigesetzgebung, so wie sie vorgefunden wurde, beibehielt, denn selbst eine Berufung auf diejenige der alten Preußischen Provinzen hätte man leicht zurückweisen können, da in den östlichen Theilen der Monarchie in dieser Beziehung ganz andere Verhältnisse stattfinden, als in Westphalen und den Rheinprovinzen. Auch hatte deshalb wohl schon das frühere General-Gouvernement diese Beschränkungen nicht alle aufgehoben. Wenn daher eine Aenderung und Milderung der vom Staate geübten forstlichen Beaufsichtigung verfügt wurde,

*) Gesetzsammlung vom Jahre 1817. S. 57.

so muß man annehmen, daß dazu keine andere Veranlassung war, als die Ueberzeugung, daß die früher bestehenden Forstpolizeigesetze für die Erhaltung und Kultur der Forsten nicht vortheilhaft, oder wenigstens nicht nothwendig waren, und sich daher auch nicht rechtfertigen ließen.

Diese letztere Ansicht findet man denn auch gerade zu in der Einleitung zum gedachten Gesetze ausgesprochen.

Es heißt darin, daß die in den neuerworbenen Provinzen zum Theil bestehenden Beschränkungen und Belastungen der Privatforsten mit den Grundsätzen des Rechts unvereinbar seyen, indem das Depositumsrecht der Eigenthümer dadurch beinahe ganz vernichtet würde. Es soll deshalb dieses den Eigenthümer (Gemeinden und Corporationen), da wo es ihnen genommen worden, so weit wieder gegeben werden, als es sich mit der nothwendigen Beschränkung einer schädlichen Willkühr, und mit dem Wesen und den Zwecken der öffentlichen Corporationen vereinigen läßt.

Die Gemeinden rc. erhalten demzufolge das volle Eigenthum ihrer Waldungen zurück, so daß sie deren Ertrag ganz beziehen und keine weiteren Abgaben an die Staatskassen davon zahlen, als die gesetzlichen Grundsteuern.

Die Gemeindewaldungen stehen jedoch ebenso wie jedes andere Gemeindeeigenthum unter der Ober-Aufsicht der Regierung, müssen regelmäßig bewirthschaftet, und dürfen durch Rodungen ohne Consens derselben nicht vermindert werden. Sie sind nach einem von der Regierung genehmigten Etat zu bewirthschaften, und es sind, insofern der Umfang derselben es erfordert, dazu gehörig ausgebildete Forstbeamte anzustellen. Außerordentliche Holzschläge und Veräußerungen sind eben so wenig ohne Genehmigung der Regierung zulässig als Rodungen.

Die Provinzial-Regierungen sind verpflichtet, durch Controle der Betriebspläne und Hauungsvorschläge, so wie durch örtliche Revisionen sich von der pfleglichen und wirthschaftlichen

Behandlung dieser Waldungen zu überzeugen. Insbesondere aber haben sie über die Nothwendigkeit der Anstellung eigener Forstbedienten zu entscheiden; zu beurtheilen, ob es zweckmäßiger ist, benachbarten Forstbedienten, oder nach dem Wunsche der Gemeinden, Mitgliedern derselben die Aufsicht und die Verwaltung zu übertragen. Die Gemeinden können zwar Subjekte, welche sie angestellt zu sehen wünschen, wählen, jedoch sollen sie dieselben vorzugsweise aus den schon angestellt gewesenen Forstbeamten oder den zur Civilanstellung berechtigten Militairs nehmen, und der Regierung stehet die Prüfung derselben, und ihre Anstellung und Einweisung in ihre Posten zu.

Insofern die Gemeinden die bloß für ihre Forsten bestellt gewesenen Beamten nicht wieder wählen, müssen sie dieselben pensioniren oder anderweitig versorgen, und da, wo diese Staats- und Gemeindeforsten zusammen verwalteten, trifft diese Verpflichtung auch den Staat und die Gemeinden, pro rala, insofern diese Beamten überhaupt ihre Tüchtigkeit zur Wiederanstellung und ihre Berechtigung zur Pension nachweisen.

Das Gesetz ist nicht anwendbar auf alle Mark- und Gemeindewaldungen, welche der Staat in Gemeinschaft mit den Communen und Corporationen besitzt, und welche auch fernerhin unter der direkten Verwaltung durch Staatsforstbeamte verblieben.

Die Privatforsten der einzelnen Eigenthümer jeder Art, bleiben nur den privatrechtlichen Beschränkungen unterworfen. Diese liegen ganz außerhalb des Kreises unserer Untersuchungen, weshalb sie auch unbeachtet bleiben. —

Durch eine Verfügung (Ordonnance) der Königlichen Regierung zu Arnsberg*) vom 9ten September 1817. ist näher bestimmt, daß das Gesetz sich auf die Waldungen, welche mehrere Eigenthümer von Gütern, Höfen, Sohlstätten

*) v. Kamptz, Annalen d. innern Staatsverwalt. 1r Bd. H. 3. S. 19.

gemeinschaftlich besitzen und benutzen, nicht erstreckt, da diese in die Kategorie der reinen Privatwaldungen gehören, deren Eigenthümern das unbeschränkte Benutzungs- und Verwaltungsrecht zustehet. Auch sind die Markenwaldungen den besonderen deshalb erlassenen Administrationsvorschriften, wie früher, ferner unverändert unterworfen.

Es ist in der gedachten Verfügung ferner näher vorgeschrieben:

daß die technische, forstwissenschaftliche Behandlung des Waldes, die Kulturanlagen, Holzanweisungen und außerordentlichen Verkäufen unter der Leitung der Regierung und oberen Forstbehörde, durch die für die Gemeindewaldungen überall anzustellenden technisch ausgebildeten Forstbeamten erfolgen soll, auch das den Gemeindevorstehern zur Verwendung überlassene gewonnene Material, den ursprünglichen Bestimmungen über das Gemeindevermögen gemäß, zum Besten der Corporation und nicht zum Nutzen Einzelner verwendet und regelmäßig verrechnet werden muß.

Die mit der Verwaltung der Gemeindeforsten beauftragten Forstbeamten sind in dieser Beziehung verantwortlich, und hängen deshalb nicht von der Gemeinde ab, sollen sich aber mit dem Gemeindevorstande über den jährlich zu entwerfenden Hiebs- und Kulturplan möglichst vereinbaren, und dabei auf die Bedürfnisse der Gemeinden Rücksicht nehmen, so weit es die nachhaltige Wirthschaft in diesen Forsten gestattet. Sie dürfen so wenig ohne Vorwissen und Genehmigung der Gemeindevorstände Holzfällungen veranlassen als gestatten, daß von Seiten der Gemeinden eigenmächtig solche angenommen werden. —

Die Holzfällungspläne sind an die Kreisbehörde einzureichen, welche sie mit einem Gutachten der Regierung zur Genehmigung vorlegt. Diese entscheidet auch, wenn die Gemeindevorstände und administrirenden Forstbedienten abweichender Meinung sind.

Zum Schutze der Waldungen müssen noch außer dem administrirenden Forstbedienten besondere Schutzbeamte von den Gemeinden angestellt werden, zu deren Anstellung und Entlassung der Landrath die Genehmigung ertheilt. Wo möglich sollen da, wo Feld und Wald unter einander liegen, die Feldhüter dazu verwandt werden. Diese Waldwärter werden von den administrirenden Forstbeamten beaufsichtigt.

Im Allgemeinen und im Wesentlichen gleichlautend, nur noch ausführlicher, ist die Instruktion zur Verwaltung der Communalforsten von der Regierung zu Coblenz vom 29sten Juli 1819. *). Danach soll in der Regel für jeden Kreis ein administrirender Forstbeamter angestellt werden, welchem zugleich die Leitung des Betriebes in den Hackwäldern und Rotthecken übertragen ist, und den die Regierung unter den ihr vorzuschlagenden geprüften Forstkandidaten auswählt. Diese Kreisförster sind auf Lebenszeit angestellt, während die ihnen untergeordneten Waldwärter nur auf Kündigung stehen. Die Besoldung der Kreisförster kann nicht unter 600 Rthlr. und 4 Klafter Brennholz 200 Wällen seyn, und dem Recht, sein Vieh auf die Gemeindeweide seines Wohnortes zu treiben.

Auch Königlichen Oberförstern kann eine Kreisförsterstelle mit übertragen werden, welche dann aber nur 250 Rthlr. Zulage erhalten, und wobei ihnen alle Vierteljahre gekündigt werden kann.

Wo möglich sollen alle Gemeindeforsten baldigst taxirt und vermessen werden, um den Betriebsplan danach zu regeln. Bis dahin muß der Kreisförster die Betriebs= und Kulturpläne jährlich entwerfen. Die Kreisförster leiten die ganze Ausführung derselben und stehen unter der Beaufsichtigung des Landrathes und der Königl. Oberförster, welcher letzterer sich jedoch nicht speciell in die ökonomischen Geschäfte einmischen darf, und nur im Allgemeinen darauf zu sehen hat, daß ein

*) v. Kamptz Annalen. 3r Bd. 3s Heft. S. 670.

ein nachhaltiger regelmäßiger Betrieb erfolgt. Die Verkäufe finden überall in der öffentlichen Licitation statt u. s. w.

Die obere Leitung des technischen Betriebes liegt dem Oberforstmeister, als Mitgliede der Regierung, ob.

Mit wenig Worten kann man diese Kreisforstordnung so karakterisiren, daß man sagt:

den technischen Betrieb leiten überall die vom Staate angestellten Beamten, den Schutz besorgen die von der Commune angestellten Waldschützen und den finanziellen Theil der Wirthschaft besorgen oder controliren die Gemeindevorstände.

§. 31.

Die ältere wie die neue revidirte Städteordnung giebt den Stadtcommunen, innerhalb der gesetzlichen Bestimmungen, eine beinahe ganz unabhängige Verwaltung ihres Stadtvermögens, und folglich auch ihrer Waldungen. Dieser wird zwar in den Städteordnungen nicht gedacht, allein es versteht sich von selbst, daß die allgemeinen Vorschriften über die Benutzung der den Städten, welchen die Städteordnung verliehen ist, gehörenden Grundstücke, auch auf die Forsten derselben sich beziehet *).

Dem Staate stehet die oberste Aufsicht über das Vermögen der Städte zu, und die Regierung ist befugt, die über das Communalvermögen geführten Rechnungen zur Einsicht zu verlangen.

Das gemeinsame städtische Vermögen muß zum Besten der Stadt verwandt und derselben erhalten werden. Es darf so wenig unter die einzelnen Mitglieder der Gemeinde getheilt, als das Einkommen davon bloß zum Vortheile einzelner Individuen verwandt werden. Auch die zu gemeinsamen und öffentlichen Zwecken bestimmten, der Stadt zugehörigen Stif-

*) Städteordnung vom 19ten November 1808. Revidirte Städteordnung vom 17ten März 1831.

tungen und Anstalten, stehen mit ihrem Vermögen unter der Aufsicht der Stadtgemeinde.

Die Stadtverordneten, aus der Bürgerschaft gewählt, vertreten diese in Hinsicht der Verwaltung und Benutzung des gemeinsamen Vermögens und darüber zu treffenden Anordnungen.

Die Stadtförster werden von den Magisträten im Einverständnisse mit den Stadtverordneten auf Lebenszeit gewählt, und ihre Besoldung wird von beiden Behörden der Stadt geregelt. Vorzugsweise sollen dazu, insofern sie die nöthigen Kenntnisse und die erforderliche Befähigung überhaupt haben, auf die mit Ansprüchen auf Civilversorgung entlassenen Individuen des Jägercorps Rücksicht genommen werden.

Den Stadtverordneten in ihrer Gesammtheit stehet die Entscheidung über den Bewirthschaftungsplan der städtischen Forsten, der außerordentlichen Holzschläge darin, der Rodungen und Veräußerungen zu. Sie haben die Controle der Verwendung und richtigen Verrechnung aller Nutzungen und Einnahmen. Der Magistrat ist die ausführende Behörde und ein Mitglied desselben, oder mehrere, bilden Deputirte, welche den örtlichen Betrieb in den Forsten leiten. Die Verrechnung aller Waldprodukte, die Sorge für den nöthigen Waldschutz und die Forstpolizei, Servituten-, Grenz- und Rechtssachen, so wie alle Generalien der gewöhnlichen Wirthschaftsführung, gehören ebenfalls in den Geschäftskreis des Magistrats. Den Stadtverordneten bleibt jedoch überall die Befugniß, darauf zu sehen, daß nirgends Unregelmäßigkeiten stattfinden, wodurch das Gemeindevermögen beschädigt, oder zu einem andern Zwecke verwandt werden könnte, als wozu es ursprünglich bestimmt ist.

Zu Veräußerungen städtischer Grundstücke und Realberechtigungen ist das Einverständniß des Magistrats und der Stadtverordneten so wie die Genehmigung der Regierung nöthig. Auch können dieselben nur in öffentlicher Licitation erfolgen, um der Begünstigung des Einzelnen vorzubeugen.

Die Bürgerwaldungen sind solche, an denen den Bürgern als solchen Nutzungsrechte zustehen, wogegen die Kämmereiwaldungen nur für allgemeine Zwecke des Gemeinwesens benutzt werden. Ihre Verwaltung ist nach gleichen Grundsätzen geordnet. Eigenthum von Korporationen und Zünften verwalten diese jedoch allein, ohne daß den übrigen Bürgern ein Recht zusteht, sich darin zu mischen. Der Magistrat und die Regierung haben bloß die Oberaufsicht.

Die neue revidirte Städteordnung weicht von diesen Vorschriften über die Verwaltung des Gemeindevermögens, wonach die Regierung bloß die Aufsicht darüber führt, um Verschleuderung und Beraubung desselben zu verhindern, im Wesentlichen nicht ab. —

§. 32.

Wenn man die angeführte Gesetzgebung der verschiedenen Staaten in Bezug auf die Bevormundung aller derjenigen Forsten, welche nicht in unmittelbarem Staatsbesitze und unter Verwaltung von Staatsforstbeamten sich befinden, betrachtet, so lassen sich daraus folgende allgemeine, und in den einzelnen Staaten sich auch wieder bald mehr bald weniger abändernde Grundsätze entwickeln.

Die Befugniß der Regierung, für die Erhaltung aller Forsten gleichmäßig zum Besten des allgemeinen Wohles Sorge zu tragen, und die Eigenthümer, so weit dies erforderlich, in der Benutzung und Bewirthschaftung zu beschränken, wird überall als rechtlich begründet angesehen, denn alle Regierungen haben in dieser Beziehung Verfügungen erlassen.

Bloß hinsichts der Waldungen der in Deutschland mediatisirten Fürsten, obwohl sie auch nur Unterthanen sind, wird diese Einmischung der Regierungen auf Grund bestimmter Verträge nur innerhalb bestimmter Grenzen erfolgen können.

Alle Regierungen scheinen die Verpflichtung und die Nothwendigkeit anerkannt zu haben, die den Communen, Stiftungen, Kirchen und Geistlichen gehörenden Waldungen unter besondere Fürsorge zu nehmen, so wie das Vermögen dieser moralischen Personen überhaupt unter dieser stehet. Preußen ist der einzige Staat, der auf Grund der Städteordnungen für die größern Communen, welche eine geordnete und durch die Bürger controlirte Verwaltung besitzen, lediglich eine Oberaufsicht über die Erhaltung des Stadtvermögens der Regierung vorbehalten hat, ohne sich in die specielle Verwaltung desselben zu mischen.

Beinahe überall ist man dagegen in der neueren Zeit von der speciellen Einmischung in die Bewirthschaftung der eigentlichen Privatforsten zurückgekommen, vorzüglich in Bezug auf die zu größern Gütern gehörenden. Das Maximum derselben beschränkt sich immer nur auf Verhütung von Devastationen, einen Eingriff, wenn eine unpflegliche Behandlung schon erwiesen ist, wie z. B. Vermessung, Entwurf eines Wirthschaftsplans, Anstellung von gebildeten Forstbeamten. Andere Staaten, worunter Preußen, haben sich jedoch jeder Einmischung in die eigentliche Privatforstwirthschaft ganz begeben, und diese ist blos durch privatrechtliche Beziehungen beschränkt.

Aengstlicher ist man in den meisten Staaten in Hinsicht der kleinen Bauer- und Bürgergüter, zu welchen Forsten gehören. Diese werden sehr oft durch Staatsforstbeamte beschützt und verwaltet.

Ueberall in Frankreich und ganz Deutschland hat man durch die Gesetzgebung anerkannt, daß durch die Beaufsichtigung der Privatforstwirthschaft von Seiten des Staates niemals dem Eigenthümer zu Gunsten des Fiskus das daraus zu beziehende Einkommen verkümmert werden darf, wie dies noch bis 1813. geschahe. Höchstens kann die Regierung eine Entschädigung für die von ihr gemachten Ausgaben für Beschützung und Verwaltung der Privatforsten fordern. —

Im Allgemeinen wird man nicht in Abrede stellen, daß überall die Regierungen sich in der neuern Zeit mehr oder weniger von der Einmischung in die Privatforstwirthschaft zurückgezogen haben, und den Grundsatz anerkennen, daß man die freie Betriebsamkeit nur so weit beschränken müsse, als die Erhaltung des nothwendigen Waldbestandes durchaus fordert. — Wie weit dies gehen muß und unvermeidlich ist, darüber sind allerdings die Meinungen sehr verschieden.

§. 33.

Diese allgemeinen Grundsätze erleiden jedoch in der speciellen Anwendung in den verschiedenen Staaten vielfache, und oft sehr wesentliche Modificationen. Wir wollen daher diese nach den Gegenständen zusammenstellen.

1. Die den Kirchen und Geistlichen gehörenden Waldungen, diejenigen, welche das Eigenthum milder Stiftungen sind, stehen ohne Ausnahme unter Ober-Aufsicht der Regierung. In den meisten Staaten, wie Frankreich und ganz Süd- und Mitteldeutschland werden sie durch Staatsforstbeamte verwaltet, und nur in Oesterreich und zum Theil in Preußen ist ihre Verwaltung unter Controle des Staats den Behörden überlassen, welche das Stiftungsvermögen überhaupt verwalten.

2. Die Oberaufsicht über alle den Communen und Corporationen gehörenden Forsten wird ohne Ausnahme vom Staate geführt; jedoch geschiehet dies in sehr verschiedener Art.

a) Nach der Preußischen Städteordnung ist der Regierung bloß die Befugniß vorbehalten, sich aus den Rechnungen und durch die Uebersichten des Stadthaushalts in den Stand zu setzen, eine Verschleuderung des Stadtvermögens, mithin auch eine Waldverwüstung zu bemerken, und erforderlichen Falls dies zu verhindern. —

b) Nach der Rheinland-Westphälischen Forstordnung haben die Gemeinden ihre eigene unter Oberaufsicht der Regierung, und den dazu von dieser angesetzten obern Staatsforstbeamten stehende Verwaltung. Diese erstreckt sich jedoch nur auf die Nachzucht und pflegliche Behandlung, da den Gemeinden selbst die willkührliche Verwendung der Holzerndte ꝛc. überlassen ist, deren Stimme auch bei der Bewirthschaftung überhaupt zu hören und zu beachten ist.

c) In Frankreich und mehreren andern Staaten besorgen überall unmittelbare Staatsforstbeamte die ganze Verwaltung der Forsten, einschließlich der Rechnungsführung und Verwerthung der Waldprodukte, und nur die bestimmten Naturalbezüge werden den Gemeindevorstehern oder Gemeindemitgliedern, gleich Berechtigten überwiesen. — Die Bestimmung des ganzen Forsthaushalts gehet allein von der Regierung aus. Dies sind ungefähr die drei Hauptverschiedenheiten der Beaufsichtigung der Communalforsten, wobei natürlich jede einzelne sich wieder mehr oder weniger modificiren kann, da z. B. die Königlichen Städte in Böhmen nicht so selbstständig sind, als die Preußischen, denen die Städteordnung verliehen ist, aber unabhängiger in der Verwaltung ihrer Forsten, wie eine Rheinische Gemeinde u. s. w.

Ueberall ist die Theilung der Gemeindewaldungen unter einzelne Mitglieder, die Benutzung derselben zu Gunsten einzelner Individuen, die Veräußerung ohne Zustimmung der Regierung verboten.

Weit weniger übereinstimmend ist die Gesetzgebung in Bezug auf die Privatwaldungen.

Man findet in Preußen und Baiern gänzliche Freigebung ohne alle Beschränkungen der Benutzung des Waldbodens als die, welche aus privatrechtlichen Beziehungen entspringen.

In Frankreich sollen die Privaten für die Zukunft ebenfalls keiner Art von Beschränkung*) unterworfen werden; die nur noch kurze Zeit dauernden bestehen nur in dem Verbote

*) Die Verpflichtung, ihre Forstbeamten der Staatsbehörde zur Genehmigung zu präsentiren, beziehet sich bloß auf den denselben durch die Regierung einzuräumenden öffentlichen Glauben bei Denunciationen und die Anerkennung ihres unbescholtenen Rufes.

von Rodungen und in dem Vorbehalte des Vorkaufsrechts von Holze für öffentliche Zwecke.

In Böhmen sind die Besitzer der größern Güter beinahe nur dem Namen nach durch die Gesetze zur nachhaltigen Wirthschaft verpflichtet, in der Praxis beinahe so unabhängig wie in Preußen, und es ist ihnen sogar vom Staate die Aufsicht über das übrige Privatforsteigenthum übertragen.

Im übrigen Deutschlande finden verschiedene Ansichten darüber statt, wobei wir aber die Verhältnisse der Mediatisirten hinsichts ihrer Forstverwaltung ganz unbeachtet lassen, da sie sich mehr auf besondere Verträge gründen, wie auf polizeiliche und staatswirthschaftliche Maaßregeln der Regierungen, die uns hier allein interessiren.

Beinahe allgemein macht man einen Unterschied zwischen den Forsten, welche zu den großen Gütern gehören (Rittergüter, schrift- und amtssäßige Güter rc.), und bäuerlichen rc. Gehölzen, indem man bei den erstern eine größere Freiheit der Benutzung gestattet.

Selbst da, wo man die freie Staatsforstwirthschaft am meisten beschränkt, wie in Würtemberg, Großherzogthum Hessen u. s. w., erstreckt sich die Einmischung des Staats in die Bewirthschaftung der Rittergutsforsten doch nicht weiter als auf die Verhinderung der Verwüstung, die Sorge für den Anbau, wenn beträchtliche Blößen entstanden sind, und deshalb vorzunehmende Revisionen rc. Andere Staaten dagegen, wie Baden, beschränken sich darauf, wirthschaftliche Einrichtungen, wie Vermessung, Entwurf von Wirthschaftsplänen, Anstellung von hinreichend gebildeten Forstbeamten zu bedingen, und überlassen dann diese Forsten und ihre Bewirthschaftung ihren Eigenthümern.

Es machen sich so die Hauptverschiedenheiten in den Ansichten über die, hinsichts dieser Forsten zu führende Controle bemerkbar: Gänzliche Befreiung derselben von aller Beaufsichtigung durch die Regierung — Erlassung bestimmter allgemeiner Wirthschaftsvorschriften, um die Verwüstung und Ausrodung derselben zu hindern, jedoch ohne daß den Staatsforstbedienten eine andere Einmischung zustehet als Anzeige bei der Landespolizeibehörde wegen Nichtbefolgung derselben.

Zuletzt Revision und Beaufsichtigung durch die Staatsforstbeamten um die Devastation zu verhindern, und wo sie entstanden ist, durch vorgeschriebenen Anbau unschädlich zu machen. —

Eine größere Einmischung, entspringend aus irgend einem, dem Fiscus zustehenden Mitbenutzungsrechte, folglich aus privatrechtlichen Beziehungen, ist nicht zu erwähnen, da es sich hier allein um die Verpflichtungen handelt, welche die Regierungen zur Erhaltung der Privatwaldungen für das allgemeine Wohl zu haben glauben.

Aengstlicher ist man vielfach hierin hinsichts der kleinen Gehölze, welche Bauern oder andern kleinen Grundbesitzern gehören.

Zuerst bildet man aus ihnen sehr oft Schutzbezirke, für welche vom Staate Waldschützen angesetzt werden, die von jedem, welcher Forstgrund besitzt, pro rata bezahlt werden müssen, und dabei verpflichtet sind, über die Befolgung der gesetzlichen Vorschriften, selbst hinsichts des Eigenthümers, zu wachen. Nur dies letztere ist eigentlich als Beschränkung anzusehen, die Bildung von Schutzbezirken wohl nur als Wohlthat, da ohne dies diese kleinen Grundeigenthümer, wenn sie die Beschützung ihres Grundstücks nicht etwa zufällig andern Forstbeamten mit übertragen können, ganz außer Stande sind, den erforderlichen Schutz für ihr Eigenthum zu erhalten.

Oft dehnt man aber auch die Aufsicht der Regierung weiter aus, und setzt sie ganz unter die Verwaltung der Staatsforstbeamten, wie in Würtemberg.

Zweckmäßiger schon als in diesem Staate, der sich noch am wenigsten von den Forstbarbareien der Vorzeit losgerissen zu haben scheint, macht man in andern die Kategorien der verschiedenen Klassen des Waldes, in Bezug auf Bevormundung, nicht von dem Karakter des Gutsbesitzers, ob ritterschaftlich oder bäuerlich, abhängig sondern mehr von der Größe der Waldfläche und in wiefern der Eigenthümer geneigt oder fähig ist, eine eigene Verwaltung dafür anzuordnen und den Schutz durch einen dazu anzustellenden Beamten besorgen zu lassen.

Alle die deutschen Staaten, worin noch eine strengere Forstregie stattfindet, tragen gewöhnlich auch ihren Staatsforstbeamten in dieser Klasse von Waldungen die specielle Beaufsichtigung des Holzeinschlags auf, und setzen sie in die Kategorie der Gemeindeforsten.

So finden wir auch hier drei Hauptverschiedenheiten in den Ansichten über die zweckmäßigste Art der Beaufsichtigung der Bauerforstwirthschaft durch den Staat.

Gänzliche Freigebung der Wirthschaft, ohne daß der Staat sich überhaupt um sie kümmert. Sodann Sorge der Regierung für die Beschützung, Verbot der Ausrodung und Verwüstung durch zu weite Ausdehnung der Nebennutzungen, Verpflichtung des Eigenthümers zur Befolgung allgemeiner Forstpolizeivorschriften. Zuletzt Versetzung dieser Art des Privateigenthums in die Klasse des Communaleigenthums und Bewirthschaftung durch Staatsforstbeamte, so daß dem Eigenthümer nur diejenigen Naturalbezüge überwiesen werden, welche jene unter der Bedingung einer nachhaltigen Wirthschaft gestatten zu können glauben.

Ueberall nimmt die Regierung das Recht der Verwaltung derjenigen Forsten in Anspruch, bei welchen der Fiscus als Miteigenthümer betheiligt ist.

In Frankreich und allen süd- und mitteldeutschen Staaten dehnt sich dies auch noch auf solche Waldungen überhaupt aus, welche nicht einem einzelnen Eigenthümer allein, sondern mehreren gemeinschaftlich gehören. In Preußen wohl nur dann*), wenn einer der Miteigenthümer unter der besonderen Fürsorge der Regierung stehet, z. B. Kirchen, milde Stiftungen.

§. 34.

Noch mancherlei einzelne Gegenstände sind es, welche verschiedenen Ansichten unterworfen werden, und welche hier in der Zusammenstellung von diesen berührt werden müssen.

1. Wir müssen zuerst dabei auf den großen Unterschied aufmerksam machen, der darin liegt:

ob die Regierung von der Ansicht ausgehet, sich gar nicht um die Forstwirthschaft der Privaten kümmern zu wollen,

oder ob man nur derjenigen folgt:

den Privaten das volle Recht der freien Benutzung ihres Grund und Bodens zu gestatten, wie ihnen dies am vortheilhaftesten erscheint, sie aber auf der einen Seite zu verpflichten, alle bestehenden allgemeinen Polizeivorschriften zu beachten, auf der andern sie aber auch bei der Beschützung und Benutzung ihres Forstgrundes zu unterstützen.

In Preußen kümmert man sich gar nicht um den Wald, welcher Privaten gehört, er mag ihn selbst verwüsten, oder es mögen ihn Holzdiebe, Viehheerden u. s. w. vernichten. Der Eigenthümer kann thun, was er will, aber er mag auch sehen, wie er sich durch die bestehenden allgemeinen Forstgesetze schützt.

Verschieden ist es in andern Staaten*). Hier kann zwar auch jeder eine Betriebsart und Holzgattung wählen, wie er will, es darf ihm selbst die Ausrodung des Forstgrundes in Acker u. s. w. nicht verweigert werden, wenn es als vortheilhaft für den Eigenthümer dargethan wird, es kann aber derselbe dies

*) Diese Fälle sind hier selten, da man solche Wälder häufig getheilt hat.

**) Frankreich, Baden, Böhmen u. s. w.

freie Benutzungsrecht nur mit Beachtung der allgemeinen Polizeivorschriften, gleich verbindlich für den Berechtigten, wie den Eigenthümer, ausüben, welche zur Beförderung und Erhaltung der Bodenkultur gegeben sind.

So muß der Waldeigenthümer seine Schonungen, so lange er auf dem Grunde Holz ziehen will, eben so gut mit dem Weideviehe verschonen, als der Weideberechtigte. Er ist verpflichtet, seine Forsten vermessen und begrenzen zu lassen, einen bestimmten Wirthschaftsplan für sie zu entwerfen, geprüfte Forstbeamte dafür anzustellen, und ähnliche Vorschriften mehr zu befolgen.

Dagegen sind auch die Staatsforstbeamten verpflichtet, ihn bei der Beschützung und Erhaltung seiner Forsten, wo es seyn kann, zu unterstützen, die Regierung nimmt die Privatforsten in besondere Obhut gegen die Ansprüche der Berechtigten, und erkennt überall die Verpflichtung an, den Privatforsteigenthümer in den Stand zu setzen, unter allen Umständen dem Boden die volle Holzproduction abgewinnen zu können.

2. Sehr verschiedene Ansichten finden über die Anstellung der Privatforstbeamten statt. In einigen Staaten behält sich die Regierung die Anstellung derselben und die Verpflichtung auf eine ihnen zu ertheilende Instruktion vor, in andern bestätigt sie dieselben nur, wenn ihr geprüfte und anstellungsfähige Kandidaten präsentirt werden, und noch in andern bedingt sie nur, daß ein solcher geprüft und anstellungsfähig sey, auch bei den Gerichten, in Bezug auf die Forstfrevel-Anzeigen, vereidet werde. — In Preußen bekümmert sich die Regierung nicht nur gar nicht um die Anstellung der Privatforstbeamten, sondern es ist sogar verboten, diese auf der forstlichen Bildungsanstalt des Staats zu unterrichten *).

---

*) Indirekt durch die Bestimmung, daß keiner dieselbe besuchen darf, welcher nicht das Zeugniß der Reife von einem Gymnasio oder einer höhern Realschule hat. Diejenigen, welche dasselbe besitzen, werden natürlich aber nicht Privatförster, taugen auch nicht einmal dazu.

3. Nicht minder abweichend sind die Ansichten darüber, unter welchen Verhältnissen, in dem Falle, wo die Regierung sich die Einmischung in die Privatforstwirthschaft vorbehalten hat, diese eintreten soll. Wo die Regie noch in voller Strenge bestehet, ordnet die Regierung sogleich die Kulturen selbst an, sobald irgend ein Fleck seine Holzproduction verliert, thut dem Holzhiebe Einhalt, so wie die Nachhaltigkeit dadurch gefährdet scheint, untersagt jede Umänderung der Benutzung des Bodens, wodurch die Holzproduktion vermindert wird, wenn nicht vorher die Genehmigung der oberen Behörden dazu eingeholt ist. In andern Staaten ist man weniger streng, gestattet die willkührliche Benutzung kleiner unbedeutender Holzgründe und beschränkt sich darauf die Erhaltung der größeren Waldungen sicher zu stellen, fordert erst dann die Wiederbeholzung, wenn die Entblößung des Bodens ein gewisses Maaß übersteigt. Bald ist die Forstpolizei überhaupt bloß untersagend, bald auch anordnend und Einrichtungen 2c. gebietend.

4. Wo die Staatsbehörde sich in letzterer Art in die Privatforstwirthschaft einmischt, ist in der Regel die Staatsforstbehörde zugleich Forstpolizeibehörde, was auch nicht gut anders seyn kann, weil man dann ein fortdauerndes Einwirken der Techniker aller Grade bedarf. Ist die Forstpolizeigesetzgebung bloß negativ, so wird sie ganz einfach durch die obere Landespolizeibehörde aufrecht erhalten, die bloß einzelne Techniker, in der Regel aus den Staatsforstbeamten, mit der Untersuchung einzelner Thatsachen beauftragt, um nach Feststellung das Gesetz darauf anwenden zu können, oder es wird ihr ein Staatsforstbeamter zugeordnet.

Bei der Rheinischen Communalforstverwaltung hat man in Preußen so gleichsam eine gemischte Behörde gebildet, indem dieselbe zwar unter dem Ministerio des Innern und den Regierungen als Landespolizeibehörde stehet, die Forstbeamten der Staatsforstverwaltung dagegen die Controle übernehmen, und in dieser Beziehung jener zugeordnet sind.

5. Ueberall fordert man die Anwendung der für die Staatsforsten vorgeschriebenen Landesmaaße. Doch nur in einigen Staaten geschiehet dies ohne alle Ausnahme, in mehreren ist nur erforderlich das Holz nach dem Landesmaaße einzuschlagen, wenn es in öffentlichen Verkehr kömmt; für den eigenen Gebrauch mag jeder Eigenthümer ein beliebiges Maaß dazu wählen, auch sich gütlich mit einem Käufer über ein solches einigen.

Wir übergehen eine Menge anderer Einzelnheiten als unwesentliche, und glauben hinreichend dargethan zu haben, daß selbst da, wo man über die Grundidee zur Ordnung eines Gegenstandes ganz einig zu seyn schien, doch immer noch eine Menge ganz verschiedener Ansichten über das Einzelne sich geltend machten.

Zu verkennen ist indessen nicht, daß man im Allgemeinen überall einverstanden ist, daß die frühere große Strenge der Bevormundung der Privatforsten, wodurch man beinahe jedes Eigenthumsrecht an denselben vernichtete, dem Geist der Zeit nicht mehr angemessen ist.

§. 35.

Wenn die Frage aufgeworfen wird: Wie sich denn nun diese Forstgesetzgebung der verschiedenen Staaten und Zeiten in Hinsicht ihrer Einwirkung auf die Erhaltung und Kultur der Forsten, und die Beförderung der Boden- und Landkultur wirklich gezeigt und bewährt hat? — so ist eine gründliche Beantwortung derselben in der That nicht nur sehr schwer sondern beinahe unmöglich, wenn man jede sich bemerkende einzelne Erscheinung in dem Zustande und der Kultur der Forsten wie des Bodens überhaupt, immer wieder nur als die Wirkung der Forstpolizeigesetzgebung ansehen will. Man darf nur irgend eine Vorliebe oder vorgefaßte Meinung für die strenge Forstregie der Privatforstverwaltung, oder im Gegentheile für die gänzliche Freigebung derselben haben, so hält es nicht schwer, überall Beläge für die eine oder die andere Ansicht aufzufinden.

Werfen wir zuerst einen Blick auf Frankreich, unstreitig dasjenige Land, wo die Forstregie am längsten bestand, vollkommen ausgebildet war und die Verfügungen zur Erhaltung der Wälder und des hochstämmigen Holzes nicht bloß am strengsten waren, sondern auch in der That am vollständigsten aufrecht erhalten und mit großem Despotismus durchgeführt wurden.

Reaumür sagt im Jahre 1721*): die Waldungen nehmen furchtbar ab, sie verschwinden um die Klöster, die Städte, die Güter, es drohet Frankreich ein fürchterlicher Holzmangel. Die Eichen werden sich eben so verlieren, wie sich schon die hohen Kastanienwälder verloren haben. Trotz aller vortrefflichen Gesetze Colberts**) fehlt schon alles Schiffbauholz und alle die angewandte Vorsicht zu seiner Erhaltung ist ganz umsonst gewesen. Es ist keine Stadt, kein Dorf im Königreiche, welches nicht weniger Holz hätte, als vor 50 Jahren. Alle Akademien quälen sich umsonst mit Entdeckung von Hülfsmitteln zur Beseitigung dieser drohenden Holznoth. Der Waldbesitzer weiß immer Mittel, die hohen Standbäume zu fällen u. s. w. Ihm stimmte Büffon 1739 darin bei.

Arthur Young***) klagt über unglaubliche Verwüstung der Wälder in den Pyrenäen, (1787) bestätigt die reißende Verminderung der Wälder, weiset das Steigen der Holzpreise von 1688 bis 1789, also in 100 Jahren von 3 Livres bis auf 21 Livres für dieselbe Quantität Holz nach. Worin liegt das aber, sagt er, bloß darin, daß der Acker bei diesem scheinbar hohen Holzpreise immer noch mehr einträgt als der Wald und daß die Grundbesitzer ganz Recht haben, wenn sie sich durch kein Gesetz hindern lassen, ihren Grund dazu zu benutzen, wobei er am besten rentirt.

---

*) Mémoires de l'Academie royale des Sciences de Paris. 1721.

**) Ordonnance von 1669.

***) Reise durch Frankreich in den Jahren 1787—1790. Berlin 1795. bei Voß. 3r Bd. S. 105. u. f.

In keinem Lande, sagt Mirabeau*), sind tyrannische Anstalten zur Unterdrückung der Bodenkultur empörender getroffen worden, als in Frankreich durch die Gesetzgebung Colberts. Die Anstellung der vielen Forstregie-Beamten, die alle gut leben wollen, ist Ursache, daß man die Wälder eingehen läßt, zu deren Erhaltung sie angestellt sind. Wer in Frankreich einen Baum pflanzt, sagt Stevart**), stellt sich und diesen Baum unter die Gerichtsbarkeit der Forstbehörden, und hat nicht mehr das Recht, ihn ohne Erlaubniß derselben wieder zu fällen. Das ist der natürliche Grund, warum man in Frankreich nirgends Bäume in der Nähe der Ortschaften erblickt.

Wir führen alle diese Urtheile nur an, um darzuthun, daß nach Verlauf mehrerer Jahrhunderte, in welchen man die Forstregie auf das strengste gehandhabt und den Unterthan gedrückt hatte, man weder die Abnahme des Holzes, die Verminderung der Waldfläche, die Verwüstung der Wälder verhindern, noch den Anbau derselben zu erzwingen, im Stande gewesen war. Man gab nun die Waldwirthschaft frei, aber bald ertönten nicht weniger Klagen über die Folgen dieser Maaßregel.

Die Reclamationen der Präfekten und General-Conseils vieler Departements über die Verwüstung der Wälder durch die Privaten und die nachtheilige Einwirkung davon auf den Landbau und die Gewerbe findet man zusammengestellt in: Régénération de la nature végétale par A. Rauch, Ingénieur, Paris 1818. Der Volksrepräsentant Pullain-Grandprey erstattete am 16ten Ventose des Jahres 7. in der Sitzung des gesetzgebenden Körpers Bericht über die Verheerung, welche in den vom Staate veräußerten Wäldern durch die Privaten angerichtet waren, um gegen fernere Veräußerungen zu

*) Politische Oekonomie. Leipzig 1798. bei Rieger, 3r Bd. S. 10.
**) Recherches des principes de l'économie politique, à Paris chez Didot. 1789. T. 1. p. 266.

warnen. Alle Stimmen vereinigten sich, die Freiheit der Privatforsten als verderblich für Frankreich darzustellen.

Man kann nicht sagen, in wie weit diese Klagen und Behauptungen in der Wirklichkeit oder in dem eigenthümlichen Karakter des Volks lag, der nicht bloß sich so gern in den Extremen ergehet, in hohlen Deklamationsphrasen gefällt, sondern dessen Eigenthümlichkeit auch Hochmuth der Zunge, Kriecherei des Herzens ist — Kriecherei vor Despoten — gleichviel ob einzelner, wie Napoleon, oder des Volks, wie zur Zeit der Revolutionen, oder der tyrannisirenden Moden. Bonaparte wollte als erster Consul die Forsten aus fiskalischen Zwecken wieder unter eine strenge Regie ziehen, und alle Stimmen standen ihm bald zu Gebote, es zu rechtfertigen, wenn er die tyrannische Gesetzgebung Ludwig XIV. wieder einführte. Dies geschahe; er machte dabei die ganze Forstverwaltung zu einer großen Invaliden-Versorgungsanstalt.

Dieselbe verbesserte sich dadurch keinesweges, wie vorauszusehen war, und man fand sich veranlaßt, unter der Restauration anzuerkennen, daß dieser Forstdespotismus das Wohl der Forsten und ihre Erhaltung eher gefährde als befördere. Der Minister Martignac, als er das neue Forstgesetz der Deputirtenkammer zur Annahme empfahl, gestehet, daß die alte Gesetzgebung bei aller Strenge niemals die Verwüstung der Waldungen habe verhindern können, daß aber auch die durch nichts beschränkte Willkühr verderblich geworden sey durch Rodungen und Verwüstungen der Privaten, daß die Regierung nicht weniger die eigenen Staatsforsten unnachhaltig bewirthschaftet habe. Er schlägt einen Mittelweg vor, wie wir ihn oben mitgetheilt haben.

Wenige Jahre waren verflossen und der Finanzminister Lafitte verkündigt in der Sitzung der Deputirtenkammer vom 11ten Februar 1831 *) bei dem Vorschlage zum Verkaufe eines

*) Preußische Staatszeitung 1831. No. 52. vom 21sten Februar.

eines beträchtlichen Theiles der Staatswaldungen zur Deckung der außerordentlichen Staatsbedürfnisse, ganz andere Ansichten und Erfahrungen: Schon in der Idee, die Staatsforsten in die Hände der Privaten, der Speculanten überdies, die nur allein mit einem Male so große Waldflächen kaufen konnten, zu übergeben, liegt die Ueberzeugung der Regierung, daß alle die Gefahren, welchen die Wälder in den Händen der Privaten ausgesetzt seyn sollten, die Thatsachen, die Herr von Martignac und Herr von Argout in der Pairskammer angeführt hatten, nicht wahr oder nicht als bedeutend angesehen wurden. Wie hätte man sonst, nachdem man anerkannt hatte, daß keine, auch die strengste Regie, die Privaten von der Verwüstung ihrer Wälder abzuhalten vermochte, nachdem man die Privatforstwirthschaft beinahe sich ganz selbst überlassen hatte, dieser eine so große und wichtige Waldfläche überlassen können? — Aber Herr Laffitte spricht darüber auch noch seine Ansichten ganz offen und bestimmt aus. Er beantwortet die Frage: Ob auch nicht das gesammte Forstwesen unter dieser Veräußerung leiden werde? mit Bestimmtheit verneinend. Man sey, sagt er, um die Erhaltung der Forsten besorgt, und halte deshalb diese Veräußerung von 300,000 Hectaren, oder 1,174,980 Preuß. Morgen, für gefährlich, weil man Jedermann die Absicht beimesse, Holz zu schlagen und das Land als Ackerland zu benutzen. Diese Furcht sey aber völlig grundlos. Seit etwa 30 Jahren wären zwar in ganz Frankreich von 6,840,000 Hectaren ungefähr 90,000 Hectaren folglich $\frac{1}{77}$ gerodet worden, dagegen aber sey auch wieder eine gleiche Fläche vorher wüstes Land seitdem mit Holze in Anbau gebracht worden, so daß sich die gesammte Waldfläche des Landes in dieser Zeit nicht vermindert habe. Der Vortheil des Staates erheische, daß ein Eigenthum, das im Besitze desselben so schlecht rentire, da es höchstens 2 bis $2\frac{1}{2}$ Prozent des dafür zu erwartenden Erlöses eintrage, in die Hände der Privateigenthümer gebracht werde, die es besser zu nutzen wüßten. Ohne das Verkaufskapital, welches die aus den Waldungen zu beziehende Rente so beträchtlich übersteige, erhalte der Schatz noch eine Grundsteuer von $1\frac{1}{2}$ Prozent desselben, so daß mithin ein bedeutender Gewinn durch diesen Verkauf für das öffentliche Einkommen ohne alle Gefahr erhalten werde. — Bekanntlich genehmigte dann auch die Kammer auf diesen Vortrag den projectirten Verkauf.

Dadurch wäre denn mit einem Male alles Geschrei über die Verwüstung der Wälder in Frankreich seit Aufhebung der Forstregie auf amtlichem Wege widerlegt, nachdem unläugbar 40 Jahre früher dargethan worden war, daß diese nicht durch die ängstlichste Bevormundung der Forsten hatten verhindert werden können.

Wenn man nun auch gern einräumen muß, daß die französische Rednerbühne in den Kammern nicht der Ort ist, wo die Minister und Deputirten ihre innere Ueberzeugung wahr und treu aussprechen, daß die Thatsachen, die sie anführen nicht immer richtig sind und Glauben verdienen, wenn man vielmehr anzunehmen gezwungen ist, daß in der Regel politische Parteisucht, das Streben und Kämpfen nach Stellen und persönlichen Vortheilen, das Wohlgefallen der Redner, der Zuhörer und Leser der Debatten an Bekomplimentirung der großen Nation, allein die Motive der meisten Behauptungen sind, so sollte man doch vermeinen, daß sich wenigstens unter der Opposition Stimmen gegen diese vom Minister aufgestellten Ansichten erhoben haben würden, wenn sie offenkundig unrichtig waren. Dies geschahe jedoch nicht, und so muß man denn vorläufig annehmen, daß Herr Laffitte, als der letzte, welcher gesprochen hat, vollkommen richtig urtheilte, bis wieder ein anderer auftritt, der abermals das Gegentheil beweiset.

§. 36.

Hören wir nun Stimmen aus Baiern und Würtemberg über die Wirkung der in diesen Ländern so ungemein streng geübten Forstregie.

Hazzi in der Schrift: die ächten Ansichten der Waldungen und Förste, macht ein grausendes Bild von dem dadurch herbeigeführten Zustande der Bairischen Forsten, welches hin und wieder wohl mit zu grellen Farben ausgemalt seyn mag, aber doch auch nicht ganz falsch gewesen seyn kann, da es Veranlassung zu vielfachen Aenderungen in der Forstpolizeigesetzgebung gab. Die Controle der Staatsforstbeamten war, nach ihm, nichts als eine Forst- und Jagdtyrannei, ein Mittel, den Unterthan zu placken und zu pressen, da er ohne sich mit ihnen zu einigen, sich Tausend Chikanen aussetzte. Die Eigenthümer der Waldungen suchten nur ihr eigenes Holz zu stehlen, und der erzwungenen Kultur zu entgehen. Man sollte nicht glauben, sagt er S. 154., in einem gesitteten Lande zu seyn, sondern unter wilden Thieren zu leben, so fürchterlich wirthschaftet man in den Wäldern.

In der Forststatistik Würtembergs von Tessin klagt der Verfasser fortwährend über die Verwüstung und schlechte Bewirthschaftung, vorzüglich der Gemeindeforsten, welche doch unter der unmittelbaren Staatsforstverwaltung stehen. So S. 71.: Die Gemeindewaldungen sehen an einigen Orten erbärmlich aus, die aufsehenden Behörden haben die verarmten Eigenthümer nicht von einer übermäßigen Nutzung abhalten können. S. 95. In der Umgegend von Heidenheim sind die Waldungen durch schlechte Wirthschaft und Frevel, im Durchschnitte verdorben.

Die Würtembergischen Forsten, im Allgemeinen von gutem Boden, von dem ein sehr großer Theil Nadelholz ist, welches so große Holzmassen liefert, sind trotz aller Forsttyrannei nicht weiter gebracht, als daß sie etwa 22—25 Kubikfuß jährlich vom Morgen nach Preußischem Maaße liefern, was noch nicht die halbe Produktion seyn dürfte, welche sie liefern könnten *). Dabei berechnet aber der Chef der Forstverwaltung,

*) Nach Tessin Forststatistik, S. 101., ⅛ Klftr. Würtemberg. Maaß.

Seutter*), die Kosten der Administration und Regie zu 57 Prozent des gesammten Rohertrages der Forsten, die im Allgemeinen so hohe Holzpreise haben, was offenbar zum großen Theile der ausgedehnten Forstregie zur Last fällt.

Bei den Anträgen der Würtembergschen Kammern, mitgetheilt in Wiedemans forstlichen Blättern, wird die Wirksamkeit der bisherigen Bevormundung der Privat= und Gemeindeforsten von den Ständen geradezu in Abrede gestellt (4s Heft S. 36.), und darauf hingedeutet, daß der Zustand der Waldungen, welche den davon befreiten Klassen der Grundeigenthümer gehören, den Antrag auf gänzliche Freigebung aller Privatforsten, mit Ausschluß derjenigen, welche den Communen gehören, rechtfertige. Vielfach könnten noch die Beispiele von der Waldverwüstung von Gemeinden und Privaten aus Ländern beigebracht werden, wo die Bevormundung derselben in ganzem Umfange bestehet.

Auf der andern Seite fehlt es auch gar nicht an solchen, wo bei einer Freigebung der Privatforstwirthschaft die Forstwirthschaft offenbar vortrefflich gedeihet.

Alle Schriftsteller sind darüber einstimmig, daß die Privatforsten in Böhmen, obwohl sie in der Wirklichkeit sich ganz selbst überlassen sind, im Allgemeinen nachhaltig und vortrefflich bewirthschaftet werden, und daß ihre Besitzer große Summen an die Kultur und Betriebsregulirung derselben wenden.

Ein Würtemberger Forstbeamter, welcher gegen die Verminderung der Waldfläche in seinem Vaterlande kämpft und keineswegs ein Verfechter neuer lieberaler Ansichten ist, sagt**): „In einem Lande, wie Oesterreichs Kaiserstaat, wo alle Waldungen Privateigenthum sind, findet man eigentliche Musterwirthschaften, und wer die Forstwirthschaft im Walde studiren will, thut am besten, sich dort hin zu wenden.“

---

*) Abriß der Forstverfassung Würtembergs. Stuttgart 1820. S. 65.

**) Laurops forstwissenschaftliche Hefte. 1s Heft. Nürnberg 1827. Seite 15.

Liebichs Forstjournal, dessen besorgter Forstmann, Andrees ökonomische Neuigkeiten enthalten eine große Menge von Beschreibungen, Betriebsregulirungen, Bestandsnachweisungen und Ertragsberechnungen, welche darthun, daß die Privatforsten in Böhmen im Allgemeinen unter die bestbewirthschafteten und erhaltenen in Europa gehören dürften, und es nicht sehr viele Staatsforsten geben wird, die auf gleicher Stufe darin mit ihnen stehen.

Wedekind in seiner Beschreibung der Böhmischen Forstwirthschaft*) sagt: „Unzählige Mittelstufen bieten hier die Forsten dar, zwischen dem rohesten Urwalde und dem schulgerechten Forste, der großartigsten Schlagwirthschaft und der kleinlichsten Forstgärtnerei. Ebenso verschiedenartig sind die Zwecke, mit welchen diese Abstufungen korrespondiren ꝛc." — Giebt es ein größeres Lob einer nationalen Forstwirthschaft?

Ein günstiges Urtheil über die Privatforstverwaltung in Kurhessen von Hundeshagen haben wir schon oben §. 16 angeführt.

Es würde gar nicht schwer werden, eine Menge Privatforstwirthschaften, auf großen und kleinen Gütern, in Schlesien, den Marken, der Provinz Sachsen u. s. w. anzuführen, welche man Musterwirthschaften nennen kann, aber sollte es nöthig seyn, da in jedem Gaue Deutschlands gewiß solche aufgefunden werden können, wenn man sie nur unter den Forstbesitzern aufsucht, welche von aller Aufsicht befreiet, ihre Waldungen bewirthschaften. —

Man blicke auf Pommern, Schlesien, die Marken und alle östlichen Provinzen des Preußischen Staats, wo nicht erst durch die neuere Kulturgesetzgebung von 1811 die Rittergutsbesitzer von aller Controle ihrer Forstwirthschaft befreiet wurden, sondern auch in der Wirklichkeit immer befreiet waren. Welche Erscheinungen sind es, die sich uns darbieten? —

---

*) Laurop Beiträge ꝛc. S. 634.

Keine anderen als diejenigen, die der menschlichen Natur gemäß sind und die sich deshalb immer und überall wiederholen. Daß der wohlhabende Gutsbesitzer seinen Forst pflegt, seine alten Bestände erhält, der Arme so viel verkauft wie er kann; daß aber immer der Grund, wenn er zu nichts andern taugt, wieder mit Holz angebauet wird, oft sogar mit unverhältnißmäßigem Kostenaufwande, weil man ihn nicht ertraglos will liegen lassen, Streu, Schutz gegen Sandschollen bedarf, wenn nur der Boden nicht die Produktionsfähigkeit verloren hat. Die Regierungen machen es aber gerade nicht anders, oft noch übler. Wenn sie kein Geld haben, so sind die verdoppelten Holzschläge, das Streichen der Forstverbesserungsgelder, das Verkaufen ganzer Forsten ihnen eben so wenig ein Greuel als dem armen Gutsbesitzer. Wir finden auch nicht, daß der Gutsbesitzer mit seiner Ackerwirthschaft anders umgehet, als mit seinem Walde. Er verkauft ebenso gut den letzten Baum als das Inventarium und Saatgetreide, wenn der Concurs nahe ist, und der neue Käufer säet dann wieder mit angekauftem Hafer und Kienäpfeln die wüst gewordenen Flecke, damit er in 12 bis 15 Jahren wenigstens wieder auf Brennholz rechnen kann.

Uns dünkt, das haubare Holz hat sich ziemlich gleichmäßig in den Staats- wie Privatforsten verloren, aber es wird darum von dem Bauer oft kein Scheffel Kienäpfel weniger ausgestreuet, weil es ihm jetzt nicht mehr vom Domainenpächter befohlen wird, und der Rittergutsbesitzer hauet darum keinen Stamm mehr als sonst, weil er es jetzt mit vollem Rechte thun kann, und sonst nur mit der nicht ermangelnden Nachsicht der Behörde.

Die Sachen sind an vielen Stellen nicht schlechter durch die Freigebung der Forsten geworden, an manchen sogar besser.

§. 37.

Betrachten wir aber auch die Kehrseite des Gemäldes. Es ist beinahe nicht möglich alle die Schriftsteller anzuführen, welche Klage über Verwüstung der Forsten durch Gemeinden und Privaten führen, denn nur in wenigen von denen, welche über diesen Gegenstand geschrieben haben, kommen sie nicht vor. Alle Journale ertönen davon, und mit Recht. Wir haben gar nicht erst nöthig die Bücher zu citiren, wir dürfen nur unsern Blick über Europa von der Grenze Asiens bis zu den Säulen des Herkules, von Island bis zu den griechischen Inseln, schweifen lassen, und überall trifft er auf Gegenden welche ihre Bewaldung verloren haben, auf Verwüstungen der Vorzeit wie der Gegenwart. Die baumleeren Appeninen, Pyrenäen, Spanischen Sierren, die griechischen Berge, die nördlichen schottischen Inseln, die abgebrannten Berghänge Schwedens und Norwegens, die öden ausgedehnten Waldflächen Rußlands und Westpreußens, die einen Wald ohne Bäume, aus nichts als verbissenem verkrüppeltem Gesträuche bestehend, bilden, wiederholen unter allen Breitengraden Europas, unter allen Regierungsarten, bei jeglichem Kulturgrade des Volks, immer wieder dasselbe Beispiel der schauderhaftesten und verderblichsten Waldverwüstung. Wir brauchen aber gar nicht oft aus Deutschland, nicht aus Preußen zu gehen, nicht in der Vorzeit das aufzusuchen, was uns die Gegenwart leider genugsam darbeut, um in jeder Provinz, in jedem Gaue unseres Vaterlandes, welches wie kein anderes von Natur zur Ernährung und Hervorbringung der schönsten Wälder bestimmt scheint, die Bestätigung zu finden, daß der Wald der Willkühr der Privatforstwirthschaft überlassen, niemals gegen die Zerstörung gesichert ist.

In Ostpreußen sind die Hunderttausende von Morgen, den Privaten als Entschädigung für Aufgabe ihrer Berechtigungen im Forste von den Staatsforsten überlassen, beinahe ohne Ausnahme zerstört. In den Waldwüsten Westpreußens fehlt es zum Theil schon an benutzbarem Bauholze, und wenn nach Pannewitz Statistik von Westpreußen*) in den Staats-

*) Seite 207.

forsten auf dem Morgen in haubarem Holze von 50 Jahren und darüber, durchschnittlich nur etwa $2\frac{1}{2}$ Klafter stehen, so kann man sich ungefähr den Zustand der noch weit schlechter bestandenen Privatforsten denken. Auch sind die 4815 Morgen fliegende Sandschollen *), entstanden durch unvorsichtige Abholzungen, eine traurige Thatsache, welche die Unvorsichtigkeit bei der Benutzung des Forstgrundes darthut.

In keiner preußischen Provinz fehlt es an ähnlichen Erscheinungen, aber sie sind nicht alle so auffallend und Schrecken erregend als in Westphalen, wo die Buchenwälder der ehemaligen Markwaldungen, nachdem sie getheilt und den einzelnen Eigenthümern zur freien Benutzung überlassen worden sind, verwüstet werden, ohne daß irgend die Noth dazu treibt, wo die nackten Berge nicht bloß ihr Holz verloren haben, sondern, was schlimmer ist, auch die Fähigkeit, wieder welches zu erzeugen, für immer vernichtet wird.

Nicht der rohe Bauer slavischen Stammes allein ist es, welcher, wenig denkend wie der Wilde, nur von der Gegenwart zehrt, die Zukunft nicht achtet, nicht der Bewohner der kärglich nährenden Sandsteppe, welcher vom Bedürfnisse getrieben, den letzten Stamm in unentbehrliche Nahrungsmittel oder Kleidung verwandelt, der die Wälder verwüstet. Nein verhehlen wir uns nicht, wir finden die Beispiele davon in allen deutschen Gauen, von der äußersten Spitze Holsteins bis an die Grenze der italienischen Schweiz, von der Saar und Mosel bis an den Niemen und die Warthe.

Es würde ganz unnütz seyn, die tausend traurige Beläge davon anzuführen und Niemand wird und kann den Satz läugnen:

der Wald ist niemals gegen Zerstörung sicher, wenn er der Willkühr der Privatbesitzer überlassen ist.

*) Ebendaselbst Seite 273.

Wer die Wahrheit dieser Behauptung bestreiten wollte, müßte geistig oder körperlich blind seyn, und die tausendfache Erfahrung verwerfen, weil sie vielleicht gegen die künstlich ausgesponnene Theorie streitet, daß die Waldverwüstung durch Private nie erfolgen könne, weil dies gegen den eigenen Vortheil derselben seyn würde.

§. 38.

Aber wir bestreiten, gestützt auf Theorie wie Erfahrung, die daraus von vielen gezogenen Schlußfolgen:

daß deshalb, weil die Zerstörung des Waldes in den Händen von Privaten, die ihn nach Willkühr behandeln können, stets möglich ist, die Wahrscheinlichkeit oder gar die Gewißheit vorhanden wäre, daß sie stets erfolgen wird, sobald man denselben den Eigenthümern ohne Vorbehalt zu willkührlicher Benutzung überläßt.

Diese Behauptung wäre nicht weniger einseitig und tadelnswerth als der fromme Glaube, daß die Regierung sich gar nicht um das Thun und Lassen der Unterthanen*) zu kümmern habe, weil ihr eigner Vortheil sie schon bewegen würde, nur das zu thun, was für sie und das Land am vortheilhaftesten ist.

Man kann überhaupt nie behaupten, daß in einem Lande nicht eine Menge Menschen leben, welche die Freiheit, die man ihnen hinsichts ihrer Handlungen läßt und lassen muß, nicht zu ihrem und anderer Menschen Nachtheil mißbrauchen, aber man wird deshalb diese doch nur so weit beschränken, als die Beschränkung nicht verderblicher wird, wie die Freiheit, man entziehet ihnen diese erst, wenn der Beweis vorhanden ist, daß sie gemißbraucht wird, und der Schade, der dadurch entstehet, der Gesellschaft oder dem Individuo selbst nicht mehr zu ersetzen ist.

---

*) In Preußen und Deutschland giebt es noch solche, freilich aber nicht in Frankreich.

Hat man schon von einer Regierung gehört, welche alle Freiheit des Handelns untersagt, weil sie gemißbraucht werden könnte, und von Einzelnen wirklich gemißbraucht wurde? — Welche fürchterliche Tyrannei, wo dies in andern Fällen als solchen, wo das Wohl der Gesellschaft gefährdet werden kann, nur versucht würde!

Wenden wir dies auf unser vorliegendes Thema an. —

Zu läugnen ist nicht, die Beaufsichtigung der Privatforstwirthschaft ist etwas Ungerechtes und Unnatürliches in ihrer Grundlage; etwas Tyrannisches, so bald sie von Erfolg seyn soll, in ihrer Ausführung, und stets durch Vernichtung oder doch Verminderung der Liebe zum Eigenthum und zur Kultur desselben, durch Verhinderung der vortheilhaftesten Benutzung etwas Verderbliches in ihren Folgen, etwas Unangenehmes und Widerwärtiges für die Regierung durch den großen Kostenaufwand und die steten Widersprüche gegen eine strenge Beförsterung. Sie kann deshalb nur höchstens als nothwendiges Uebel betrachtet werden, nothwendig, weil ohne dasselbe noch verderblichere Folgen zu fürchten sind.

Jede Regierung wird deshalb streben müssen, sich davon zu befreien —

wo die Beaufsichtigung unvermeidlich ist, sie nicht weiter auszudehnen, als sich durch die Nothwendigkeit und die gemachten Erfahrungen rechtfertigen läßt —

die nachtheiligen Folgen möglichst zu beseitigen, nur das Böse zu verhindern, nie das Fortschreiten zum Guten und Bessern zu erschweren.

Niemand kann eine unbedingte Freiheit des Handelns fordern, welchem bewiesen werden kann, daß er sie nicht bloß zu seinem, sondern auch zum Nachtheil der Gesellschaft gemißbraucht hat.

Sie kann versagt werden, wo die Erfahrung lehrt, daß dieser leicht verderblich werden kann.

Die Gerechtigkeit erfordert, sie dem zu gestatten, der nur sich, nicht der Gesellschaft schaden kann, und dies um so mehr, je mehr er die Vermuthung für sich hat, daß er sogar nur das Bessere für sich wählen wird.

Keinem aber darf man die Freiheit nehmen das zu thun, was er glaubt es sei für ihn vortheilhaft, wenn der Nachtheil, den die Gesellschaft dadurch erleidet, noch zweifelhaft und in jedem Falle nur sehr unbedeutend ist.

Erkennt man es überhaupt für ein Uebel in der Gesellschaft, die Freiheit des Einzelnen, die Eigenthumsrechte beschränken zu müssen, so darf dies nur in dem Maaße geschehen, wie es das Wohl und die Erhaltung des Ganzen unvermeidlich macht, und sich durch den Beweis dieser Nothwendigkeit rechtfertigt.

§. 39.

Ist es gleich unmöglich, aus der Erfahrung zu beweisen, die Bevormundung der Privatforstwirthschaft wirke in jedem einzelnen Falle durchaus wohlthätig oder verderblich, sie sei durchaus nothwendig oder unvortheilhaft, da sich für die eine wie die andere Behauptung beinahe gleich viel Beispiele anführen lassen, indem man darthun kann, daß der Holzbau die höchste Blüthe nur bei vollkommner Freigebung der Privatspekulation erreichen kann, eben so gut als wie daß die Wälder und das Holz verschwinden, wo diese erfolgt ist, so lassen sich doch gewisse allgemeine Erfahrungen ganz unbestreitbar feststellen. Suchen wir diese erst auszuziehen, damit wir einen Leitfaden, um aus diesen Widersprüchen heraus zu kommen, erhalten, ohne uns irgend an einzelne Fälle zu kehren, die nur als Ausnahmen gelten, und die daher auch nichts entscheiden, wenn sie auch diesen allgemeinen Erfahrungen zu widersprechen scheinen.

Man muß im Allgemeinen zugestehen, daß in den Ländern, wo die Bevormundung der Privatforsten consequent und streng durchgeführt worden ist, dieselben sich in einem bessern

Zustande befinden, als in denen, wo man sie sich selbst überlassen hat. Handelt es sich daher bloß darum, das meiste Holz zu erziehen, jeder auch nur vorübergehenden Verminderung der Production des Waldes vorzubeugen, so kann man den Streit durch die Erfahrung als entschieden ansehen. Die süddeutschen Privatforsten in Nassau, Baden, Darmstadt, Hessen u. s. w. sind im Allgemeinen besser erhalten, als diejenigen in den nördlichen und östlichen Provinzen Preußens. Wir glauben aber, darauf aufmerksam machen zu müssen, daß dies nur für diejenigen als eine entscheidende Thatsache gelten kann, welche das Glück eines Landes von der Größe der darin stattfindenden Holzproduction abhängig machen.

Preußen hat in diesen Provinzen durch die den Privaten gestattete freie Benutzung ihrer Forsten noch keinen Holzmangel irgend einer Art gelitten, und wird ihn auch dadurch nicht erleiden. Weder der häuslichen Consumtion, noch den Gewerben wird deshalb das Holz, welches sie bedürfen, je hier fehlen. Was aber auf der einen Seite der Production des Waldes durch diese Maßregel vielleicht verloren ging, hat die landwirthschaftliche Industrie auf der andern vielfach gewonnen. Man kann mit höchster Bestimmtheit annehmen, der Gewinn überwiegt den Verlust sehr bedeutend.

Manche Eichen- und Buchenwälder sind verschwunden, welche man in andern Ländern schwerlich hätte ausroden lassen, aber sie bringen als Acker weit mehr, als wie früher als Wald. Es ist auch kein Verlust dabei, daß man nun vielleicht massiv statt früher in Fachwerk baut, Torf brennt statt Holz. Manche der Blößen würden in Süddeutschland haben angebauet werden müssen, aber wäre man diesem Grundsatze auch hier gefolgt, so würden sich die Schäfereien nicht haben verdoppeln können. Wie mancher Gutsbesitzer erhielt sich, erhält sich noch, und hat die traurigen Krisen mancherlei Art seit 1806 durch Aufopferung seiner Bäume überstanden.

Wir behaupten nicht, daß man in Süddeutschland nicht

Recht hätte, wenn man so handelt wie es geschiehet, aber daraus folgt noch nicht, daß man in Preußen Unrecht hat, wenn man einen andern Weg einschlägt. Wir mögen auch nicht darüber streiten, ob man nicht alles das Gute der neuern Gesetzgebung hätte erreichen können, ohne das Ueble herbeizuführen, was unläugbar diese rücksichtslose plötzliche Aufhebung aller und jeder Beschränkung in einzelnen Fällen erzeugt hat. Nein, es ist vielmehr zuzugestehen, daß eine Aufsicht über die Communal-, Bauer- und Markwaldungen eine größere Sorge für die Erhaltung der mit Pfandbriefen belasteten Forsten, eine Fürsorge zur Sicherung der Ansprüche der Berechtigten, um sie nicht auf Processe zu verweisen, die sie nicht führen können, wohl wünschenswerth gewesen sein dürfte, ohne daß man deshalb nöthig gehabt hätte, eine vortheilhaftere Benuzzung des Bodens zu hindern. Hier ist nur die Rede davon, daß die Thatsache, daß im Allgemeinen die Privatforsten durch jene Maßregel hinsichts der Holzproduction gelitten haben, noch kein unwiderleglicher Beweis ist, daß sie dem Wohlstande des Landes überhaupt verderblich gewesen ist.

Eine unbestreitbare Thatsache ist es auch, daß die Waldverwüstung auf Berggipfeln, auf trocknen Kalkbergen, auf sehr magerm Sande, an den Seeküsten, in den Alpen*), oft so weit getrieben worden ist, daß sie nicht bloß den Bewohnern der ganzen Gegend verderblich geworden ist, sondern, was am Ende das Böseste ist, gar nicht mehr wieder gut gemacht werden kann. Es hieße Zeit und Papier verschwenden, die Beispiele alle sammeln und aufführen zu wollen, welche in den Schriften über die Einwirkung des Waldes auf das Klima und andern darüber mitgetheilt sind, um so mehr, da sie überall schon im Kleinen in jedem Hügellande vorliegen.

Es kann darüber gestritten werden, ob die Regierung befugt ist zu verlangen, daß der Einzelne mit Aufopferung

*) Man sehe Kasthofers Schriften.

an Einkommen von seinem Grundstücke, und ohne Entschädigung dafür, für die Gesellschaft wohlfeiles Bauholz, Schiffbauholz zum Handel in das Ausland, starkes wohlfeiles Holz zur Versorgung der Städte, Fabriken und Gewerbe zu erziehen, da allerdings die Gerechtigkeit zu fordern scheint, diese Aufopferungen nicht dem Einzelnen aufzulegen. Darüber ist aber kein Streit, daß keiner Sandschollen erzeugen darf, welche fremden Grundstücken gefährlich werden, daß die Quellen geschützt werden müssen, das Klima nicht verschlechtert werden darf. Aber auch darüber wird man einig sein, daß dem Einzelnen nie gestattet ist, der Gegenwart und Zukunft den Boden zu rauben, der allein unser Bedürfniß befriedigen kann. Derselbe gehört dem Volke und den künftigen Geschlechtern, in diesem Sinne kann der Eigenthümer nie mehr daran haben, als das Recht des Nießbrauchs seiner Productionsfähigkeit. Diese vernichten, heißt den Boden der Gesellschaft rauben, denn der Boden ist nur der Grund, welcher productionsfähig ist. — Mag man experimentiren, wo Mißgriffe wieder gut gemacht werden können, denn ohne diese sind selten Fortschritte zu erwarten, aber die Experimente müssen nicht die Urquellen des Lebens gefährden.

Darum stellen wir ganz einfach die Schlußfolge auf: die Regierung hat die Verpflichtung, wie das Recht, jeder Waldverwüstung vorzubeugen, wenn dadurch die Ertragsfähigkeit des Bodens vernichtet werden kann, klimatische oder andere Gefahren entstehen können.

Dagegen können wir derselben kein Recht zugestehen, irgend eine landwirthschaftliche, geregelte Benutzung des Bodens zu untersagen, aus Furcht, durch Ausrodungen des Waldes das Holz über den Bedarf hinaus zu vermindern oder es auch nur zu vertheuern, weil keine Thatsache irgendwo aufzufinden oder nachzuweisen ist, wodurch dargethan würde, daß man im Stande gewesen wäre, die für das Land vortheilhafteste Waldfläche zu bestimmen, daß die Ausdehnung des wirklichen

Kulturlandes in der That das Glück, den Wohlstand eines Volkes je gefährdet hätten, weil niemals zu berechnen ist, wie weit dadurch die Waldfläche vermindert werden kann, ohne diesem zu nahe zu treten *).

§. 40.

Eine andere sich unläugbar herausstellende Wahrheit ist: daß, je ärmer der Grundbesitzer ist, desto mehr die Erhaltung des ihm gehörenden Waldes gefährdet wird, und daß die Gefahr seiner Verwüstung noch steigt, wenn arme Gemeinden Waldeigenthümer sind, in denen jeder nur den Wald benutzen, nie eine Aufopferung für ihn machen will, wo jeder glaubt, nur das als wirkliches Eigenthum ansehen zu können, was er daraus nach Hause fährt **).

Haben so schon die kleinern Dorfgemeinden die Vermuthung gegen sich, an und für sich kein lebhaftes Interesse für die Walderhaltung, sondern nur dafür, irgend einen Gewinn daraus zu beziehen, mag er auch noch so verderblich für das Ganze seyn, so wird auch der freie Waldbesitz in ihren Händen noch durch manche andere Umstände unrathsam, die sich alle aus den, immer von neuem zu machenden, Erfahrungen ergeben. Niemand mag ihn schützen, um sich nicht den Haß und Unwillen derer zuzuziehen, welche ihn beschädigen, die widerstreitenden Behauptungen und Ansichten lassen es nie zu einer Einheit im Bewirthschaftungsplan kommen, schwer findet man Verwalter in der Gemeinde, die gleich fähig und gleich pflichttreu sind, ohne sich auf Kosten des Waldes zu entschädigen.

Rechnen wir hierzu das Recht des Staats, überhaupt Sorge für die Erhaltung des Vermögens der Gemeinden, als moralischer Personen, zu tragen, um die Erfüllung der Zwecke

---

*) Eine speciellere und umfassendere Ausführung dieser Behauptung in Pfeils Grundsätzen der Forstwirthschaft. 1r Bd. S. 211 u. f.

**) Ebendaselbst. S. 455.

zu sichern, zu denen es bestimmt ist, so erscheint das beinahe allgemein bestehende Verfahren, die Wälder der Landgemeinden unter der genauen Beaufsichtigung durch den Staat verwalten zu lassen, durchaus gerechtfertigt.

Anders ist es allerdings mit den größern Stadtgemeinden. Es ist nicht abzusehen, warum Communen wie Berlin, Magdeburg, Breslau, Leipzig, Dresden, München, Cassel, u. s. w. deshalb, weil sie in einem Lande liegen, wo ein Fürst regiert, gerade weniger geeignet seyn sollen, ihre Wälder selbst zu verwalten, wie Frankfurt, Bremen, Lübeck und Hamburg, wo zufällig der Magistrat auch die Souveränität besitzt. Ja es ist nicht gut zu begreifen, warum Danzig, Nürnberg, das so lange eine Musterwirthschaft in seinen Wäldern führte, Ulm, Augsburg u. s. w., welche alle herrlich erhaltene Wälder besaßen, nun mit einemmale die Fähigkeit zur Verwaltung derselben verloren, als sie die Könige von Preußen, Baiern, Würtemberg u. s. w. zu Oberherren erhielten.

Einer Stadtgemeinde, welche einen geregelten Haushalt hat, welche hinreichende Intelligenz in sich schließt, wo der Behörde große Hülfsmittel zu Gebote stehen, um die Bedürfnisse derselben zu befriedigen, in der man so viel Sinn für das Gemeinwohl und so viel Bildung erwarten kann, daß nicht der Egoismus einzelner Glieder das Ganze beherrscht und unterjocht, wie das so leicht auf Dörfern der Fall ist, kann man auch wohl die eigne unabhängige Verwaltung ihres Waldeigenthums anvertrauen. Der Beweis für diese Behauptung wird genugsam durch die sehr wohl erhaltenen und gepflegten Forsten vieler größern Städte geführt.

Unläugbar sind nun aber in den kleinern und Mittelstädten eine Menge Uebergänge von der großen wohlhabenden Stadtgemeinde zur dürftigen Dorfschaft, und damit wächst dann auch die Gefahr, die nothwendige Sorge für Erhaltung des Waldes, der ihnen gehört. Bedingen wir aber für jede Stadtgemeinde, welche eine unabhängige Forstverwaltung in

Anspruch nehmen will, einen geordneten Haushalt, wozu natürlich eine geordnete Forstwirthschaft, ein geregelter Forstbetriebsplan, ein ausreichendes und in jeder Hinsicht genügendes Forstverwaltungspersonale gehört, so erscheint uns die Oberaufsicht der Regierung, der Eingriff derselben bei bemerkter Unordnung und unnachhaltiger Wirthschaft, hinreichende Sicherheit bei jeder städtischen Forstverwaltung zu gewähren, und eine weitere Beengung derselben nicht zu rechtfertigen.

Sehr bestimmt läßt sich auch aus allen gemachten Erfahrungen die Behauptung aufstellen:

daß wo das Vermögen der Kirchen-Geistlichen und milden Stiftungen überhaupt gut und regelmäßig verwaltet wird, auch gewiß sich dies von den dazu gehörigen Wäldern sagen läßt. Es ließe sich auch gar kein Grund denken, warum gerade hier, wo ein unwirthschaftliches Verfahren am deutlichsten aller Welt vor Augen liegt, mit demselben begonnen würde. Es scheint daher durchaus keine Veranlassung zu seyn, die diesen Anstalten und Korporationen gehörenden Waldungen einer besondern Controle zu unterwerfen, und den Pflegern des übrigen Vermögens die Verwaltung zu entziehen, sobald diese einmal so geordnet ist, wie dies für das ganze Stiftungseigenthum gefordert werden muß.

§. 41.

Am wenigsten vielleicht läßt sich aus der Erfahrung zu einem bestimmten Resultate über die zu erwartende Wirthschaft in den größern Gutsforsten gelangen.

Bei den großen und reichen Herrschaftsbesitzern, den mediatisirten Fürsten und Grafen, den österreichischen Magnaten, den großen Fideicommisbesitzern, ist es nicht zweifelhaft, daß hier die unpflegliche Waldwirthschaft oder gar die Waldverwüstung nur zu den Ausnahmen gehört, selbst wo die Rechte der Agnaten und Berechtigten sie nicht hindern würden, was doch gewöhnlich der Fall ist. Man kann sogar behaupten, daß sich gerade hier die beste und zweckmäßigste Forstwirthschaft weit früher und leichter entwickelt hat, als in den großen Staatsforsten, wovon die Beispiele beizubringen nicht schwierig seyn würde.

Anders ist es mit den kleinern Ritter- und Freiguts-Besitzern, den Eigenthümern der Erbschultiseien in Norddeutschland, denen oft Forstflächen von Tausend und mehr Morgen gehören. Man findet unter ihnen gleich viel, welche ihre Forsten sehr zweckmäßig behandeln, wenn auch nur wenige, welche das Holz im hohen Umtriebe erziehen, wie solche, die eine Forstwirthschaft treiben, die wir in den Staatsforsten nicht billigen würden. Von diesem letztern Theile müssen wir aber noch eine große Anzahl von dem Vorwurfe der eigentlichen Waldverwüstung freisprechen. Sie nutzen den Waldgrund in anderer Art als die Staatsforsten benutzt werden, indem sie vielleicht auf die Weidenutzung mehr Werth legen, das Holz schon sehr jung abhauen, aber man kann deshalb noch nicht behaupten, daß diese Benutzungsart unbedingt unvortheilhafter für das Gemeinwesen sey, als wenn sie den Regeln folgten, nach denen die Staatsforsten bewirthschaftet werden. Die Lehren von dem Maximo des Zuwachses, welcher stets in ein und demselben Jahre eintreten soll, wie dies die Erfahrungstafeln nachweisen, und die daraus hergeleitete Verpflichtung der Regierung alle Forstbesitzer zu zwingen, ihr Holz gerade dies bezeichnete Jahr alt werden zu lassen, um diese größte Holzmasse für das Land zu gewinnen, sind so abgeschmackt und lächerlich, daß man nach gerade anfangen sollte, sie stillschweigend zu beseitigen, wenn man es nicht über sich erhalten kann, ihre Unrichtigkeit offen einzugestehen. Nicht bloß, daß es kein solches Jahr für alle Bestände, gut oder schlecht, wüchsig oder unwüchsig, lückenhaft oder geschlossen, auf gutem oder schlechtem, flachem oder tiefgründigem Boden stehend, u. s. w., gleichmäßig giebt, daß man sich in den Staatsforsten eben so wenig an dasselbe kehrt, sich nach den Bedürfnissen richten muß, so kann man auch gar nicht sagen, welche Wirthschaft für einen kleinen Privatmann auf seinen Holzgründen gerade die zweckmäßigste ist, wenn man nicht alle die Verhältnisse und Einzelnheiten derselben auf das genaueste untersucht hat.

Unläugbar wird es aber dennoch eine Menge armer und verschuldeter Gutsbesitzer, liederlicher Wirthe, oder solcher, die durch die dem Grundeigenthume so verderbliche Zeit ohne ihre Schuld gedrängt werden, geben, welche ohne alle Rücksicht die Holzvorräthe in ihrem Walde consumiren, und auch wenig oder nichts für den Ersatz derselben thun. Zeigt dies die Erfahrung unbestreitbar, so wird man aber auch gewiß finden, daß Gutsbesitzer, wenn sie ihre Forsten verwüstet haben, und nun diese letzte Hülfsquelle, wodurch sie sich noch erhielten, versiegt, in der Regel sich dann nicht mehr im Besitze des Gutes erhalten können, und dasselbe an andere mehr Mittel besitzende Eigenthümer kömmt. Ist der Boden dann noch des Anbaues fähig, hat das Holz irgend noch Werth in der Gegend, ist nicht vielleicht die Weidenutzung von überwiegendem Werthe, so bedeckt sich der Boden wieder so schnell mit Holz, als er es verloren hat. Es ist freilich immer ein bleibender Verlust für das Nationaleinkommen, daß eine Zeit lang die Holzproduction verloren gegangen ist, die Ertragsfähigkeit des Bodens sich vermindert hat, allein er ist nicht so groß und gefährlich, daß man veranlaßt wäre, schon wegen der Möglichkeit ihn zu erleiden, die natürliche, oft sogar durch Verträge zugesicherte, Freiheit des großen Grundeigenthümers zu beschränken. Es ist diese Beschränkung für ihn gerade am verderblichsten, weil er durch die Untersagung außergewöhnlicher Holzschläge oft das einzige Mittel verlieren würde, seine Existenz als Gutsbesitzer zu retten, weil er es ist, der am häufigsten im Stande ist, mit der Benutzung des Bodens zu wechseln, weil man gerade hier, wo die Landwirthschaft in so viel gegenseitigen Beziehungen mit der Waldwirthschaft stehet, am allerwenigsten eine bestimmte Norm für die Wirthschaftsführung, als die beste, aufzustellen vermag.

Fügen wir dann noch hinzu, daß in den privatrechtlichen Verhältnissen, wie Hypothek-Schulden, Berechtigungen, Fideicommissarischen Verhältnissen noch eine Menge Beengungen dem Waldbesitzer die Devastation verbieten, so daß nur ein sehr kleiner Theil der Waldfläche übrig bleibt, den man durch Befreiung von der Bevormundung der ungehinderten Verwüstung gesetzlich preis giebt, so wird es sich gewiß rechtfertigen, wenn man die Controle über die großen Gutsforsten ganz aufgiebt. Dagegen wird es aber allerdings sehr wünschenswerth, daß man gerade diese privatrechtlichen Verpflichtungen zu achten, die Forstbesitzer, denen sie obliegen, veranlaßt.

Wenn wir diese Resultate der Erfahrungen, die man überall gemacht hat, überblicken, so scheinen sie den Gang der Ausbildung der Forstpolizeigesetzgebung, den man in der neuern Zeit bemerkt, im Allgemeinen vollkommen zu begründen, wenn dies auch nicht überall im Einzelnen der Fall sein sollte. Lüftung der Bande, in die man, oft im fiscalischen Sinne, die Privatforstwirthschaft schlug, Streben nach einer völligen Freigebung, jedoch mit Vorsicht in den Fällen, wo diese verderblich werden könnte.

§. 42.

Wenn wir die Grundlinien der Forstpolizeigesetzgebung in Bezug auf die Bevormundung der Forsten im Allgemeinen gezeichnet haben, so genügt dies nicht zur speciellen Ausführung derselben für einen gegebenen Staat. Was in dem einen, als nicht zu beachten, übergangen werden kann, ist für den andern von der größten Wichtigkeit. Nicht einmal zur zweckmäßigen Ordnung der Provinzialforstgesetzgebung Preußens ist das Allgemeine ausreichend. Man würde sich lächerlich machen, wenn man in die Forstordnung für die Provinz Brandenburg und Pommern eine sorgfältig ausgearbeitete Wirthschaftsordnung für die Forsten der Dorfgemeinden, als

Communen, aufnehmen wollte, denn diese Art von Communalforst giebt es hier so wenig, daß es gar nicht in Betracht kommt. Für Westphalen und Rheinland ist dies aber ein Gegenstand von großer Wichtigkeit. Kann man nicht in den Marken, wo die Staatsforsten $1\frac{1}{2}$ Million Morgen einnehmen, und noch eine Million Morgen Forstland vorhanden ist, was nichts bringt als Holz, und sich mit Holz bedeckt, wenn man einen Hegewisch darauf steckt, unbesorgter die Privatforsten sich selbst überlassen, als in Münster, wo dem Staate nur das Eigenthum von 6072 Morgen zustehet, und wo man Holz nur mit großen Aufopferungen und großer Sorgfalt erziehet? Ganz andere Gründe zu forstpolizeilichen Bestimmungen wird die Regierung des Kantons Bern als die der Regierungsbezirke Magdeburg, Merseburg, Liegnitz u. s. w. haben. Berge, Boden, Seenähe und Klima überhaupt, Sitten und Gewohnheiten, Rechtsverhältnisse, geistige und materielle Kultur des Landes, Wohlstand und Armuth, Gewerbe und Nahrungsquellen, Bevölkerung, Vertheilung des Grundeigenthums und dessen privatrechtliche Verhältnisse, und noch eine Menge anderer Dinge entscheiden über die Bestimmungen hinsichts der Controle oder Freigebung der Privatforstwirthschaft. Anmaßend und tadelnswerth ist es, deshalb eine Forstpolizeigesetzgebung eines Landes kritisiren zu wollen, wenn man dies Alles nicht genau kennt. Unbedingt tadeln kann man nur, wenn die Forstregie in fiscalischem Sinne und mit Entziehung der den Eigenthümern zustehenden Nutzungen, mit erfolglosen drückenden Formen, geübt wird. Das Maß der Beschränkungen, welche zu rechtfertigen sind und über die man nicht hinausgehen darf, ist nur bei genauer Lokalkenntniß zu beurtheilen. Diese besitzt der Verf. nicht einmal in der zu erlangenden Ausdehnung von seinem Vaterlande, noch viel weniger aber von ganz Deutschland. Es kann ihm daher wohl nie in den Sinn kommen, ein erschöpfendes deutsches Forstpolizeigesetz vorlegen zu wollen, oder die Bestimmungen der preußischen Provinzial-Forstordnungen im Einzelnen anzugeben. Er beabsichtigt nichts weiter als darzuthun, daß wirklich solche örtliche Verschiedenheiten in Preußen bestehen, daß man Provinzial-Forstordnungen bedarf, welche in ihren einzelnen Bestimmungen sehr abweichend seyn müssen, weil die Bewegungsgründe so sehr verschieden sind, durch die sie geboten werden, und wo die Provinzialbehörden die Details angeben müssen, sobald man über die allgemeine Grundidee der Gesetzgebung übereingekommen ist. Dazu ist dem Verf. die verschiedene Eigenthümlichkeit der westlichen und östlichen Provinzen Preußens genugsam bekannt. —

Unsere ganze deutsche Forstwissenschaft und Forstwirthschaft ist allein das Product der Theilung Deutschlands in verschiedene Länder und unter verschiedene Regierungen. Wir wollen über die politischen Nachtheile, die dies gehabt hat, nicht streiten, es mag dahin gestellt seyn, ob wir Deutschen in commerzieller, finanzieller und intellectueller Hinsicht dadurch gewonnen oder verloren haben, daß unser Vaterland niemals die Einheit und Centralisirung Frankreichs gehabt hat. Das ist aber als entschieden anzusehen, daß sich dabei unmöglich eine solche Forstwissenschaft, wie wir sie ausschließlich in Europa besitzen, hätte ausbilden können, und daß alles Fortbilden und alle Fortschritte in der Wirthschaftsführung mit einemmale gehemmt wären, so wie je eine gleiche Einheit und Centralisirung statt fände, wie sie Frankreich besitzt. Wir Forstmänner haben deshalb auch am allerwenigsten Ursache sie zu wünschen.

Diese Theilung Deutschlands war nicht blos Ursache, daß die Waldbehandlung den Bedürfnissen und Eigenthümlichkeiten jeder einzelnen Gegend angepaßt werden konnte, und daß so die allgemeinen unpassenden Vorschriften vermieden wurden, sondern sie gab auch Veranlassung des vielfachen Besserns und Fortschreitens. Die Ordonnanze von 1669 hat sich in ihren wesentlichen Bestimmungen in Frankreich 150 Jahre lang erhalten, obwohl sie längst als den Fortschritten der Wissenschaft nicht mehr genügend, von allen deutschen Forstmännern erkannt wurde. Das geschahe, weil in Frankreich niemand befugt war, von ihr abzuweichen, etwas Besseres herzustellen, und so der Regierung ein Beispiel und Muster aufzustellen, die, so wenig als andere Regierungen, geneigt seyn konnte, nach bloßen Theorien mit der Gesetzgebung zu experimentiren. Anders in Deutschland. Die Menge selbstständiger kleiner und großer Regenten und Forstbesitzer, befolgten sehr verschiedenartige Verwaltungs- und Wirthschaftsmaximen, wählten bald die eine bald die andere Taxationsmethode, hatten bald diese bald jene Ansicht über die Bildung ihrer Beamten u. s. w. Es konnte gar nicht fehlen, daß dadurch ein Wetteifer entstand, daß man das, was sich in einem Staate als gut bewährte, auf den andern ebenfalls überzutragen suchte, daß aus diesem Kampfe der Ansichten und Meinungen sich zuletzt das Bessere und Richtige entwickeln konnte. Was hat nicht Zanthier in der kleinen Grafschaft Wernigerode, Carlowitz in Sachsen, Oettelt in Eisenach, Witzleben in Hessen u. s. w. Deutschland genutzt? Nie hätten diese und eine unzählige Menge anderer verdienter Forstwirthe ihre eigenthümlichen Ansichten in den praktischen Haushalt wie in die Wissenschaft übertragen können, wenn sie in Frankreich sich nur in den Fesseln der Ordonnance von 1669 hätten bewegen müssen.

Verwerfen wir nun das Centralisiren in der Forstverwaltung überhaupt, so ist dies der Fall ganz besonders in Bezug auf den, aus so verschiedenartigen Theilen zusammengesetzten Preußischen Staat und dessen Forstpolizeigesetzgebung.

Für ihn ist nur ein Forstpolizeigesetz denkbar, was, wenn auch gerade nicht ganz verschieden für jede einzelne Provinz, doch für jede einzelne große Verschiedenheiten darbietende Abtheilung, besonders entworfen wird, um diese zu berücksichtigen.

Das Nachfolgende wird diese Behauptung hoffentlich rechtfertigen.

§. 43.

Die östlichen Provinzen Preußens, vorzüglich das eigentliche Preußen, Posen, Brandenburg und Pommern, stellt man sich gewöhnlich als große Waldwüsten vor, und glaubt, daß die Regierung wegen des ungeheuren Waldreichthums und Holzüberflusses alle Beaufsichtigung der Privatforsten entbehren könne. Diese Vorstellung ist eben so wenig richtig, als der Glaube, daß in waldreichen Ländern man sich nicht um die Wälder zu kümmern habe. Diese Gegenden haben einzelne, allerdings sehr waldreiche Striche, und in Preußen ist wegen der schlechten Vertheilung des natürlichen Holzbodens, und daher der Wälder, in vielen ausgedehnten Waldungen kein Absatz, aber im Allgemeinen haben Baden, Würtemberg und beinahe alle süddeutsche Länder mehr Wald, als selbst Preußen. In keiner Provinz wird der Holzgrund mehr als $\frac{1}{5}$, höchstens $\frac{1}{4}$ der gesammten Bodenfläche betragen, da doch bekanntlich in jenen Ländern oft bis zu einem Drittheile derselben Wald ist. Der Holzüberfluß ist nur an einigen Stellen, wegen unvollkommener Kommunikationsmittel, dünner Bevölkerung, und Mangel an Gewerben, vorhanden.

Wäre er aber auch in allen Theilen dieser Provinzen gleich groß wie in der Johannisburger Wildniß oder der Schlochauer Heide, so lehrt die Erfahrung, daß gerade in den waldreichsten Gegenden, vorzüglich im Norden, die Wälder die größte Sorge der Regierung am mehrsten fordern. Hier ist man nicht nur am ersten zur Verwüstung geneigt, da man gar keinen Werth auf den Wald und das Holz zu legen gewöhnt ist, sondern die Verwüstung wird auch in der That am gefährlichsten, weil ihre Folgen in der Gegenwart nicht bemerkt werden, desto mehr aber die Zukunft treffen. Der Wald ist es allein, der den Boden schützt, verbessert und den künftigen Geschlechtern erhält, sey es, daß sie das Holz benutzen oder den vermehrten Humus im Ackerlande. Durch seine Verwüstung werden die Nahrungsquellen der künftig steigenden Bevölkerung schon im voraus abgegraben, das Land wird den Gewerben unzugänglich, für den Pflug unbenutzbar. Man sehe nur Westpreußen *) disseits der Weichsel, und man wird zugestehen, daß wenn diese Sandschellen mit Bäumen, wie sie früher da standen, bedeckt wären, wenn die Provinz ihren Holzhandel erhalten hätte, wenn der Humusgehalt sich noch seit einer langen Reihe von Jahren in geschlossenen Beständen vermehrt hätte, statt sich durch Bloßliegen zu zerstören, die Beschreibung des Herrn von Pannewitz uns ein ganz anderes Bild darstelleu mußte, als das jetzt gegebene. Gerade aus den Ländern, wo ein großer Holzüberfluß ist, ertönen die Klagen über Waldverwüstung am mehrsten. Rußland, Schweden, Norwegen leiden weit mehr darunter, als England und Frankreich, wo man den Werth des Holzes, die Nothwendigkeit des Anbaues und der Erhaltung des Waldes im Volke erkannt hat, wo schon Erzeugung und Verzehrung in einem gewissen Gleichgewichte stehet, was nicht ungestraft gestört wird. — So wie man öfter genöthigt ist, reichen Verschwendern die Disposition über ihr Vermögen zu entziehen, so wird man zu einer strengen Bevormundung der Waldbesitzer in waldreichen Ländern häufiger genöthigt seyn, als in waldarmen. In den genannten nordischen Ländern scheint sie, nach allen Beschreibungen des dortigen Zustandes durch Reisende und dortige Forstmänner weit nöthiger zu seyn, als in Deutschland, wenn man nicht Gefahr laufen will, das Volk in große Verlegenheit gerathen zu lassen. — Daß sich ihr manche Hindernisse aus politischen und finanziellen Rücksichten dann entgegen setzen mögen, lassen wir dabei außer Acht, da deren Erörterung für jene fremden Länder nicht hierher gehört.

Ist also auch nicht der Holzüberfluß dieser Provinzen,

---

*) Siehe Pannewitz Forststatistik dieser Provinz.

die theilweis schon empfindlichen Holzmangel, vorzüglich an starken Hölzern, hatten und noch haben, welcher eine größere Freiheit der Privatforstwirthschaft für sie in Anspruch nehmen läßt, als vielleicht die westlichen Provinzen in Anspruch nehmen können, so sind doch hier manche andere Rücksichten in dieser Beziehung zu beachten. Sie lassen den Wunsch nicht aufkommen, künftig von Seiten des Staats einzuwirken, der sich wohl aufdrängt, wenn man hin und wieder ausgedehnte Striche verwüsteter Privatforsten trifft.

§. 44.

Dahin gehören zuerst die alten und neuen Rechtsverhältnisse, die Ansichten und Gewohnheiten des Volks, welche keine Regierung unbeachtet lassen kann und wird.

Die Ritter- und Freigutsbesitzer dieser Provinzen sind in der Wirklichkeit niemals einer strengen Beaufsichtigung ihrer Forstwirthschaft unterworfen gewesen, denn selbst die Beschränkungen, welche man versucht hat, sind selten in dem Umfange, wie sie statt finden sollten, eingetreten. In den ehemals polnischen Landestheilen kannte der Adel das Wort wie die Sache der Waldregie gar nicht, in Preußen, Brandenburg und Pommern hat er stets gegen ihre Einführung protestirt, in Schlesien wurde ihm bei der Besitznahme der Provinz die Erhaltung seiner Gerechtsame feierlich zugesichert. Nie hat sich die Einmischung der Regierung weiter erstreckt, als auf das Verbot von beträchtlichen Ausrodungen ohne Genehmigung der Regierung, welche aber nie versagt wurde, oder umfassende Devastationen, deren Begriff so schwankend war, daß in der Wirklichkeit es sehr schwer wurde, sie zu rügen, und noch schwerer, sie zu verhindern. Dazu kömmt dann, daß seit 25 Jahren die gänzliche Aufhebung aller Bevormundung der Privatforsten gesetzlich bestanden hat und noch bestehet. Diese in irgend einer Art einführen zu wollen, ohne dies durch eine überwiegende Nothwendigkeit rechtfertigen zu können, würde um so mehr Widerspruch und Unzufriedenheit erregen, als nicht geläugnet werden kann, daß die Wirthschaft der Privaten in diesen Gegenden auch vielfach im Fortschreiten, sogar nicht selten der Staatsforstwirthschaft voraus ist, und daß nur die dem Grundeigenthümer so nachtheiligen Zeitverhältnisse es vorzüglich verhindern, die Krisis als überstanden anzusehen, welche in diesen letzten 25 Jahren für die Erhaltung der Privatforsten unläugbar eintrat, ohne gerade bloß durch die Gesetzgebung herbeigeführt zu seyn.

Auch darf man nicht vergessen, daß durch Ablösung der Waldservituten und Veräußerungen beträchtliche Forstflächen mit dem vollen Rechte der freien Benutzung an Private überlassen sind, welche wohl nicht ohne Grund gegen eine jetzt zu verfügende Beschränkung protestiren könnten.

Die Eigenthumsverhältnisse der Waldungen in diesen Gegenden sind dazu häufig von einer Art, daß sie einer Einmischung der Regierung nicht das Wort sprechen. Mit Ausnahme eines Theils des Großherzogthums Posen und Schlesiens, wo die Domainenforsten entweder mangeln oder wenig benutzbare Holzbestände haben *), sind überall die Domänenforsten in einer solchen Ausdehnung und Vertheilung vorhanden, daß man daraus die Bedürfnisse an starkem Holze, das einzige was in Zukunft fehlen könnte, stets zu decken vermag, wenn man sie mit Rücksicht auf Nachhaltigkeit darin bewirthschaftet. Geschähe dies aber nicht, so wäre man auch wohl nicht befugt, es von den Privaten zu fordern.

Die große Masse des übrigen Waldlandes gehört den großen adlichen Gütern, und wir glauben dargethan zu haben, daß es ein überall anerkannter Grundsatz ist, diesen die freie Benutzung ihrer Forsten zu überlassen.

Die den Bauern oder Bürgern kleiner Städte gehörenden

*) Dies gilt vorzüglich von den Domainenforsten im Großherzogthum Posen, welche früher den Starrosten ꝛc. zum Nießbrauche überlassen waren und von diesen verwüstet wurden, und den ehemals polnischen Domainen überhaupt.

Holzgründe sind nur in denjenigen Gegenden, welche ganz armen sandigen Boden haben, z. B. in den Regierungsbezirken Danzig, Marienwerder und deren Höhengegenden, von Bedeutung. Sie würden in jeder Hinsicht allerdings eine Beaufsichtigung, wie sie auch früher dem Gutsherrn zustand, rechtfertigen, worüber unten das Nähere.

Die eigentlichen Communalforsten gehören beinahe ohne Ausnahme den Städten, die vermöge der ihnen verliehenen Städteordnung zur selbstständigen Verwaltung ihres Vermögens berechtigt sind. Man kann dieselben daher nur innerhalb der Schranken, welche die Städteordnung erlaubt, beaufsichtigen wollen, denn es ist nicht wahrscheinlich, daß man, ohne alle wesentliche Veranlassung, das Grundprinzip einer der wichtigsten Institutionen des Staats, die so tief in alle Verhältnisse der Regierung zu dem Volke eingreift, zu ändern sich entschließen würde.

Beachten wir ferner, daß diese östlichen Provinzen noch nicht die Bevölkerung haben, welche sie ernähren können, daß der Landbau nicht nur noch einer intensiven, sondern auch einer extensiven Ausdehnung fähig sind, daß die Brennholzsurrogate, Torf, Steinkohlen, Braunkohlen, in ungeheurer Menge vorhanden, größtentheils noch unbenutzt bleiben, und man wird es gern zugeben müssen, daß unter diesen Verhältnissen ein Festhalten der Waldfläche, wie sie vorhanden ist, etwas sehr tadelnswerthes wäre. Auch kann man nicht unbemerkt lassen, daß diese noch nicht den dritten Theil der Holzerzeugung gewährt, die sie mit der größten Sicherheit liefern könnte, und daß zuletzt Verminderung der Waldfläche und dadurch erzwungene Vermehrung der Production der bleibenden, das einzige Mittel ist, diese herbeizuführen. Es ist ganz einfach, daß der Forstbesitzer keine Anstrengung machen wird, um dem Waldboden die volle Produktion abzugewinnen, wenn er sähe, daß diese werthlos werden würde, wenn er die Massen, die dann erfolgen müßten, auf den Markt brächte. Wenn man alle Bedürfnisse ohne Anstrengung befriedigen kann, ist nicht zu erwarten, daß diese gemacht werden.

Ob Würtemberg, was auch noch nicht die halbe Holzmasse von seiner Waldfläche gewinnt, die es mit Sicherheit erhalten könnte, wenn alle Wälder gut bestanden und bewirthschaftet wären, vortheilhaft handelt, durch Festhalten der gesammten Waldfläche, das Gefühl der Nothwendigkeit den Waldertrag zu erhöhen, zu verhindern, vermögen wir nicht zu entscheiden. Gewiß ist aber, daß Preußen in seinen östlichen Provinzen nicht wagen kann, gerade derjenigen Volksklasse die freie Disposition über die Benutzung und Verwendung des ihr zugehörenden Bodens zu versagen, von der nicht blos eine höhere Bodenkultur zuerst ausgehen wird und kann, sondern die sich auch blos zu erhalten und die ungünstigen Verhältnisse zu überstehen vermag, wenn sie dem Boden alles abgewinnt, was er zu liefern vermag, und jede Hülfsklasse der Industrie benutzt.

Wir haben Waldgegenden, deren Bevölkerung größtentheils von Gewerben lebt, die nur in einem großen Holzreichthum ihre Begründung haben. Hier verdient die Erhaltung des Waldes die besondere Aufmerksamkeit der Regierung, denn wo das Wohl und Wehe von Tausenden auf dem Spiele stehet, kann man nicht gleichgültig die Sache gehen lassen, wie sie will. Aber diese Verhältnisse finden hier nur in einem kleinen Theile von Oberschlesien statt, wo schon Friedrich der Große deshalb eine strengere Beaufsichtigung der Forsten, welche den Betrieb der Hütten und Erzgruben führen, anordnete. Wir müssen jedoch dabei erinnern, daß das ganze Einkommen, welches die Eigenthümer dieser Hütten von ihrem Besitzthume beziehen, der Werth desselben allein von der Erhaltung und Nachzucht des Holzes abhängt, und daß diese deshalb in bei weitem den mehresten Fällen hier durch das Interesse des Eigenthümers gesichert sind. Auf einzelne Ausnahmen kann man aber kein Gesetz begründen.

Lassen wir auch zuletzt noch die Eigenthümlichkeiten der in diesen Gegenden herrschenden Holzgattungen und des Bodens nicht außer Acht.

Die Holzgattungen sind vorzüglich Kiefer, Birke und Erle. Die Eichen kommen nur in den Flußthälern so vor, daß sie mit Erfolg nachgezogen werden könnten, oder in wenigen Gegenden von besserm Boden. Die Buche ist ebenfalls nur horstweise, vorzüglich in Pommern und den an dasselbe grenzenden Theilen der Mark Brandenburg vorhanden. Bis auf das wenige Schiffsbauholz für den inländischen Bedarf, was in den Staatsforsten erzogen werden kann und muß, wenn einmal die Erziehung desselben im Inlande gefordert wird, kommen wir mit der Kiefer, Erle und Birke, mit der Buche in den Staatsforsten sehr gut aus, um alle unsere Bedürfnisse zu befriedigen. Diese Holzgattungen sind aber solche, die sich beinahe gar nicht vernichten lassen. Die Kiefer und Birke fliegen von selbst auf jeder Blöße an, und die Erle erhält sich durch ihren Stockausschlag. Man kann sagen, daß alle Mißhandlungen durch Mangel an Schonung gegen das Weidevieh, Schafe, Rindvieh und Pferde, durch willkührliches Holzen nie im Stande gewesen sind, die daraus bestehenden Waldungen zu vernichten. Dazu kömmt nun noch die eigenthümliche Beschaffenheit des Bodens in diesen norddeutschen Ebenen. Es ist wahr, es verliert dieser Sandboden schnell durch Bloßliegen einen großen Theil seiner Produktionsfähigkeit, indem sich der Humusgehalt desselben dann rascher zerstört, als im Lehm- und Gebirgsboden, aber es wird ihm deshalb nicht das Vermögen, Holz hervor zu bringen, geraubt, nicht der Anbau darauf durch Bloßliegen so sehr erschwert, als dies geschiehet, wenn die flachgründigen Südhänge in den Gebirgsgegenden nicht bloß ihren Humus, sondern auch den ganzen Boden verlieren. Wenn selbst der Sand schon flüchtig geworden ist, so läßt er sich wieder anbauen, und bedeckt mit Holz stellt sich nach und nach der verloren gegangene

Humusgehalt wieder her. Eben so können die entblößten Niederungen stets wieder mit Erlen oder Birken angebauet werden. Es ist aber ein großer Unterschied, ob man sich einer Waldverwüstung aussetzt, welche zu jeder Zeit wieder gut gemacht werden kann, oder ob man Holzbestände preis giebt, welche einmal verwüstet, niemals wieder herzustellen sind, und wodurch gleichsam der Boden mit verloren gehet. —

Wir sagen nicht, daß bei der Freigebung der Privatforstwirthschaft in diesen Gegenden dem Boden überall die volle, mögliche Holzproduktion wird abgewonnen werden. Aber wir glauben behaupten zu können, daß die, welche man durch eine strenge Bevormundung etwa erzeugen könnte, viel zu theuer erkauft werden müßte.

§. 45.

Alle diese eigenthümlichen Verhältnisse der östlichen Provinzen machen eine strenge Beaufsichtigung und Controle der Privatforsten unrathsam und es wenig gefährlich, diese sich selbst zu überlassen. Ein eigentlicher Holzmangel irgend einer Art, sobald man die Staatsforsten erhält, nachhaltig und zweckmäßig bewirthschaftet, ist deshalb nicht zu fürchten, nicht einmal eine Gefährdung der Gewerbe durch zu hohe Holzpreise.

Eine Erhöhung der Holzproduktion ließe sich unläugbar durch eine strenge Waldregie in ihnen erzwingen, aber wahrscheinlich nur auf Kosten der allgemeinen Bodenkultur und Bodennutzung, da es ganz unausführbar seyn würde, jedem Waldeigenthümer diejenige Art der Wirthschaftsführung vorschreiben zu können, welche die einträglichste ist. In Süddeutschland nimmt man, ob mit Recht oder Unrecht mag dahin gestellt seyn, ziemlich für alles Laubholz einen normalen, gleichmäßigen Zustand an, in dem es am vortheilhaftesten bewirthschaftet wird, und den man deshalb herzustellen suchen muß — Hochwald in einem ziemlich hohen Umtriebe. Wer könnte nur auf die Idee kommen, für alle Kieferforsten ein 120jähriges Alter alles Holzes als das beste bestimmen zu wollen, da man selbst in den Staatsforsten anerkennt, daß der Boden, der Absatz, die Holzhaltigkeit und eine Menge anderer Dinge ein anderes Haubarkeitsalter aller rechtfertigen. Die zweckmäßigste oder vortheilhafteste Wirthschaft in einem Gutsforste muß jedesmal nach allen Gutsverhältnissen ermittelt werden, und kann in sehr verschiedener Art zu ordnen seyn. Wie wollte der Staat dies ausführen! — Oder wollte man vielleicht auf die Gefahr hin eine unzweckmäßige anzuordnen, eine allgemeine Waldwirthschaftsordnung erlassen? Wollte man dem Urtheile der landesherrlichen Forstbeamten anheim stellen, welches die vortheilhafteste Wirthschaft für einen Freigutsbesitzer sey? —

Dabei kann man nicht vergessen, daß bei der gegenwärtigen Einrichtung in Preußen gar die Möglichkeit nicht vorhanden ist, eine wirksame Beaufsichtigung der Privatforsten jeder Art durchzuführen, wenn man nicht wenigstens ein doppeltes Verwaltungspersonale anstellen wollte. Die Zahl der Staatsforstbeamten ist so auf das Minimum beschränkt, daß im Allgemeinen keine Geschäftsvermehrung derselben zulässig ist. Dann sind sie aber auch so ungleich im Lande vertheilt, daß sie in vielen Gegenden ganz fehlen. Die Staatsforsten liegen gewöhnlich in größerer Ausdehnung in den waldreichen Strichen zusammen, wogegen andere Landstriche sie wieder ganz entbehren. So ganz Niederschlesien, die Uckermark, mehrere Theile von Pommern, Posen u. s. w. Man müßte deshalb geradezu ein neues Controlpersonale für die Privatforsten anstellen, wenn man deren Beaufsichtigung beabsichtigte, dessen Besoldung den Privatforst-Eigenthümern zur Last fallen würde, hält man den Grundsatz fest: daß eine Beschränkung der Freiheit des Privateigenthums immer nur als nothwendiges Uebel anzusehen ist, daß sie sich nur dadurch rechtfertigen läßt, daß dadurch einer wesentlichen Gefahr für die Gesellschaft vorgebeugt wird, nicht aber durch die Idee, dadurch den Eigenthümern selbst ein größeres Einkommen zu verschaffen, so wird es sich gewiß rechtfertigen, wenn man die Behauptung aufstellt:

daß für die östlichen Provinzen Preußens keine eigentliche Bevormundung der Privatforstwirthschaft statthaft ist.

§. 46.

Dieser Satz schließt aber durchaus noch nicht den in sich, daß die Regierung durchaus nicht befugt sey, Kenntniß von der Führung der Privatforstwirthschaft zu nehmen und in einzelnen Fällen Handlungen darin zu untersagen, oder sogar zu gebieten.

Im Gegentheile wir glauben, daß die Verpflichtung, so wie das Recht dazu, unbedingt vorhanden ist.

Zuerst in Bezug auf die Communalforsten jeder Art. Die Befugniß der Regierung, die Oberaufsicht über das Vermögen der Communen, als moralischer Personen, zu führen und über die Erhaltung desselben zu wachen, ist überall, auch in der älteren wie revidirten Städteordnung vorbehalten. Da nun aber die Holzbestände weit mehr über den Werth eines Waldes entscheiden, als der Grund und Boden selbst, da durch ihre Verwüstung das Vermögen der Commune für länger als ein Jahr zerrüttet, sie außer Stand gesetzt werden kann, ihre Verpflichtungen zu erfüllen, so scheint es uns außer allem Zweifel zu seyn, daß nach dem Geiste und Sinne der Städteordnung die Regierung das Recht hat, die Nachweisung einer pfleglichen und nachhaltigen Bewirthschaftung der Communalforsten zu fordern, um so mehr, als die Erfahrung unwidersprechlich lehrt, daß diese nicht überall gleichmäßig erfolgt.

Wir stellen dazu folgende Vorschläge für die eigentlichen Städteforsten auf:

Die Stadtgemeinden sind wie bisher berechtigt, ihre Waldungen durch eine aus ihrer Mitte gewählte Verwaltungsbehörde, nach ihren Ansichten benutzen und bewirthschaften zu lassen. Sie sind jedoch gehalten, ihre Forsten vermessen, und zur Bewirthschaftung derselben einen Betriebsplan entwerfen zu lassen, welchen sie der Regierung zur Bestätigung vorzulegen haben. Diese kann denselben nicht nur revidiren lassen, sondern auch die nöthigen Anordnungen treffen, um die Ueberzeugung zu erhalten, daß dieser Betriebsplan wirklich von der Stadtgemeinde befolgt wird, da nur mit Genehmigung der Regierung von ihm abgewichen werden darf.

Für die den Dörfern gehörenden Holzgründe, gleichviel ob den Communen oder einzelnen Mitgliedern der Dorfgemeinden gehörend, verlangen wir weniger Beschränkung, als Schutz des Eigenthums. Diese Art von Forsten werden niemals große und starke Holzvorräthe erhalten, denn dazu sind im Allgemeinen ihre Eigenthümer zu dürftig. Aber man findet unter diesen ein großes Streben, Holz auf ihnen zu ziehen, sie anzubauen, weil es das einzige Mittel ist, dem Grunde einen Ertrag abzugewinnen, Streu zu erhalten, das eigene Holzbedürfniß zu befriedigen, oder im Fall der Noth eine außergewöhnliche Einnahme auffinden zu können. Nicht die Eigenthümer sind es daher sehr oft, welche diese Holzgründe verwüsten, sondern die Holzdiebe, die Schafheerden der Gutsbesitzer und Domainenpächter, welche diesen ehemaligen Aeckern, die doch für den Ackerbau unbenutzbar sind, und deshalb liegen blieben und mit Holz anflogen, kein Schonungsrecht zugestehen wollen.

Man suche sie entweder, wo sie beträchtlich genug sind, zu consolidiren, oder wenn sich diesem allerdings wohl schwer zu besiegende Hindernisse entgegensetzen, die in dem Widerstreben vieler Eigenthümer liegen, so stelle man sie wenigstens unter den Schutz der landes- oder gutsherrlichen Forstbeamten. Gegenwärtig sind sie beinahe preisgegeben und tragen häufig weder ihren Eigenthümern noch der Nation dasjenige ein, was sie ohne alle Beschränkung denselben gewiß eintragen würden, wenn sie nur die Rechte der größern Forsten genössen.

Einzelne Ausnahmen, z. B. in Westpreußen, mögen seyn, wo weder landesherrliche noch Gutsförster in der Nähe, und die Sandflächen zu groß und zu uneinträchtlich sind, einen besondern Gemeindeförster zu erhalten. Diese mögen Ausnahmen bleiben.

Was die zahlreiche Klasse der gutsherrlichen oder Rittergutsforsten betrifft, so würde ein Verbot der Devastation vielleicht ebenso zu rechtfertigen, als wohlthätig seyn. Die wenigsten dieser Forsten dürften frei von Schulden, Berechtigungen oder fideicommissarischen Ansprüchen seyn. Eine Devastation trifft daher stets die Gläubiger, die Berechtigten und vorzüglich diese, immer verletzend. Sie sind aber theilweis oft ganz außer Stande, immer Verwüstung zu rechter Zeit zu erkennen und durch Prozesse zu verhindern, theils scheint es in der That hart, eine arme Gemeinde, welcher das Raff- und Leseholzrecht zustehet, einen oft Jahre lang dauernden kostbaren Prozeß zuzumuthen, um das ihr rechtlich zustehende Holz zur Befriedigung ihrer Bedürfnisse zu sichern.

Es scheint eine Forderung zu seyn, welche wenig Widerspruch finden dürfte:

daß kein Gutsbesitzer, welcher sein Gut mit der vollen Hälfte des Werths verschuldet besitzt, keiner, auf dessen Forste Holzberechtigungen lasten, oder welcher das Gut nicht als freies Allodium besitzt, die Holzbestände bis zu einem Maaße wegnehmen darf, so daß nicht mehr die Gutsbedürfnisse, oder diejenigen der Berechtigten befriedigt werden können. Eine allgemeine Beaufsichtigung durch die Kreistage, den Landrath und die Regierung in dieser Beziehung, scheint die Eigenthumsrechte wohl in keiner Art zu gefährden, und kann wohl keine Bevormundung genannt werden.

Eine fernere Beschränkung würde dann vielleicht noch wünschenswerth seyn:

a) hinsichts der Entblößung ohne Wiederanbau derjenigen Sandberge, welche flüchtig werden können. —

b) Der Flußufer und des Vorlandes, wo man das Holz entweder zum Schutze gegen Wellenschlag, oder zu Faschinen bedarf, worüber der Wasserbaubehörde das Urtheil zustehen müßte.

zur Ackercultur benutzbare Boden sorgfältig ausgewählt und dazu verwandt werde.

Ebenso würde es durchaus unpassend für diese Provinzen seyn, wenn man den Waldbesitzern, gleichviel ob Commune forsten ohne weitere Beschränkung des Eigenthümers, als diejenige nur in den Wintermonaten holzen zu dürfen, das Verbot der Verwüstung der Gutsforsten, sobald dadurch augenscheinlich die Rechte eines Dritten gefährdet werden, und Einschreitung der Kreis- und Polizeibehörden — allenfalls auch nur vorläufige, auf die Beschwerde der Verletzten.

§. 47.

Ganz andere Verhältnisse als die angeführten finden in den westlichen Provinzen, worunter wir hier vorzüglich Rheinland und Westphalen verstehen, statt. Auch die Provinz Sachsen bietet theilweis schon abweichende Ansichten dar, und es ist wenigstens zu wünschen, daß die jetzt daselbst bestehenden Vorschriften über die Communalforsten nicht geändert werden. Auch würde vielleicht der ganze Regierungsbezirk Erfurt gleich mit den Rheinischen Provinzen zu behandeln seyn.

Alle diese Gegenden sind von jeher an eine mehr oder weniger strenge Forstregie gewöhnt gewesen, und die Nothwendigkeit derselben ist hier selbst im Volke im Allgemeinen so anerkannt, daß es gewiß nur gemißbilligt werden würde, wenn die Regierung sich gar nicht um die Privatforsten kümmern, und auch sogar die Communalforsten ganz sich selbst überlassen wollte. Den Beweis davon liefern die in Westphalen, nach der Theilung der Markwaldungen verwüsteten Holzgründe, hinsichts deren man es sehr zu beklagen veranlaßt ist, daß für ihre Erhaltung nicht Sorge getragen wurde.

Es sind in diesen Gegenden auch die Eigenthumsverhältnisse der Waldungen ganz anders als in den östlichen Provinzen. Die Staatsforsten sind nur sehr unbedeutend, selbst die größeren Gutsforsten nehmen nur die kleinste Waldfläche ein, und die Communalforsten und kleinen Privatgehölze bilden bei weitem die beträchtlichsten Waldungen, aus denen die Befriedigung des Bedürfnisses erwartet werden muß. Die Regierung darf sie deshalb nicht so unbeachtet lassen, als dies recht gut in den östlichen Provinzen geschehen kann.

Wenn in diesen eine Verkleinerung der Waldfläche wünschenswerth ist, weil aus derselben noch viel kulturfähiger Boden herausgesucht werden muß, wenn sich Bevölkerung und Gewerbesthätigkeit hier erst noch entwickeln müssen, und Menschen noch an vielen Stellen das Nothwendigste zur Förderung der Kultur sind, so ist dies alles ganz anders am Rheine, in Kleve, Berg, und einem Theile von Westphalen. Hier nehmen die schon vorhandenen Gewerbe und Bevölkerung die Produktion der Waldfläche bereits voll in Anspruch, in vielen Gegenden ist die Ansiedelung neuer Anbauer auf einem kleinen Flecke ausgerodeten Waldlandes oft kaum wünschenswerth, da die erste Störung der ausgedehnten Gewerbsthätigkeit schon jetzt die zahlreiche Bevölkerung in die größte Noth versetzen könnte. Was von dem Waldboden mit Vortheil für den Ackerbau benutzt werden konnte, ist größtentheils schon ausgesucht.

Von ganz andern Wirkungen ist auch hier eine Waldverwüstung als in den östlichen Provinzen. Wenn in diesen der sandige Boden eine Reihe von Jahren als Blöße gelegen hat, so bricht ihn der erste ordentliche Besitzer, der ihn erhält, wieder mit dem Pfluge um und besäet ihn mit Kienäpfeln oder bepflanzt ihn mit Birken, so daß die Folgen der früheren schlechten Behandlung nach und nach wieder gehoben werden. Der dadurch entstandene Verlust bestehet in der verloren gehenden Holzerzeugung, so lange er bloßlag, und einer allerdings lange Zeit fortwirkenden Verschlechterung des Bodens, die aber doch immer nur eine Verminderung, nicht eine Vernichtung der Produktionsfähigkeit bewirkt. Ganz anders ist es an den dürren flachgründigen steilen Hängen, auf den sterilen Kalkbergen, woraus zum großen Theile das Holzland der Privaten in den westlichen Provinzen bestehet. Ist hier einmal der ganze Holzbestand weggenommen, so wäscht der Regen die Erde ab, der Humus zerstört sich, die nakten Steine treten hervor, und es erfordert einen Aufwand, eine

Mühe und Kunst, die die Besitzer häufig nicht daran wenden können und wollen um wieder einen Holzbestand daselbst hervorzubringen.

Gleich verschieden wie der Boden der östlichen und westlichen Gegenden sind auch die Holzgattungen, welche ihn bedecken, hinsichts ihrer Fähigkeit, einer unpfleglichen Behandlung zu wiederstehen. Die Kiefern, Birken und Erlen der Mark Brandenburg wachsen häufig unter dem Maule des Viehes auf, wenn dies nur irgend noch andere Nahrung findet, wir sehen zuweilen, allerdings aber nicht immer, in den Bauerheiden Kieferdickungen, wo nie eine Schonung existirte, sondern Schafe und Rindvieh täglich weiden.

Hauet der Bauer seinen Holzbestand herunter und er läßt nur einige verkrüppelte Sträucher stehen, so überstreuen diese bald wieder die Fläche mit Samen und überall bildet sich wieder ein neuer Holzbestand. Ja selbst, wenn auch nur ein entfernter Nachbar einige 20= bis 25jährige Sträucher erhält, oder eine Samen=tragende Holzwand in beträchtlicher Entfernung vorhanden ist, so strebt der Boden fortwährend, sich mit Holze zu bedecken. So findet man denn auch bei der tollsten Wirthschaft zuletzt wenig reine Blößen in den Privatforsten dieser Gegenden, und dem ärmsten Bauer bleiben stets die Mittel erhalten, seine Gründe wieder mit Holze sich bestecken zu sehen, so wie nur den Uebelständen, welche dies verhindern, Einhalt gethan wird.

Ganz anders ist es da, wo die Buche, Eiche und andere empfindliche Holzgattungen den Bestand bilden. Nur bei der sorgfältigsten Schonung gegen jede Art von Weidevieh sind sie zu erziehen, nur wenn man Schutz und Schatten hat, nur wenn man den Wald kunstgerecht behandelt, kann man den Hochwald nachziehen, nur wenn man die alten Mutterstöcke sorgfältig erhält, dem Niederwalde die volle Bestockung sichern. In den Marken ist die reine Bauerwirthschaft oft gerade diejenige, welche den höchsten Ertrag giebt.

Dabei wird das Holz, wenn es 20 Jahre alt ist, heruntergehauen, die Stöcke werden gerodet, der Fleck wird das eine Jahr mit Buchweizen, das andere mit Korn besäet und dann werden Kienäpfel darauf gestreuet und der ausgefallene Same eingeegget. Alles dies kann der beschränkteste Bauer recht gut ausführen, aber eine eigentliche Bauernwirthschaft im Buchenhochwalde ist ein Unding. Höchstens läßt sie sich im Nieder- und Hackwalde denken, wohl kaum in einem gut behandelten Mittelwalde. Was sollen wir aber mit dem Reisholze auf gedehnten Flächen beginnen? — Wie soll man es möglich machen, lauter einzeln unter einander herum liegende Bauerstücke zu schonen? —

Viele Gegenden der westlichen Provinzen sind zuletzt lediglich hinsichts der Ernährung ihrer Bevölkerung auf Gewerbe hingewiesen, welche sich nicht mehr erhalten können, wenn die Privatwälder unpfleglich behandelt werden. — Auch hierin liegt für die Regierung eine unabweisbare Aufforderung, diesen ihre Aufmerksamkeit zu widmen. Es ist dabei nicht wie in Schlesien der Fall, wo der Eigenthümer des Werks auch derjenige des Waldes ist, woraus dasselbe den Holzbedarf erhält.

So wird es sich denn auch rechtfertigen, wenn man die Behauptung aufstellt, daß die Beaufsichtigung der Privatforsten in den westlichen Provinzen strenger seyn muß, als in den östlichen.

§. 48.

Hinsichts der Communalforsten dürfte, wenigstens so weit es die allgemeinen Grundsätze betrifft, die bestehende Communalforstordnung vom Jahre 1816 vollkommen genügen und keine Veranlassung zu ihrer Abänderung vorhanden seyn.

Dagegen wird es zuerst wünschenswerth seyn, dem unläugbaren Mißgriffe der Theilung früherer gemeinschaftlichen Wälder, der Markwaldungen u. s. w. die Aufmerksamkeit zu schenken.

Es scheint in den letzten 25 Jahren in der Preußischen Verwaltung Zeitpunkte gegeben zu haben, die allerdings aber vorüber sind, wo man den Grundsatz befolgte, den Fiscus lediglich als Partei gegen die Privaten zu betrachten, und sich nicht darum zu kümmern, wie es diesen gehe, sobald nur die Staatsforstkassen gewannen, und keine Rechtsverletzung stattfand, denn diese letztere Bedingung ist allerdings nie aus den Augen verloren, selbst wenn es möglich gewesen wäre, wie dies bei der Preuß. Einrichtung nicht der Fall ist, da der Fiscus vor jedem Gerichte Recht nehmen muß. Es war nichts als das „Gehenlassen des Volkshaushalts in der höchsten Ausdehnung." Nach dieser Ansicht lösete man die Servituten in Preußen ab, was wohl zuerst als vortheilhaft für den Fiscus erscheinen mochte, wovon man jedoch wenigstens das Nachtheilige für die Berechtigten leicht hätte voraussehen können. Es wurde leider zuletzt für beide Theile verderblich. Ebenso mag es auch für die Verwaltung ganz bequem seyn, sich der Administration von Forsten zu entziehen, die ihr gar nichts eintragen, eher Kosten machen, und sie denjenigen, die die Nutzungen daraus beziehen, zu überlassen, aber wohlthätig kann dies nie werden, wenn die Eigenthümer offenbar nicht in der Lage sind, eine geregelte Wirthschaft zu führen. Eben so ist eine Theilung, da wo der Fiscus mit berechtigt ist, für diesen gewiß etwas wünschenswerthes, wenn man sie aus dem rein finanziellen und administrativen Gesichtspunkte betrachtet, aber nichts Wohlthätiges für die verschiedenen Theilnehmer.

Offenbar findet hierbei eine an und für sich ganz richtige Theorie, diejenige von den Vortheilen eines freien getheilten Eigenthums und den Nachtheilen eines gemeinschaftlichen Besitzes, eine ganz falsche Anwendung, da sich diese Theorie aus dem Eigenthümlichen der Waldwirthschaft sehr berichtigen muß.

Wenn man eine Markwaldung so theilen könnte, daß man nicht nur jeder Gemeinde, sondern sogar jedem Mitgliede derselben, welches eine Nutzung daraus beziehet, sein Stück Holzgrund, was ihm gegen Aufgabe dieser Nutzung als Entschädigung gegeben wird, frei mit Gartenrecht im Verbande mit seinen übrigen Grundstücken zur freien Benutzung geben könnte, so wäre gewiß nichts gegen eine solche Theilung zu sagen. Man könnte dann erwarten, daß sich, wenn das Holz es bezahlt, wenn auch selbst durch Uebergänge einer sehr schlechten Wirthschaft, zuletzt ebenso gut auf dem bleibenden Holzgrunde eine Waldgärtnerei herstellen würde, als dies in andern Ländern geschehen ist. Wenn man aber zusammenhängende Waldstriche so theilt, daß die einzelnen kleinen Antheile überall unter einander herumliegen, so macht man es unmöglich, Holz zu erziehen und zu erhalten. Es wird da, wo noch Weiderechte stattfinden, jede Schonung unmöglich, überall werden die Ränder der kleinen Stücke verdämmt und unterdrückt, eine Menge Wege müssen sich überall durchkreuzen, wenn zwei Nachbaren ihr Stück Holz herunterhauen, so muß der, welcher zwischen ihnen liegt, nothwendig dies ebenfalls thun, denn sonst würde das stehen bleibende Holz bald mit demjenigen der Nachbarn verschwinden und eine Beute mancher Art von Holzdieben werden, sobald es isolirt, und deshalb gar nicht zu schützen ist. Einzelne kleine Holzstücke im Felde bieten schon manche Schwierigkeit der Wirthschaft dar, aber es läßt sich doch daselbst noch ein Mittel- und Niederwald erhalten. Große Wälder, in lauter kleine Besitzthümer zerrissen, die unabhängig von einander bewirthschaftet werden sollen, lassen sich aber durchaus nicht zweckmäßig behandeln. Eine Raubwirthschaft, wo jeder nur die Holzvorräthe so rasch als möglich in Sicherheit zu bringen sucht, ist bisher immer der Erfolg solcher Theilungen gewesen, und wird es immer seyn.

Irgend eine Art von Consolidirung, um wenigstens einen gemeinschaftlichen Schutz, eine gewisse Wirthschaftsordnung einführen zu können, wird für sie ganz unvermeidlich. Wenigstens müssen bei servitutfreien Waldungen Schutzbezirke gebildet werden. Auch ist die Vorschrift unerläßlich, daß die Eigenthümer nur in den Zeiten, wo überhaupt Holzschläge statt finden können, Holz einschlagen dürfen, um auch sie zu controliren und zu verhindern, daß sie nicht ihre Nachbarn und fremde Grundstücke berauben. Ebenso ist eine bestimmte Ordnung des Einschlags und der Abfuhr unvermeidlich. Sind aber die Waldungen noch mit fremder Weidegerechtigkeit, dem Raff- und Leseholze belastet, so muß dazu auch noch die Innehaltung einer gewissen Umtriebszeit verlangt werden, um die Berechtigten zu sichern, und die Erhaltung des Holzbestandes möglich zu machen. — Ausrodungen und Urbarmachungen, insofern dies nicht durch die Rechte eines Dritten gehindert wird, dürften aber den Eigenthümern frei zu stellen seyn, eben so die Führung jeder beliebigen Wirthschaft innerhalb der angedeuteten Schranken, da es gewiß ebenso widerrechtlich als unpolitisch ist, die Erhaltung einer bestimmten Waldfläche auf Kosten der Eigenthümer vorschreiben zu wollen.

Sobald ein Privatforst groß genug ist, um als ein für sich bestehendes Ganzes bewirthschaftet, durch einen besondern Forstschutzbeamten beschützt werden zu können, so mag seinem Besitzer in eben der Art, wie dies oben, hinsichts der östlichen Provinzen vorgeschlagen worden ist, eine beliebige Wirthschaft freigestellt bleiben.

Es scheint, man muß die Controle der reinen Privatforsten weniger aus dem Gesichtspunkte, um den höchsten Ertrag für das Nationaleinkommen zu erhalten betrachten, als aus demjenigen die Beeinträchtigung fremder Rechte zu verhüten. Jenes wird doch zuletzt dadurch erreicht, daß jeder Einzelne seinen Grund am höchsten und vortheilhaft für sich zu benutzen sucht, und eine Bevormundung durch die Regierung wird eben so wenig sehr vortheilhaft seyn, als sie das Volk erträgt, wenn sie ernstlich gemeint ist und mit Strenge durchgeführt wird. Ueberall aber dem Einzelnen zuzumuthen, daß er sich selbst durch Klagen und Prozesse schützen soll, werden am Ende kaum die Richter, höchstens nur die Advokaten wünschen.

§. 49.

Wenn manche Leser in dem Vorhergehenden einen Widerruf, der früher über die Freiheit der Privatforstwirthschaft ausgesprochenen Ansichten des Verfassers finden wollten, so würden sie sich irren. Derselbe hält die lebendige Ueberzeugung fest, daß jeder Staat, wo es irgend thunlich ist, danach streben muß, sich zuletzt von der lästigen und unvortheilhaften Staatsforstwirthschaft zu befreien, die Forsten zur freien unbeschränkten Benutzung in die Hände der Privaten zu bringen. Er hält die Holzerziehung der Privaten durch Waldgärtnerei für das Ideal, welches zu erreichen man suchen muß. Aber so wie auch dem Menschen ein Ideal überall vorschweben soll, ohne daß er deshalb die Wirklichkeit vergessen darf, wenn er nicht verhöhnt und verspottet, seine Wünsche und Hoffnungen in Träume und Rauch zerfließen sehen will, ebenso auch der Staatswirth.

Es wäre ein Wahnsinn, in Preußen alle Staatsforsten mit einem Male veräußern zu wollen, ein Verbrechen, auch nur diejenigen wegzugeben, welche nur kosten, nichts eintragen. Wer den Vorschlag jetzt dazu machte, gehörte mindestens in das Irrenhaus. Daß es für die Finanzen, wie die Benutzung und Kultur des Grundes ein ungeheuerer Gewinn wäre, wenn man sich mit eben dem Erfolge, wie in England, sich des gesammten Domainengrundes entschlagen könnte, ist aber gewiß.

Eben so ist in jeder Art die Bevormundung der Privaten ein unläugbares Uebel, das man zu beseitigen suchen muß. Aber das läßt sich nicht immer dadurch thun, daß man ohne Weiteres darauf verzichtet, denn das hat, wie die Erfahrung lehrt, oft noch weit verderblichere Folgen. Man kann diesen Zweck nur ohne Nachtheil erreichen, wenn man immer nur diejenige Freiheit gewährt, welche nicht zu verderblich werden kann, und diese immer fort vermehrt, so wie es sich ausführbar zeigt, bis man endlich im Stande ist, sich dieser lästigen Sorge ganz zu entschlagen.

Das und keine andere ist immer die Theorie gewesen, welche der Verfasser zu entwickeln gesucht hat. Hier ist sie zuerst in der Anwendung auf einen gegebenen Fall versucht. Wäre die Gefahr der Waldverwüstung noch größer, z. B. im hohen Norden, als sie in Preußen erscheint, so würde er noch weit stärkere Beschränkung der Privaten fordern, immer um endlich dahin zu gelangen, daß man nicht mehr nöthig hat, sich um sie zu bekümmern.

Darin liegt nicht die Kunst des Regierens und Verwaltens, irgend eine Theorie aufzustellen und sie ohne Weiteres auszuführen, sondern darin, die Theorien zu kennen und zu beurtheilen, was von ihnen benutzbar oder unbenutzbar für die vorhandenen Verhältnisse ist, um den Zweck zu erreichen, dessen Erreichung sie bezwecken.

Verwaltungs=Ordnung
für
die Forsten der Land=Gemeinden
im
Bezirke der Landdrostei Hannover.

Da die bisherige, größtentheils mangelhafte Bewirthschaftung der Gemeinde=Forsten des hiesigen Landdrostei=Bezirks, die Einführung einer Gemeinde=Forst=Ordnung für das platte Land, sowohl aus landespolizeilichen Rücksichten, zur Erhaltung der Forsten selbst, als zum Besten der betheiligten Gemeinden und der, aus diesem Gegenstande ihres Gemeinde=Guts zu ziehenden Nutzungen, erforderlich gemacht hat, so ist, mit hoher Genehmigung des Königlichen Cabinets=Ministerii und im Einverständniß mit der Königlichen Domainen=Cammer, beschlossen worden, darunter folgende Bestimmungen zu treffen, die vom 1sten Januar k. J. in Kraft treten sollen.

A. Verwaltung.

§. 1. Die Verwaltung der Land=Gemeinde=Forsten bleibt wie bisher der Ober=Aufsicht der Königlichen Landdrostei, unter Beirath und Mitwirkung der Königlichen Ober=Forstämter, unterzogen.

§. 2. Eine nähere Aufsicht über dieselben, mit Einwirkung auf deren Bewirthschaftung, wird aber hinfüro von Seiten der Königlichen Forst=Inspectionen, in deren Bezirk sie belegen sind, oder der von diesen zu substituirenden reitenden Förster, unter Concurrenz der Amts= oder Gerichts=Obrigkeiten, in dem weiter unten angegebenen Maaße ausgeübt werden.

§. 3. Die specielle Verwaltung der Gemeinde=Forsten bleibt der betreffenden Gemeinde selbst, und zwar zunächst dem Bauermeister, unter den weiter unten folgenden Modificationen überlassen, dem dazu, je nachdem der Umfang der Forst es erfordert, ein oder mehrere Mitglieder der Gemeinde als Beistände zur Seite zu stellen sind, von denen einer, insofern der Bauermeister selbst dazu nicht qualificirt seyn sollte, die Forst=Rechnungsführung zu übernehmen hat. In der Regel werden die Gemeinde=Vorsteher, die dem Bauermeister zur Wahrnehmung des Interesses der Gemeinde in allen, die Verwaltung des Gemeindeguts betreffenden Angelegenheiten beigeordnet sind, auch die Beistände des Bauer=

meisters in Forst-Verwaltungs-Sachen bilden. Wenn aber nur einzelne Classen der Einwohnerschaft in der Gemeinde-Forst interessirt sind, so sind selbige aus der Mitte der betheiligten Classen, und, wenn mehr als eine Gemeinde Antheil an der Forst hat, so sind die Beistände desjenigen, dem die Verwaltung solcher Gemeinde-Forst nach freier Wahl der Interessenten übertragen ist, aus den verschiedenen Antheil habenden Gemeinden zu wählen.

Die auf solche Weise gebildete Gemeinde-Forst-Verwaltung wacht über die Forst-Gerechtsame der Gemeinde, führt die Forst-Rechnung und controlirt das zur unmittelbaren Beaufsichtigung und Bewirthschaftung der Waldung angestellte Personal. Sie steht unter der unmittelbaren Leitung der, die Forst inspirirenden Behörde, und ist für die Ausführung der von dieser getroffenen Anordnung mit verantwortlich. In allen wichtigeren, insonderheit die Forstnutzung betreffenden Angelegenheiten ist von ihr jedoch zuvörderst die Gemeinde zu hören.

§. 4. Zur unmittelbaren Beaufsichtigung und Beschützung der Gemeinde-Forsten selbst, so wie zur Ausführung der von der inspicirenden Behörde genehmigteu Hauungen und Culturen sollen:

a. in den Gemeinde-Forsten von bedeutenderem Umfange und Ertrage, so wie in der Regel in allen denjenigen, die einen regelmäßigen Betrieb zulassen, eigends dazu bestellte, von der Gemeinde salarirte, technisch ausgebildete Forstbediente bestellt werden; inzwischen bleibt es den Gemeinden überlassen, sich wegen Bestellung eines solchen Forstbedienten mit einer, oder, den Umständen nach, mit mehreren benachbarten Gemeinden zu vereinbaren, oder aber diese Geschäfte einem in der Nähe wohnenden herrschaftlichen Forstbedienten, mit Genehmigung seiner Vorgesetzten, gegen eine angemessene Vergütung zu übertragen;

b. in den kleineren Communal-Forsten, welche keinen regelmäßigen Betrieb zulassen, genügt die Anstellung eines Holz-Aufsehers (Holzwärters, Holzvoigts) aus der Mitte der Gemeinde.

§. 5. Die Bestimmung der Gemeinde-Forsten, wo die eine oder die andere Art der Special-Aufsicht statt finden soll, bleibt der Ermäßigung der Königlichen Landdrostei, auf den Vorschlag der Forst-Inspectionen und der Obrigkeiten, vorbehalten.

Die dazu anzustellenden Subjecte sollen von den Gemeinden vorgeschlagen, von den die Forst inspicirenden Forstbeamten geprüft, und wenn sie qualificirt befunden werden, von der Obrigkeit bestätigt und in Eid und Pflicht genommen werden. Eine halbjährige Kündigung bleibt beiden Theilen vorbehalten, die Gemeinden sind aber dazu nicht ohne Zustimmung der Obrigkeit, welche darüber mit der Forst-Inspection communiciren wird, ermächtigt.

Die Salarirung der zur Special-Aufsicht anzustellenden Personen ist der beiderseitigen Vereinbarung zwar lediglich zu überlassen, inzwischen behält sich die Königliche Landdrostei in den geeigneten Fällen deren Bestimmung

mung vor, und wird nur das allein bevorwortet, daß den Forstbedienten überall keine Forst-Nebennutzungen oder Antheile an den Strafgeldern in partem salarii überwiesen werden dürfen.

§. 6. Die Aufsicht der Forst-Inspectionen oder der von ihnen substituirten reitenden Förster, begreift alle ungetheilte Gemeindeholzungen der Dorfgemeinden; es sollen davon jedoch ausgenommen seyn:

1) die eigentlichen Holzmark- oder Holzgräfschaften;
2) die nicht über 50 Morgen Forstgrund enthaltenden Gemeinde-Forsten, in Ansehung deren von Seiten der Obrigkeiten nur auf eine gehörige Erhaltung und Nachpflanzung im Allgemeinen, so wie namentlich darauf gehalten werden soll, daß in der Regel keine Eiche vor erlangter Haubarkeit gefällt werde; und
3) die Gemeinde-Forsten der Patrimonial-Gerichte, insofern darüber eine gute Aufsicht unter Zuziehung der Forst-Bediente der Gerichtsherren bereits besteht.

Uebrigens behält es, wie sich von selbst versteht, wegen der unter herrschaftlicher Administration stehenden Interessenten-Forsten bei der bisherigen Einrichtung sein Bewenden, so wie denn auch in Ansehung aller Privat-Forsten und Theilhölzer nur eine allgemeine Aufsicht von Landes-Polizeiwegen auf deren Erhaltung, ohne directe Einwirkung auf deren Verwaltung, ferner wird exercirt werden.

§. 7. Zur Remunerirung der die Aufsicht über die Gemeinde-Forsten führenden Inspections-Chefs oder ihrer Substituten, soll aus den betreffenden Forst-Registern nach Verhältniß der Morgenzahl des Gemeinde-Forstgrundes, ein gewisser jährlicher Beitrag geleistet werden, nämlich:

von 51 bis 100 Morgen 1 Rthlr. 12 ggr.,
von 101 bis 200 Morgen 2 " — "

und für jede 100 Morgen mehr 1 Rthlr. Conventions-Münze.

Diese Beiträge werden jährlich, nach einem darüber aufzustellenden und von der Königlichen Landdrostei zu bestätigenden Verzeichnisse, durch die Obrigkeiten eingezogen und dem inspicirenden Forstbeamten zugestellt.

Bei der Ausmittlung des Flächengehalts des Forstgrundes, wonach jener Beitrag bestimmt wird, dient als Grundsatz, daß auch der nicht bestandene Gemeinde-Forstgrund, der von jeher als solcher betrachtet und zur Forst-Grundsteuer beschrieben worden, insoweit er culturfähig, mit in computum gebracht werden müsse. Bei etwa entstehenden Zweifeln ist zur weiteren Entscheidung an die Königliche Landdrostei zu berichten, welche den Umfang feststellen wird.

B. Bewirthschaftung.

§. 8. Für jede dazu geeignete Gemeinde-Forst wird von dem inspicirenden Forstbeamten ein allgemeiner Betriebsplan bearbeitet, welcher dem betreffenden Königlichen Ober-Forstamte zugestellt, und nach vorgängiger Berathung in Königlicher Landdrostei, mit der Bestätigung versehen werden soll. Derselbe dient zur unabweichlichen Richtschnur für die künftige Bewirthschaftung der Forst. Die für diese Arbeit von den Gemeinden zu leistende besondere Vergütung wird von der Königlichen Landdrostei, nach vorgängiger Berathung mit den Königlichen Ober-Forstämtern, in jedem einzelnen Falle festgesetzt werden. —

§. 9. Von dem die specielle Aufsicht führenden Forstbedienten werden alljährlich die Vorschläge über die Forstnutzungen und Culturen des nächsten Betriebsjahrs aufgestellt, der Gemeinde-Forstverwaltung zur Bestätigung vorgelegt und vor dem 1sten Mai jedes Jahrs an den inspicirenden Forstbeamten zur Prüfung und Ermäßigung eingesandt. Von diesem gehen sie, mit dessen etwaigen Bemerkungen begleitet, der betreffenden Amts- oder Gerichts-Obrigkeit zur Behändigung an die Gemeinde-Forstverwaltung zu. Finden die Bemerkungen oder Abänderungen der Forst-Inspectionen Anstand bei der Gemeinde, welcher von der Obrigkeit, nach vorgängiger Untersuchung, gegründet befunden wird, und auf dem Wege weiterer Communication mit der Forst-Inspection nicht zu beseitigen steht, so ist darüber von Seiten der Obrigkeit, unter Einsendung der Verhandlungen, zu weiterer Verfügung an die Königliche Landdrostei zu berichten, die, nach zugelegter Berathung mit dem Königlichen Ober-Forstamte, die Entscheidung treffen wird.

Bei den Gemeinde-Forsten von geringerem Umfange, die der Special-Aufsicht eines Forstbedienten nicht anvertraut sind, hat die Gemeinde-Forstverwaltung selbst ihre Vorschläge über Hauungen und Culturen an die Inspection einzusenden, und findet dabei im Uebrigen bis zu deren Ausführung der oben bezeichnete Geschäftsgang Anwendung.

§. 10. Alljährlich wird durch die inspicirenden Forstbeamten mindestens eine Revision aller, ihrer Aufsicht unterworfener Gemeinde-Forsten, und zwar die Haupt-Revision zu einer Zeit vorgenommen, wo sich beurtheilen läßt, ob die Hauungen vorschriftsmäßig vorgenommen sind, und welcher Erfolg von den stattgehabten Culturen zu erwarten steht. Zu diesen Revisionen sind aus der Gemeinde nur das Verwaltungs-Personal der Forst und die Vorsteher zuzuziehen. Sehr wünschenswerth aber ist es, daß bei den bedeutenderen Gemeinde-Forsten die Inspections-Chefs oder deren Substituten die Anweisungen selbst leiten und daß auch ein Beamter jenen Revisionen beiwohne.

Von den dabei wahrgenommenen Mißbräuchen und Abweichungen von den angeordneten Hauungen und Culturen, so wie von den etwa entdeckten Mängeln des Forstschutzes, werden die Amts- und Gerichts-Obrigkeiten durch den inspicirenden Forstbeamten sofort in Kenntniß gesetzt, damit diejenigen, welche sich darunter etwas haben zu Schulden kommen lassen, zur Verantwortung und Strafe gezogen werden können.

§. 11. In denjenigen obrigkeitlichen Bezirken, in welchen sich viele und größere Gemeinde-Forsten befinden, kann auch, nach Ermessen des inspicirenden Forstbeamten, oder auf den Antrag der betreffenden Gemeinden, alljährlich, nach beendigter Haupt=Revision ein Termin am Sitz des Amts oder Gerichts, zur Forst-Conferenz mit der Obrigkeit, abgehalten werden, in welchem sich das Verwaltungs-Personal der Gemeinde-Forsten und die Holzaufseher einzufinden haben. In diesem Termine sind sowohl die Bemerkungen, wozu die Revision Veranlassung gegeben hat, einer Erörterung zu unterziehen, als auch, statt der schriftlichen Communication, die Forstnutzungs- und Cultur-Vorschläge für das nächste Betriebs-Jahr zu berathen und festzustellen, und endlich die Gemeinde-Forst-Rechnungen einer Revision zu unterziehen. Das dabei von dem Beamten oder der Gerichtsperson aufzunehmende Protocoll, mit den dazu gehörigen Verzeichnissen, dient zur Grundlage der künftigjährigen Bewirthschaftung, und soll den Gemeinden ein Extract, gegen Erstattung der Copialien, behändigt werden. Wenn Meinungs-Verschiedenheiten eintreten, oder Widersprüche der Gemeinden, welche nicht zu beseitigen stehen, dabei vorkommen, so ist, wie im §. 9. vorgeschrieben worden, zu verfahren.

C. Benutzung des Ertrags und Rechnungsführung.

§. 12. Im Allgemeinen steht der Grundsatz fest, daß die Gemeinden in der freien Disposition über den Ertrag ihrer Waldungen so wenig als möglich behindert werden sollen, wiewohl mit Vorbehalt der etwaigen Rechte dritter Personen und der Einschreitungen, die die obere Verwaltungs-Behörde zur Verhütung von Verschleuderungen und Mißbräuchen für nöthig erachten möchte. Die aufsichtführende Behörde beschränkt sich darauf, das abzugebende Material und die sonstigen Nutzungen zu bestimmen, die Vertheilung und Verwendung des Ueberschusses, nach Abzug der Aufsicht und Cultur-Kosten, bleibt der Gemeinde unbenommen. Der eigenen Ermäßigung der Gemeinde bleibt es daher in der Regel auch überlassen, ob das jährlich aus der Forst abzugebende Material ganz oder theilweise meistbietend verkauft, auch ob dasselbe in natura, oder nach dem Geldertrage unter den Interessenten vertheilt, und ob dieser Ertrag ganz oder theilweise zu gemeinen Zwecken verwandt und in der Gemeinde-Casse verrechnet werden soll. Das Letztere bleibt das Wünschenswertheste, und werden die Obrigkeiten dahin zu wirken suchen, daß diese Art der Verwendung den Vorzug erhalte. Die zur Forst-Verwaltung designirten Mitglieder der Gemeinde sind verpflichtet, auf die dem Gesammtbeschluß der Gemeinde entsprechende Art der Benutzung und Vertheilung des Forst-Ertrages zu achten, und sind dafür verantwortlich. Ueber die Verwilligung von Holz an einzelne Mitglieder, so weit es der Forstbetrieb zuläßt, und insofern nicht besondere Berechtigungen vorhanden, kann nur die Gemeinde selbst entscheiden. Dem Holzbedarf für gemeine Zwecke muß jedoch das Bedürfniß einzelner Interessenten stets nachgesetzt werden.

§. 13. Die Forst-Casse und Rechnung wird von einem Mitgliede der Gemeinde-Forst-Verwaltung, wo möglich durch den Bauermeister und Gemeinde-Rechnungsführer geführt, niemals aber kann selbige der, mit der speciellen Aufsicht und Bewirthschaftung der Forst beauftragten Person anvertrauet werden. Von dieser soll vielmehr allemal eine Gegen-Rechnung geführt, und die Richtigkeit der Haupt-Rechnung, nach vorgenommener Vergleichung mit dieser, attestirt werden.

Die Einnahme der aus der Forst aufkommenden Gelder, und die Auszahlung der auf selbige zu verwendenden Kosten, gehören allein für den Rechnungsführer, und darf der Forst-Aufseher selbst sich unter keinem Vorwande damit befassen.

§. 14. Die Forst-Rechnung, deren Form von der Forst-Inspection vorgeschrieben werden wird, mit der vom Forst-Aufseher geführten Gegen-Rechnung, ist, nachdem sie aufgestellt worden, gleich wie die Gemeinde-Rechnung, der sie zum Belag dient, spätestens sechs Wochen nach Ablauf des Rechnungs-Jahrs, vor versammelter Gemeinde abzulegen, und sodann, mit den dabei vorgekommenen Erinnerungen begleitet, der Obrigkeit zuzustellen, welche sie dem inspicirenden Forst-Beamten mittheilen, dessen Bemerkungen darüber entgegennehmen, und erst dann, nebst den monitis, der Gemeinde wieder zukommen lassen wird. — Für diejenigen Gemeinde-Forsten, die nicht über 10 Morgen enthalten, bedarf es keiner besondern Forst-Rechnung, sondern es bildet in solchen Fällen die Einnahme und Ausgabe wegen der Forst, einen Theil der Gemeinde-Rechnung; auch bleibt es der Ermäßigung der Obrigkeit anheimgestellt, dieselbe Einrichtung in Ansehung größerer Forsten eintreten zu lassen, so lange sie einen einigermaßen erheblichen Ertrag nicht abwerfen; immer aber hat der Forst-Aufseher, wenn ein solcher vorhanden, die Gegen-Rechnung zu führen.

D. Forst-Schutz.

§. 15. Die Schützung der Forsten gegen Eingriffe und Frevel liegt, abgesehen davon, daß jeder Interessent sich dazu aufgefordert finden wird, im Allgemeinen dem Forstverwaltungs-Personale der Gemeinde, insbesondere aber dem angestellten Forst-Aufseher ob.

Die vorkommenden Frevel und die im Gemeinde-Forstdienst eingetretenen Versäumnisse und Vernachlässigungen, sollen von dem Aufseher in ein Verzeichniß gesammelt, monatlich, spätestens quartaliter, durch den Forst-Inspections-Chef bei der Amts- oder Gerichts-Obrigkeit eingebracht, und wie die Wrogen der herrschaftlichen Forsten, insofern nicht darunter besondere Grundsätze rechtmäßig feststehen, womöglich auch gleichzeitig mit denselben, untersucht und bestraft werden. Der Werth und Schaden-Ersatz fällt in die Gemeinde-Forst-Rechnung, die Strafe aber in die herrschaftlichen Register oder in die Casse desjenigen, der die Forst-Gerichtsbarkeit ausübt.

§. 16. Die Einführung willkührlicher Conventional-Strafen unter den Interessenten ist nicht zuläßig, auch wird der an einigen Orten eingerissene Mißbrauch, die Forststrafen selbst zu vollziehen und den Ertrag gemeinschaftlich zu verzehren oder zu vertheilen, bei Strafe des Ersatzes des dreifachen Betrages, und im Wiederholungsfalle bei Gefängniß-Strafe, damit untersagt.

§. 17. Diejenigen Forst-Aufseher, die sich in der Aufsicht der ihnen anvertraueten Forst, und in der Einbringung der entdeckten Frevel, säumig und nachlässig beweisen, oder darunter eine pflichtwidrige Nachsicht zu Schulden kommen lassen, sollen mit angemessener Strafe angesehen und den Umständen nach ihres Dienstes entlassen werden. Den Gemeinden überläßt man die Aufmerksamkeit und Thätigkeit der von ihnen bestellten Aufseher durch angemessene Belohnungen zu wecken, ein Antheil an den Strafgeldern aber darf ihnen nicht bewilligt werden.

Dieses Regulativ soll in die dritte Abtheilung der Gesetzsammlung aufgenommen und außerdem allen denjenigen Gemeinden, welche ungetheilte Gemeinde-Forsten besitzen, zugestellt werden. Binnen drei Monaten nach geschehener Publication haben die Aemter und Gerichte, nach vorgängiger Verständigung mit den Forst-Inspectionen, berichtlich anzuzeigen, welche Gemeinde-Forsten zur Anstellung besonderer Forst-Aufseher geeignet, und in welchem Maße die Interessenten den Bestimmungen des §. 4. nachzukommen gewillet sind; auch ist damit das Verzeichniß der nach §. 7. aufzubringenden Beiträge zur Bestätigung vorzulegen.

Uebrigens behalten Wir Uns vor, dies Regulativ zu ergänzen und abzuändern, insofern die Erfahrung zeigen sollte, daß die darin getroffenen Bestimmungen nicht zureichend oder dem beabsichtigten Zwecke einer vervollkommneten Gemeinde-Forstverwaltung nicht entsprechend wären.

Hannover, den 1sten September 1830.

Königliche Großbritannisch-Hannoversche Landdrostei.

v. Dachenhausen.

Zweiter Abschnitt.

Von der Gesetzgebung zur Ordnung der Waldservituten.

§. 50.

Es läßt sich denken, daß bei der vollkommensten Freiheit der Privatforstwirthschaft die ihr anvertraueten Waldungen in dem schönsten Zustande seyn können, undenkbar ist dies aber, wo die aus der Vorzeit herstammenden Waldservituten nicht geordnet wurden. Man hat auch deshalb in allen Staaten, wo man einen regelmäßigen Forsthaushalt als Bedürfniß erkannte, dies auf mannigfaltige Weise zu bewirken gesucht. Sie sind durch Machtsprüche aufgehoben, abgekauft, oder beschränkt worden. Nur die letztere Art und Weise sie zu ordnen, ist im Allgemeinen zu billigen, da die Abkaufung der Berechtigten nur in einzelnen Fällen nöthig, in den mehrsten verderblich wird. Die gänzliche Aufhebung ohne Entschädigung streitet eben so sehr gegen das Recht als gegen die Klugheit.

Die Waldservituten und ihre Entstehung sind nicht das Produkt des Kalkuls und der Gesetzgebung*), sondern dasjenige des Gefühls ihrer Nothwendigkeit, Zweckmäßigkeit und

*) Man sehe das Nähere hierüber in Pfeil Forstschutz und Forstpolizei. Berlin 1831. — Befreiung der Wälder von Servituten. Züllichau 1821.

des Vortheilhaften ihres Bestehens für alle Theile. Sie sind nicht geschaffen durch den Waldeigenthümer oder den Berechtigten, sie haben sich von selbst gemacht. Das sollte man bedenken ehe man sie verdammt. Sie mögen ganz unstatthaft seyn, sobald man selbst auf den kleinsten Theil der Holzerzeugung anfängt Werth zu legen, wenn man beginnt, vielfache Spekulationen hinsichts der Benutzung des Holzbodens zu machen, sie mögen so, wie sie sich in einer Zeit ausbildeten, wo noch keine Forstwirthschaft existirte, unpassend seyn für diejenige, wo diese sich schon sehr ausgebildet hat. Das bedingt aber nichts weiter, als daß man sie zu jeder Zeit so ordnet, wie es das Bedürfniß der vollkommnen Bodenkultur — diese ist immer nur etwas relatives — nothwendig macht. Ihre gänzliche Aufhebung wird erst nöthig werden, wenn es keine großen Wälder mehr giebt, vorzüglich erst dann, wenn alle die großen Staatsforsten verschwunden seyn werden. —

So lange diese bestehen, sind sie Bedürfniß, um im Stande zu seyn, die volle Produktion des Bodens benutzen zu können, die bedürftigste Volksklasse auf die wohlfeilste Art und ohne Armentaxe mit Holz zu unterstützen, den großen Staatsforstbesitz geschlossen zu erhalten. Ohne sie ist es unmöglich, Gras, Leseholz, Waldfrüchte zu gute zu machen, und große Summen würden an den Forsterträgen ohne allen Gewinn verloren gehen, wenn man diese unbenutzt ließe. Mit dem Tage wo der Wald allen Armen geschlossen würde, müßten diese aus den Fonds der Gemeinden Holz erhalten, und wenn wenig vom National-Einkommen dadurch verloren ging, so wäre es doch gewiß der Werth der Arbeitstage, die zum Sammeln desselben verwandt wurden. Es liegt eine große Inconsequenz darin, zu behaupten oder anzuerkennen, daß die ärmere Volksklasse zum Waldbesitze nicht geeignet sey, die Holzbestände bald verwüste, und sich der Verpflichtung zu entziehen das Holz für sie zu erbauen, ihnen Wald zur Verwüstung zu übergeben, um damit die Waldservituten abzukaufen.

dem Bauer die Bauholzgerechtigkeit abzuhandeln, um dem Fiscus einen Vortheil zu verschaffen, wenn man weiß, er wird nie selbst für sich Bauholz erziehen, er wird, wenn er abbrennt, seinen Hof andern überlassen müssen, weil er ihn nicht wieder aufbauen kann, er wird künftig, statt in dem trocknen, geräumigen Fachwerkgebäude, in einer dumpfigen Stein- und Lehmhütte wohnen müssen, wer vermag das zu rechtfertigen! Diese Art von Fürsorge für den ärmern Landmann und kleinen Bürger der Landstädte, ist unstreitig die wohlthätigste. Es ist auch leichter, die Waldwirthschaft für ihn in den Staatsforsten zu treiben, als die seinige zu beaufsichtigen.

§. 51.

Was im Allgemeinen gewiß richtig ist, modificirt sich sehr im Einzelnen. Diejenigen Servituten, welche in großen, ausgedehnten, schlecht benutzten und wenig Absatz habenden Wäldern zulässig und zu erhalten sind, können in andern von entgegengesetzter Beschaffenheit gar nicht mehr geduldet werden. Die Heidemiethe, welche dem Landmanne das Recht giebt, trockne Stangen und Bäume ohne weiteres an sich zu nehmen, die häufig in der Art ausgeübt wird, wenn auch ohne eigentliches Recht, daß der, welcher sie besitzt, sich dies Holz herunterhauet und mit vier Pferden in den Wald fährt, um es sich zu holen, ist ganz angemessen für die großen Waldungen der östlichen Provinzen Preußens, es würde dies nicht für den Regierungsbezirk Koblenz der Fall seyn. Es ist ein unläugbarer Mißgriff, wenn man in jenen Provinzen dem ärmsten Bauer das Recht auf freies Bauholz abkauft; ein noch größerer würde es seyn, wenn man es dem Bewohner der wohlhabenden Dörfer Thüringens, Westphalens u. s. w. einräumen wollte. Die Schafe gehen mit Gewinn für das gesammte National-Einkommen in den Kieferheiden der Marken, Pommerns, Schlesiens, sie würden den Mittel- und Niederwäldern des südlichen und westlichen Deutschlands verderblich werden.

Die Waldservituten müssen in demselben Maße immer mehr und mehr beschränkt werden, wie sich die sorgfältigere Erziehung und Benutzung des Holzes, weil es höhern Werth erhält, immer mehr und mehr ausbildet. Bei dem Holzüberflusse der Vorzeit kannte man noch keine Hege gegen das Weidevieh, sie war auch bei der damaligen Art und Weise der Wirthschaftsführung gar kein Bedürfniß, jetzt kann man sie nicht entbehren und muß immerfort größere Ausdehnung der Schonungsbefugniß fordern. Kann daher schon die Forstgesetzgebung in Hinsicht der Bevormundung der Privatforsten nur nach Berücksichtigung aller Lokalverhältnisse geordnet werden, so ist dies noch weit mehr in Bezug auf die Waldservituten der Fall. Dies auch schon deshalb, weil die Art und Weise der Ausübung, so wie der Bedürfnisse, welche dadurch nothwendig befriedigt werden müssen, so außerordentlich verschieden ist. Wie viele Landleute würden die Waldstreu nicht mögen, wenn man sie ihnen anböte, und wie viel andere würden aufhören müssen zu wirthschaften, wenn man sie ihnen entzöge.

§. 52.

So sehr aber die Gesetzgebung der Servituten im Einzelnen nach dem Oertlichen zu ordnen ist, so unerläßlich wird es vorher, ehe dies der Fall seyn kann, die allgemeine Ansicht festzusetzen, nach der dies geschehen soll. Diese ist aber sehr verschieden aufgefaßt worden.

Der erste Versuch, den Anmaßungen der Servitutberechtigten zu begegnen und sie zu beschränken, war immer mehr ein Streit um die verschiedenen Nutzungen, als ein Streben, die Erhaltung des Waldes zu sichern. Dieser Streit dauert oft noch fort, er ist aber kein Gegenstand der Forstpolizei-Gesetzgebung mehr, sondern des Civil-Gesetzbuches.

Später ging man dagegen mehr von der Ansicht aus, das Bedürfniß der Walderhaltung zum Grunde zu legen, und danach die Servituten so zu beschränken, das diese gesichert war.

Hierbei bildeten sich aber vorzüglich zwei verschiedene Richtungen aus, indem man in manchen Ländern bei der Forstpolizeigesetzgebung den Grundsatz befolgte:

daß die sogenannten Nebennutzungen des Waldes, d. h. die kleinern, wie Leseholz, Weide, Streulaub u. s. w. niemals den Waldbesitzer hindern sollten, dem Forstgrunde die größte Hauptnutzung durch die Kultur und den Einschlag des Holzes abgewinnen zu können. —

In andern Ländern dagegen

räumte man den Servitutberechtigten die Befugniß ein, die Waldwirthschaft zur Erhaltung ihrer Nutzung bis zu einem gewissen Maße ebenfalls zu beschränken, und ordnete so in gewissen Fällen die Hauptnutzung den Nebennutzungen dergestalt unter, daß diese selbst noch auf Kosten jener in einer bestimmten Ausdehnung gestattet werden mußten.

Offenbar lag diesen, in ihrem Wesen wie in ihren Wirkungen so sehr verschiedenen Bestimmungen, eine ganz verschiedenartige Ansicht über die Entstehung, die Gerechtigkeit des Besitzes, so wie den Werth der Servituten für das Nationaleinkommen zum Grunde. Wo man von dem Berechtigten verlangte, daß er ohne weitere Entschädigung seine Nutzungen auf Verlangen des Waldeigenthümers beschränken sollte, so wie es die Erziehung einer größern Holzmasse erforderte, da nahm man unstreitig auch an, daß die ursprüngliche Einräumung nur in einer Art geschehen seyn könne, daß dabei der Glaube oder stille Vorbehalt des Verleihers vorausgesetzt werden konnte, daß dadurch die Erziehung des ihm vorbehaltenen Waldes und vollkommner Holzbestände nicht leiden werde. Man sahe eine Ausdehnung, wodurch dies geschehe, nur als eine mißbräuchliche an. Auch setzte man offenbar den Werth des Holzes, welches durch diese mißbräuchliche Ausdehnung verloren ging, höher an, als das Einkommen, welches dadurch an andere Nutzungen gewonnen werden konnte.

So war auf diese Weise die Unterordnung der Servituten unter das Bedürfniß der Holzwirthschaft in doppelter Art gerechtfertigt. —

Durch die Voraussetzung, daß der Waldbesitzer sich niemals des Rechts werde freiwillig begeben haben, vollkommne und die werthvollsten Holzbestände zu erziehen. —

Daß das Holz von weit größerm Werthe sey, als die übrigen Erträge des Waldes, und daß sich die Eigenthümer dieses zum Wohle des Ganzen, zur Erhöhung des Nationaleinkommens die Vermehrung der werthvolleren Nutzung auf Kosten der geringern gefallen lassen müßten.

Eine andere Ansicht hatte man dagegen da, wo man die Waldwirthschaft zu Gunsten der Erhaltung der Nebennutzungen, welche Berechtigte bezogen, bis zu einem gewissen Maße beschränkte. —

Man sahe hier zuerst das Einkommen, welches eine Berechtigung gewährte, als ein gleiches, rechtlich erworbenes und besessenes an, wie jedes andere Besitzthum, was deshalb auch gleichen Schutz durch die Gesetze verdiente. Man ging dabei weit weniger auf eine vorausgesetzte Idee des Verleihers bei der Verleihung zurück, als auf den Besitzstand, wie er sich gegenwärtig und seit rechtsverjährter Zeit vorfand. Man erkannte diesen zwar immer als ein rechtlich besessenes Eigenthum an, forderte doch aber auch von seinem Besitzer, daß er es niemals bis zur Zerstörung des Waldes ausdehnen dürfte, und die Ausübung seines Rechts so weit beschränkte, daß der Wald in einem Zustande, wie er rechtlich von dessen Eigenthümer gefordert werden konnte, zu erhalten war.

Diese Anforderung an den Besitzer einer Berechtigung läßt sich auch dann noch vollkommen rechtfertigen, wenn man diese auch als ein durchaus rechtlich besessenes, und darum gleich jedem andern zu schützendes Eigenthum betrachtet.

Es läßt sich nicht annehmen, daß der Waldbesitzer sich des ganzen Waldes und seiner Benutzung durch die Einräumung einer Berechtigung habe begeben wollen. Dies würde aber vorausgesetzt werden müssen, wenn man dem Berechtigten die Befugniß zugestehen wollte, diesen, und das, was dem Besitzer allein ein Einkommen gewähren kann, zu vernichten. Man kann nur zugestehen, daß dem Eigenthümer des Waldes bekannt gewesen seyn müsse, daß der Ertrag desselben, durch Einräumung des Mitbenutzungsrechts an einen Dritten vermindert werden würde.

Dies gilt von denjenigen Nutzungen, wie die Waldweide, welche auch allenfalls nach Vernichtung des Holzes noch bezogen werden können. Von andern, welche an die Erhaltung der Holzbestände geknüpft sind, wie die verschiedenen Holzgerechtigkeiten, das Streusammeln u. s. w. erfordert schon der eigne Vortheil der Berechtigten, ihn von der Verwüstung und Vernichtung derselben abzuhalten. Daß aber auch der Staat, wenn man ihm das Recht zugestehet, dem Eigenthümer selbst die Waldverwüstung zu untersagen, die Befugniß und Verpflichtung hat dies ebenfalls bei den Berechtigten zu thun, wird keiner weitern Ausführung bedürfen.

Da wo man aber auch noch die Regierung überhaupt für befugt erklärt, die Eigenthümer von Rechten zu nöthigen, selbst Aufopferungen zu machen, um die Hindernisse, welche sich der Bodenkultur entgegensetzen, aus dem Wege zu räumen, wird es ganz consequent seyn, dies auch auf die Waldkultur anzuwenden, sobald man sich einmal überzeugt hat, daß diese Bedürfniß ist, und mehr Werth hat, als die dadurch verloren gehenden Nebennutzungen.

§. 53.

Es fällt in die Augen, daß man hinsichts dieser Ansicht über die allgemeine Grundlage, welche man der Gesetzgebung der Waldservituten geben will, im Reinen seyn muß, bevor man die Erörterung der einzelnen Gegenstände beginnt. Da nun diese Ansicht sich immer mehr oder weniger aus den eigenthümlichen Verhältnissen der Wälder in den verschiedenen Ländern entwickelt hat, weit weniger aus der reinen Rechtstheorie oder abstrakten Begriffen von den Rechten des Staats gegen alle die Eigenthümer von Servituten, welche die Herstellung vollkommner Wälder hindern, so wird es nicht unpassend seyn, das Gesagte aus der bestehenden Gesetzgebung in Frankreich und Deutschland zu entwickeln und zu begründen. Wir lassen jedoch absichtlich dabei die ältere Gesetzgebung unbeachtet. Man hat bei der Ordnung der Servituten nicht, wie bei der Gesetzgebung hinsichts der Bevormundung der Privatforstwirthschaft, in der Art geschwankt, daß man diese bald mehr bald weniger beschränkt hätte, sondern man hat vielmehr fortwährend diese Beschränkung mehr und mehr ausgedehnt, so wie die fortschreitende Waldkultur dies dringender forderte. Es genügt daher auch wohl zu zeigen, welche Gesetze in dieser Beziehung gegenwärtig bestehen, denn es würde wenigstens kein praktisches Interesse haben nachzuweisen, welche Anordnungen man zu der Zeit traf, als man noch kaum daran dachte, geschlossene Bestände zu erziehen.

Frankreichs Gesetzgebung enthält nachstehende Bestimmungen. Im Forstgesetzbuche vom 21. Mai 1827 sind im 9ten Abschnitte die Nutzungsrechte Fremder in den Staatsforsten bestimmt, und gilt im Allgemeinen auch das hier Gesagte für die Communal-, Geistlichen- und Privatforsten. Zur Ausübung irgend eines Nutzungsrechtes in den Staatswaldungen werden nur diejenigen zugelassen, deren Gerechtsame, vom Tage der Verkündigung des gegenwärtigen Gesetzes an, durch Urkunden der Regierung oder richterliche Urtheile oder schließliche Bescheide, als begründet anerkannt worden sind, oder es noch werden in Folge der Gesuche, welche die gegenwärtig im Genuß sich befindenden Betheiligten bei den Behörden eingereicht haben oder binnen zwei Jahren einreichen werden *).

Die Regierung kann die Holzberechtigungen durch Abtretung von Grund und Boden, die Weide-, Mast- und andere Gerechtsame durch Geldentschädigung ablösen.

In denjenigen Waldungen, welche die Regierung auf diese Weise nicht von Servituten befreiet, kann die Ausübung derselben nach Maßgabe des Zustandes und Ertragsvermögens des Waldes auf administrativen Wege beschränkt werden. Ein Rekurs dagegen ist an den Präfecturrath (Verwaltungsbeamte) zu richten. Die Zeit zur Benutzung der Mast bestimmt die Forstverwaltung, sie darf nicht über 3 Monat dauern. Die Weide darf nur da ausgeübt werden, wo es die Forstbeamten für zulässig erklären, und selbst der gegenwärtige Besitzstand ändert diese Bestimmung nicht ab. Im Monat März wird jedesmal den Berechtigten angezeigt, welche Distrikte sie beweiden dürfen. Die Triftwege zeigt die Forstverwaltung an. Ziegen und Schafe dürfen den Wald gar nicht betreten, selbst wenn die Eigenthümer derselben einen Rechtstitel und Besitzstand deshalb nachweisen. Nur auf Grund einer Verordnung des Königs kann die Schafweide ausnahmsweise gestattet werden.

Man entnimmt aus diesen Bestimmungen deutlich, daß bei ihnen der Grundsatz befolgt ist:

die Verwaltungsbehörde kann die Berechtigungen so weit beschränken, als es die Wirthschaft darin erfordert.

Wir schließen hieran gleich die Bestimmungen des K. Westphälischen Dekrets zur Organisation der Forsten an, da man hierin denselben Grundsätzen folgte.

---

*) Das ist ganz im Sinne der Despoten des Mittelalters, welche jeden für einen unredlichen Besitzer erklärten, welcher nicht beweisen konnte, wie er oder seine Vorfahren zu einem Besitzthume gekommen waren.

17te Titel Art. 175. In allen Fällen muß die Ausübung jeder Gerechtsame, als des Holzungsrechtes, der Befugniß zur Mast- und Blumenweide und andere, dem Forstbetriebe und der **Ergiebigkeit** des damit belasteten Waldes untergeordnet seyn.

Art. 176. In Folge dieser Verfügung entscheidet die Forstbehörde darüber, ob ein Forstdistrikt als hutbar anzusehen ist *).

Art. 177. Im Fall der Beschwerde über zu weiten Ausdehnung dieser Befugniß der Forstbehörde, entscheidet der Präfekt nach dem Gutachten von Sachverständigen (Forstmännern).

Art. 179. Wo die Anforderungen der Berechtigten den Ertrag der Forsten übersteigen, soll ein Theil desselben zur Kultur voraus weggenommen werden.

Art. 181. Eine spätere Untersuchung soll den Rechtsgrund der Berechtigungen prüfen. Bis dies geschehen ist, bleiben die Berechtigten im ungestörten Besitze ihrer Befugniß, ohne jedoch daraus einen Rechtstitel herleiten zu können.

§. 54.

In den deutschen Forstordnungen sind über die Ordnung der Servituten folgende Bestimmungen enthalten, wobei aber ausdrücklich bemerkt wird, daß davon nur diejenigen angeführt werden, aus denen sich die **allgemeine** Ansicht, welche man darüber hat, erkennen läßt, da die Erörterung aller Einzelnheiten außerhalb des Kreises unserer Untersuchungen liegt.

Kaiserliche Verordnung für die österreichischen Vorlande vom 7ten Dezember 1786.

§. 93. Der Eintrieb von Vieh, insbesondere aber von Schafen und Ziegen, ist überhaupt verboten. Wo derselbe aber bisher von den Unterthanen hergebracht ist, darf er nur mit herrschaftlicher Erlaubniß, und nachdem die Forstbeamten

*) Zur Ersparung des Raumes geben wir die Artikel nicht wörtlich, doch möglichst getreu nach ihrem Sinne, nur abgekürzt.

erklärt haben, daß dadurch dem jungen Holze kein Schade geschiehet, stattfinden. Diejenigen Unterthanen, welche einzeln in den Wäldern wohnen, dürfen weder Schafe noch Ziegen halten. Das Grasen, es sey mit der Sichel oder Sense, ist in den jungen Meisen (jungen Holze und Schonungen) ganz verboten. Das Streurechen nur an Orten erlaubt, welche dazu jährlich von der Herrschaft angewiesen werden, und in so weit es die Nothdurft der Unterthanen fordert.

Nach Behlens Handbuche der Forst- und Jagdgesetzgebung im Königreiche Baiern finden in diesem Reiche folgende gesetzliche Bestimmungen über die Ausübung der Servituten statt:

Das Harzscharren darf bei Zuchthausstrafe nur nach Anweisung der Forstbedienten erfolgen. Alle früheren Pechlerpatente werden aufgehoben, und allein der Eigenthümer der Bäume hat Anspruch auf die Pechnutzung (2r Bd. §. 298).

Durch die Verordnung vom 18ten Januar 1805 ist bestimmt:

„Weidenschaften in den Wäldern und das Laubrechen oder Streusammeln, sollen dem Eigenthümer in der freien Disposition und Benutzung nicht hindern, und bei ihrer gänzlichen Entfernung nur dann einen Entschädigungsanspruch, nicht aber auf Grund und Boden begründen, wenn sie nach dem Kultur-Mandat von 1775 nicht auf bloßes Herkommen, Präscription, und darauf begründete Titel, sondern auf ausdrücklicher specieller Concession oder Verträgen mit dem Waldeigenthümer beruhen.“

„Bei Entfernung der Weidenschaften, dann des Laub- und Streusammelns aus den Waldungen, soll, um den zu schnellen Uebergang in wirthschaftlicher Hinsicht zu vermeiden, successive verfahren, und etwa unter einer letzten Bewilligung von höchstens dreijährigen Terminen, und in den besonders anzuzeigenden, der minderer Beschädigung ausgesetzten Distrikten, nach den nöthigen Modalitäten und mit specieller Hinsicht

auf

auf die Alpen-Localitäten des Landes verfahren werden.“ (Ebendaselbst §. 568.)

Diese Verordnung vom 15ten März 1808 setzt fest:

„Auch in den Privatwaldungen müssen schädliche Weiden und andere schädliche Dienstbarkeiten ohne Unterschied des Titels und ohne Entschädigung weichen. Die Rückvergütigung des ursprünglichen Erwerbpreises und die Aufhebung der bedungenen Prästationen bleibt indessen vorbehalten.“ (Ebendaselbst §. 572.)

Diese Bestimmungen sprechen so deutlich die Ansicht des Gesetzgebers aus, daß die Servituten unbedingt der Herstellung eines geregelten Waldzustandes untergeordnet werden müssen, daß sie keines Kommentars bedürfen. —

Das neueste Badische Forstpolizeigesetz giebt im dritten Kapitel folgende Bestimmungen:

„§. 32. Die Waldflächen können der Viehweide nur eröffnet werden, wenn das junge Gehölz im Laubholze ein Alter von 35 Jahren oder im Nadelholze ein solches von 30 Jahren mindestens erreicht hat.

Bei gemischten Gehölzen wird auf das Alter der vorherrschenden Holzgattungen, und im Zweifel auf jenes des harten Holzes gesehen. In Niederwaldungen kann eine Weide nur im Eschen- und Erlenholze stattfinden, und auch bei diesen Holzgattungen nicht in Schlägen unter 12 Jahren.“

„§. 39. Das Grasen ist nur auf Strecken zulässig, welche die im §. 32. festgesetzte Schonungszeit überschritten haben.“

„§. 41. Das Sammeln des Streulaubes, des Moses und der Nadeln kann nur stattfinden, wenn in Hochwaldungen das Laubholz ein Alter von 35 Jahren, und das Nadelholz ein solches von 25 Jahren erreicht hat, und in Niederwaldungen, wenn sie wenigstens 18 Jahre alt sind. Im Hochwalde jedoch unter der Bedingung, daß das Holz innerhalb dreier Jahre noch nicht zum Hiebe kömmt.“

„§. 42. Einzelne Districte, welche besonders magern Boden haben, oder an steilen Sommerränden oder steilen Bergrücken liegen, werden der Streunutzung nicht geöffnet.“

„§. 49. Das Harzen kann nur in Schlägen stattfinden, welche wenigstens ein Alter von 46 Jahren und darüber erreicht haben u. s. w.“

Man siehet das Badische Gesetz spricht zwar nicht den Grundsatz direkt aus: daß überall die Servituten der Erhaltung und Herstellung eines vollkommenen Waldzustandes untergeordnet seyn müssen, aber es scheint ihn wenigstens dadurch indirekt anzuerkennen, daß es willkührliche (wenngleich oft sehr mangelhafte) Bestimmungen für die Ausübung der verschiedenen Gerechtsamen giebt, ohne irgend eine nothwendige Modification, aus den verschiedenen Rechtstiteln sich herleitend, als zulässig oder nöthig anzuerkennen.

Wir sagen aber mit gutem Vorbedachte nur, daß es so scheint, denn eine bestimmte Grundidee läßt sich aus diesem schwächsten aller neueren Polizeigesetze nicht entwickeln. Der Mangel einer Sonderung der Gegenstände, die bloß reglementarisch zu ordnen sind, von denen welche in ein Gesetz gehören, derjenige eines leitenden Princips, und sogar auch derjenige einer genügenden Kenntniß der Technik, welcher an so vielen Stellen hervorblickt, machen in der That einer so hocherleuchteten Nationalversammlung ebenso wenig viel Ehre, als denjenigen, welche den Entwurf concipirt haben. Man kann sich der Idee nicht erwehren, daß ein Theil der Zeit, welche zur Prüfung der Beschlüsse der Bundesversammlung verwandt wurde, weit nützlicher dazu zu benutzen gewesen wäre, das Forstpolizeigesetz mehr dem gegenwärtigen Stande der Wissenschaft anzupassen, und die Bemerkung auszuführen, daß ein 18jähriger Niederwald niemals, ohne dem Verderben entgegen zu gehen, dem Streulaubsammeln eingeräumt werden, ein 30jähriger Birkenort rc. aber schon längst, sey es auch selbst mit Schafen, ohne allen Nachtheil beweidet werden kann. — In solche Widersprüche verfällt man aber immer, wenn man nicht vorher eine Grundidee als allgemeine Basis des Einzelnen feststellt.

Im Herzogthume Nassau befolgt man den Grundsatz, daß die Servituten unbedingt den Bedürfnissen der Waldwirthschaft untergeordnet werden müssen.

Unter dem $\frac{11}{17}$ten Oktober **1811** wurden alle bisherigen Natural-Bauholzabgaben an Mitglieder der Gemeinden, gleichviel unter welchen Rechtstiteln sie erfolgten, sogar aus den Gemeindewaldungen untersagt, „wegen der damit für die Waldungen und Gemeindekassen (!!) verbundenen Nachtheile*)." Nur zur Erhaltung der schon vorhandenen Gebäude der Berechtigten soll ausnahmsweise das Holz zu ein Drittheil unter dem Marktpreise abgelassen werden.

Die Benutzung der Waldweide und anderer Nebengegenstände in den Waldungen kann nur nach dem Ermessen der Forst- und Landespolizeibehörden erfolgen. Insbesondere ist von ihnen zu bestimmen, welche Distrikte und wie lange sie der Viehweide eingegeben werden können, und jede Behütung anderer Walddistrickte, unter welchem Vorwande sie auch erfolge, soll streng geahndet werden**).

Die Oberförster***) haben die Plätze, wo das Gras benutzt werden darf, auszuzeichnen, und zu bestimmen, in welcher Art die Benutzung erfolgen kann. Das Streulaubsammeln kann der Oberförster in den Gemeindewaldungen im Nothfalle unter Aufsicht der Förster in Hochwaldungen über **60** Jahren, oder in Niederwaldschlägen, welche im nächsten Jahre zum Hiebe kommen, nachgeben.

In der technischen Anweisung zur Vollziehung der Dienstinstruction für die Forstbeamten des Königreichs Würtem-

---

*) Laurops Forst- und Jagdgesetze des Herzogthums Nassau. §. 473. S. 305.

**) Ebendaselbst §. 438. S. 306.

***) Ebendaselbst §. 658. S. 386. §. 660. S. 367.

berg ist §. 9. ausdrücklich bestimmt, daß alle Nebennutzungen dem Zwecke der Erziehung der möglichst größten Holzmasse untergeordnet werden müssen *).

Demzufolge wird bestimmt **):

§. 95. daß das Harzen der Fichten nur 10 Jahre vor dem Abtriebe des Ortes stattfinden darf;

§. 108. daß das Streurechen nicht eher im Hochwalde erfolgen darf, bevor nicht die Bestände durchforstet sind;

§§. 115—119. daß die Weidegesuche geprüft, und die Weidedistrikte nur mit Rücksicht auf die zu fürchtende Gefahr einer Beschädigung dem Viehe eingeräumt oder versagt werden sollen;

§. 122. daß die Waldgräserei auf das Ausrupfen des Grases in den ältern Beständen beschränkt seyn soll.

Diese Vorschriften werden ohne Rücksicht auf irgend einen Rechtstitel gegeben, wodurch eine andere Art der Ausübung dieser Grundgerechtigkeiten begründet seyn könnte.

Im Großherzogthum Hessen bestehet der Grundsatz ebenfalls, daß die Waldservituten in ihrer Ausübung so beschränkt werden müssen, daß sie der Herstellung vollkommener Waldbestände nicht hinderlich sind. Dasselbe gilt für Braunschweig und Hannover.

Im Königreiche Böhmen sind schon unter Kaiser Joseph II. die Weidegerechtsame und andere dem Walde nachtheilige Servituten beinahe ganz aufgehoben. In keinem Falle aber kann ein solches die vollkommene Waldkultur hindern.

Nach der Forstorganisation in Tyrol und Vorarlberg vom 17ten August 1822 müssen alle junge Schläge und eingeschonte Holzbestände unbedingt geschont werden, und die Weideberechtigten können den Waldeigenthümer in der Einschonung, so weit sie zur Nachzucht der abzutreibenden oder abgetriebenen Bestände erforderlich ist, nicht beschränken.

*) Tessin, Forststatistik von Würtemberg. S. 189.

**) Ebendaselbst S. 252. u. f.

In dem schon oben erwähnten Entwurfe eines Forstpolizeigesetzes für das Königreich Sachsen (§. 25.) sind folgende Bestimmungen enthalten.

§. 14. Der zu einer solchen Servitut (Berechtigung auf Hutweide, Gras, Laub, Waldstreu, Leseholz, Baumsäfte und Baumfrüchte) Berechtigte ist daher verbunden, sich in diejenigen Einrichtungen des Waldeigenthümers, welche zu der Ordnung des Forsthaushalts gehören und wodurch die bei Ausübung jener Servitut zu befürchtenden Mißbräuche und die daraus für den guten Zustand der Waldung erwachsenden Nachtheile verhütet werden, zu fügen, in so weit dadurch dem Berechtigten die aus dem ordungsmäßigen und forstwirthschaftlichen Gebrauche dieser Sache zu ziehende Nutzung nicht entzogen wird.

§. 15. Wegen solcher vom Waldeigenthümer getroffenen Einrichtungen kann er die Leistungen, zu denen er für seine Berechtigung verpflichtet ist, nicht weigern. Jedoch stehet ihm frei, in diesem Falle auf Aufhebung des Vertrages anzutragen*).

§. 16. Der Berechtigte hat nur das eigene Bedürfniß an Laub, Waldstreu, Gras, Baumfrüchten zu fordern, und kann seine Berechtigung nicht an einen Dritten übertragen.

§. 17. Berechtigungen dieser Art können in Zukunft nur durch Verträge, geschlossen mit Vorwissen und Genehmigung der Landespolizeibehörden, erworben werden.

§§. 18. 19. Der Weideberechtigte muß die jungen Schläge und Schonungen so lange schonen, bis das junge Holz bei dem Eintriebe von Pferden 6 Ellen,
Rindvieh 4 Ellen,
Schafen $2\frac{1}{2}$ Elle hoch ist.

§. 20. Samenschläge sind schon von der Zeit des ersten Anhiebes an bis dahin zu schonen, daß das junge Holz diese angegebene Höhe erreicht hat, doch kann diese Verschonung im Nadelholze nicht über 5 Jahre lang gefordert werden.

*) Zur Raumersparung geben wir nur den Sinn dieser Bestimmungen und führen sie nicht wörtlich an.

§§. 22. 23. Die Einschonung kann bis zur Hälfte des mit der Hütung belasteten Weidegrundes ausgedehnt werden, und die Wahl der einzuschonenden Distrikte hängt von dem Eigenthümer des Waldes ab. Doch darf er die Trift nicht versperren.

§. 55.

Es scheint, man hat in dem so eben erwähnten Entwurfe eines Polizeigesetzes für Sachsen die Mittelstraße zwischen den Anordnungen hinsichts der Servituten in Süddeutschland und derjenigen in Preußen halten wollen, wo man die Servitutberechtigten weit weniger beschränkte.

In den ältern Forstordnungen für Preußen, Magdeburg, die Marken, wurden zuerst die Ziegen ganz von der Waldweide ausgeschlossen, niemals aber, so wie in Frankreich und Süddeutschland, auch die Schafe. Noch zu Anfang des 18ten Jahrhunderts fand eine eigentliche Schonung des jungen Holzes, da man beinahe nur noch Plenterwirthschaft im Hochwalde trieb, in diesem gar nicht statt, und nur die wenigen zufälligen Kahlschläge wurden geschont. Was über die Schonung der Gehege mit dem Weideviehe gesagt ist, beziehet sich bloß auf die Wildgehege, die Distrikte, in denen keine Hütung zur Hegung des Wildes geduldet wurde. Dies gehet schon aus der Anordnung hervor, daß die Weide in denselben vermiethet werden sollte, wenn sich viel Gras darin vorfand. In den Mittelwäldern und dem Niederwalde mußten dagegen allerdings die jungen Schläge entweder eine bestimmte Zahl von Jahren, oder auch nach dem Ermessen der Forstbedienten geschont werden.

Der erste Versuch, die Servituten so zu regeln, daß die Nachzucht der Wälder und die Erhaltung derselben gesichert wurde, ist in der 1756 erschienenen Schlesischen Forstordnung gemacht. Man ging aber dabei schon gleich im Anfange von den in andern Ländern geltenden Grundsätzen ab: daß der Hauptnutzung alle Nebennutzungen untergeordnet werden müssen, und beabsichtigte vielmehr überall festzusetzen: welche Befugnisse dem Waldbesitzer speciell einzuräumen seyen, um ihn auf der einen Seite in den Stand zu setzen, den Wald erhalten zu können, auf der andern doch aber auch den Berechtigten gegen unnöthige Beschränkungen und Beeinträchtigungen zu sichern. So setzt man denn in der erwähnten Forstordnung fest (Tit. I. §. 9.): daß, „da die Forsten so sehr in Schlesien abgenommen hätten, daß ein gänzlicher Holzmangel zu fürchten sey, der zehnte Theil des mit der Weide belasteten Waldes in Schonung gelegt werden dürfe. Auch wurde das Grasschneiden in allen jungen Schonungen untersagt, ebenso das Laubstreifen ganz verboten. Es wird dabei ausdrücklich befohlen, daß so verfahren werden solle, daß beides Wald- und Weidevieh bestehen könnten (Tit. II. §. 2. i.).

In der Deklaration dieser Forstordnung vom Jahre 1786 erkannte man diese Schonungsberechtigung nicht mehr für hinreichend, um den Wald zu erhalten, und bestimmte §§. 7. und 14. bei den in Schlägen eingetheilten und bewirthschafteten Wäldern

	Schonung gegen die Sichel,	gegen Vieh.
bei 12jährl. Umtrieb	3 Jahr,	6 Jahr
= 15 = =	4 =	7 =
= 18 = =	4 =	8 =
= 24 = =	5 =	9 =
= 32 = =	6 =	10 =

Die Schläge in den Kieferheiden sollten 15 Jahre in den Eichenwäldern 20 Jahre mit der Hütung verschont bleiben.

In der Grafschaft Glatz sollte ferner, wie früher der Weidebedarf der Gemeinden jährlich bestimmt werden. In den Revieren, welche keine Schlageintheilung hatten, konnte fernerhin der 10te Theil gehegt werden.

Auch ist §. 15. zwar bemerkt, daß die Hauptnutzung der Nebennutzung vorhergehen müsse, jedoch sind deshalb nach alle, selbst als nachtheilig anerkannte Hütungsprivilegia als gültig anerkannt worden, ihre Bestimmungen sind für den Waldbesitzer bindend, und heben die allgemeinen Bestimmungen der Forstordnung auf.

In den Forstordnungen für Ostpreußen und Litthauen von 1775, von Pommern von 1775 wurde die Schonungsfläche, welche der Waldbesitzer einhegen könne, auf den vierten Theil des weidebelasteten Waldes beschränkt.

Die Forstordnung von Westpreußen folgt bei den Bestimmungen, hinsichts der Ausübung der Servituten, dem Allgemeinen Pr. Landrechte, und wir führen daher diese an, so weit sich aus ihnen das Princip überhaupt ergiebt, nachdem sie geordnet sind. Es handelt davon der 22ste Titel des ersten Theils.

Dem Walde wird hierin kein Vorrecht vor andern Grundstücken eingeräumt. Die Grenzen der auf ihm lastenden Servituten werden durch Documente (§. 27.), selbst durch die Art und Weise der früheren Ausübung, wenn der Besitz durch Verjährung erworben ist (§. 28.), bestimmt. Der Waldbesitzer darf den Zustand des Waldes nicht ändern, insofern dadurch die Ausübung des fremden Rechts gehindert oder dessen Ertrag geschmälert wird. Sogar muß, wenn die Grundgerechtigkeit durch einen lästigen Vertrag erworben ist, der Wald auf Kosten des Waldbesitzers in dem Zustande erhalten werden, daß der Berechtigte sein Recht ausüben kann (§. 35.). So müssen z. B. da wo das Recht auf Strauchholz oder Dornen vorhanden ist, diese wieder vom Besitzer angebauet werden, wenn sie fehlen.

Wir finden hier folglich die Waldservituten und ihre Ausdehnung im rein rechtlichen Sinne behandelt, so daß der Grundeigenthümer, wie der Berechtigte, gleichviel Rechte gegen einander haben, wegegen überall in den oben angeführten Forstpolizeigesetzen die einzige Rücksicht bei der Beschränkung der Servituten diejenige war, die größtmöglichste Holzproduktion, eine vollkommene Waldkultur zu sichern.

Wenn nun, diesem Grundsatze gemäß, die Beschränkung in Frankreich und Süddeutschland jedesmal von den örtlichen Anforderungen der Forstwirthschaft abhängig gemacht, und deshalb die Grenzen der Ausübung nach dem Gutachten der technischen Behörden bestimmt werden konnten, so unternimmt ganz consequent das A. L. R., so wie in jeder andern Rechtsstreitigkeit, allein nach richterlichem Ermessen die Entscheidung darüber, indem diese nicht nach staatswirthschaftlichen und landespolizeilichen Rücksichten erfolgen soll, sondern lediglich nach Rechtsgrundsätzen. Die verschiedenen Grundgerechtigkeiten auf Gebäuden, bei Wegen, Aeckern, Wäldern, sind deshalb auch nach ganz gleichem Grundsatze, und in ein und demselben Abschnitte behandelt. Die Waldweide ist ebenso nach §. 80. zu ordnen, wie die Weide auf den Wiesen und Aeckern:

„so daß dabei die Substanz der Sache keinen Schaden „leidet, und die nach der Landesart übliche Kultur und „Benutzung nicht behindert wird,"

allerdings nur in sofern nicht besondere Verträge oder ein anderer Rechtstitel eine größere Ausdehnung begründet (§§. 27 28.).

Sodann ordnet aber auch das Gesetzbuch noch die verschiedenen Arten der Waldservituten im Einzelnen durch speciell bestimmte Vorschriften. So die der Waldweide §. 170. u. f., des Mastungsrechts §. 187, der Holzungsgerechtigkeiten §. 197 u. s. w.

So ist, um den Unterschied und das Eigenthümliche der Ordnung der Waldservituten bis zur Erscheinung der neueren Kulturedikte in Preußen anzudeuten, dies nicht durch ein eignes Forstpolizeigesetz geschehen, sondern durch das Civilgesetzbuch. Allerdings wird das A. L. R. immer nur als subsidiarisches Recht betrachtet und die Forstordnungen würden eigentlich entscheiden müssen. Da in diesen aber entweder gar keine oder auch sehr schwankende und oft ganz unbenutzbare Vorschriften enthalten sind, so kann man im Allgemeinen nur das A. L. R. als bestehendes Forstpolizeigesetz betrachten, wonach in der Regel bei Streitigkeiten über Waldservituten in der Provinz entschieden wird, wo es eingeführt worden ist.

Dazu kömmt denn noch, daß in Forst- und Jagdsachen, allerdings aber wohl auch nur in diesen, das Preußische Gerichtsverfahren viel Aehnlichkeit mit der Praxis der Englischen Jurisprudenz hat. Es giebt hier noch eine so große Menge Gesetze, die niemals direkt aufgehoben und widerrufen sind, doch aber so ganz gegen den Geist der Zeit, gegen alle Begriffe von Recht und Gerechtigkeit streiten, daß es keinem Richter einfallen kann, sie noch jetzt anwenden zu wollen. Dadurch hat sich denn aber auch wieder der Gerichtsgebrauch gebildet, überhaupt entweder unter den oft sehr verschiedenen gesetzlichen Bestimmungen eine auszuwählen, welche dem Richter die angemessenste erscheint, und von den andern keine Notiz zu nehmen, noch häufiger auf die Eigenthümlichkeiten des Waldes und der Jagd, und die deshalb bestehenden forstpolizeilichen Bestimmungen gar nicht zu achten, und mehr nach allgemeinen Rechtsgrundsätzen zu entscheiden. Dies findet allerdings eine Rechtfertigung selbst auch oft darin, daß es zweifelhaft ist, ob diese Vorschriften als Gesetze zu betrachten sind, welche der Richter beachten muß, oder bloße Erlasse der Administrationsbehörden, die keine gesetzliche Kraft haben. Daraus entstehen denn aber natürlich auch wieder nunmehr auffallende Erscheinungen. So z. B. daß es Gerichtsgebrauch vieler Obergerichte geworden ist, selbst neue Gesetze, welche in rechtsgültiger Form gegeben sind, ganz zu verwerfen, wie denn z. B. das Kammergericht in Berlin, und andere Obergerichte mehr, das Kulturedikt in Hinsicht des Einschonungsrechtes gar nicht anerkennt, und stets in streitigen Fällen entscheidet, daß nicht mehr als der sechste Theil der mit der Weide belasteten Waldfläche eingehegt werden darf*).

*) Worauf sich diese Entscheidung hinsichts der Laubhölzer stützt, wissen wir nicht zu erklären. Schwerlich läßt sich aber auch dieses Gewohnheitsrecht des Kammergerichts überhaupt rechtlich begründen, denn

Durch dies Kulturedikt vom 14ten September 1811 und die damit in Verbindung stehenden Gesetze, war eine gänzliche Umänderung der Grundsätze ausgesprochen, welche bis dahin als leitendes Princip in der Forstpolizeigesetzgebung anzusehen gewesen waren.

Zuerst wurden dadurch alle Beschränkungen des Grundeigenthumes (und Waldeigenthumes) aufgehoben, welche nicht aus irgend einer privatrechtlichen Beziehung herzuleiten waren (§§. 1. 4.)

In Hinsicht der Waldservituten wurde festgesetzt:

Die Raff- und Leseholzgerechtigkeit kann auf die Befriedigung des Bedürfnisses beschränkt und sie darf nur an bestimmten Tagen ausgeübt werden.

Die Waldweide soll nie die eigentliche Bestimmung des Waldes hindern; alle Beschränkung der Befugniß zur Einschonung durch die Bestimmung eines gewissen verhältnißmäßigen Theils des Waldes, welchen allein einzuschonen erlaubt ist, soll aufhören, und die Schonungsfläche hauptsächlich durch das Bedürfniß der Wiederkultur des Waldes bestimmt werden. Sollte durch die unbeschränkte Anwendung dieses Grundsatzes eine wirklich unentbehrliche Weide zu sehr leiden, so soll eine billige Einschränkung desselben nach dem Urtheile der Schiedsrichter stattfinden (§. 27—29.)

Wir haben schon bemerkt, daß dieses Gesetz in diesem Punkte als nicht gültig angesehen wird, ohne daß wir den Grund davon anzugeben vermögten, und daß also die Befugniß zur Einschonung noch nach älteren Gesetzen entschieden werden muß.

Der frühere Grundsatz: die Berechtigungen, die auf dem Walde lasten, nur so weit zu beschränken, daß dabei die Erhaltung desselben möglich wird, nicht aber dem Waldbesitzer

daß in Kiefern allerdings wohl der sechsste Theil als gesetzliche Schonungsfläche mögte angesehen werden können, rechtfertigt nicht, dies auch auf andere Holzarten auszudehnen.

das Recht einzuräumen, durch eine höhere Waldkultur den Ertrag der Berechtigung zu schmälern, wie ihm die Befugniß in Frankreich und den meisten deutschen Staaten zustehet, ist daher offenbar gegenwärtig noch die leitende Grundidee der Gesetzgebung zur Ordnung der Waldservituten in denjenigen Provinzen, wo das allgemeine Landrecht gilt, denn von diesen kann allerdings nur die Rede seyn. Auf diese erstreckten sich daher auch vorläufig nur die nachfolgenden Erörterungen, nicht auf die Rheinischen Provinzen, wo die französische Gesetzgebung gültig ist.

§. 56.

Die Gesetzgebung zur Ordnung der Waldservituten muß unläugbar wohl den Ansprüchen, die man an den Wald zu machen gezwungen ist, den Bedingungen, unter welchen diese nur zu erfüllen sind, den Bedürfnissen der Landkultur, der Lage, in welcher sich die Berechtigten befinden, selbst den Sitten, Gewohnheiten und Gebräuchen der verschiedenen Gegenden, sich anpassen. Gewiß ist es daher ein Mißgriff, dabei eine rein rechtliche Basis für sie zu suchen, und nicht die staatswirthschaftliche und polizeiliche diejenige seyn zu lassen, welche man vorzüglich als die allgemeine betrachtet, auf die man sich bei den Einzelnheiten stützt. Dem Rechte der Dachtraufe, der Befugniß auf eine fremde Mauer zu bauen, ganz dieselbe allgemeine Grundlage geben zu wollen, als dem Rechte, einen fremden Wald zu behüten, scheint uns nicht ganz richtig, wenngleich dies im A. L. R. geschiehet. Durch das Gesetz zu bestimmen, daß Aeste, welche über ein fremdes Grundstück hängen, weggenommen werden dürfen, die Früchte dem zuzusprechen, auf dessen Grund und Boden sie fallen, das kann man nach dem römischen Rechte ordnen, denn die Rücksichten, nach welchen man hier festsetzt, was als Recht zu erkennen ist, bleiben ganz dieselben zu Justinians Zeiten, wie in den unserigen. Nicht so die Bestimmungen über die Ausdehnung oder Beschränkung der Waldweide, des Streurechens. Was man hier vorschreiben muß, ändert sich nach Verhältnissen vielfach, von denen die Römer keinen Begriff hatten. —

Daß man niemals die Waldservituten nach dem gemeinen Rechte allein ordnen kann, läßt sich auch leicht darthun. Es kann Jemand einen unbestreitbaren Rechtstitel zur unbeschränkten Waldweide haben, und dennoch hat man kein Bedenken getragen, sie zu beschränken. Wenn diese Berechtigung schon zu einer Zeit erworben wurde, wo es noch keine Schonungen gab, sey es durch Verjährung oder ein Dokument in allgemeinen Ausdrücken abgefaßt, so wird niemand zu bestreiten vermögen, daß ihm, dem reinen Rechte nach, auch gar keine Verpflichtung aufgelegt werden kann, sich die Neuerung, Schonungen anzulegen, gefallen zu lassen. Dessenungeachtet beschränkt man ihn unbedenklich in seinem Rechte, aus polizeilichen und staatswirthschaftlichen Rücksichten.

Das Princip ist folglich überall anerkannt, daß dies geschehen darf. Die französische und andere Forstgesetzgebungen haben dies nun so ausgeführt, daß sie die Bestimmungen, in wie weit der Berechtigte in seiner Befugniß aus diesen Rücksichten beschränkt werden darf, den Verwaltungsbehörden überlassen haben. Das Preußische Gesetz ist nach andern Ansichten entworfen. Hier hat man, um jeder Willkühr der Verwaltung vorzubeugen, gleich die speciellen Bestimmungen in das eigentliche Gesetz mit verwebt. Dadurch ist offenbar eine Vermischung der Gegenstände, welche in ein Gesetz gehören, mit denen, welche durch eine bloße Verordnung (Ordonnance) zu ordnen sind, entstanden, ohne daß das geringste dadurch gewonnen ist. Wohl entstehen aber wesentliche Nachtheile, und eine vollkommene Unbenutzbarkeit des Gesetzes dadurch.

Das wird sich leicht darthun lassen. Gewonnen wird in Hinsicht der Sicherung der Berechtigten dadurch gar nichts. Unstreitig müssen doch die technischen und Verwaltungsbeamten die Grenzen der nothwendigen Beschränkung der Servituten aus polizeilichen, staatswirthschaftlichen und forstlichen Rücksichten angeben. Der Jurist kann mit ihnen nicht streiten, ob es recht oder unrecht ist, daß ein Schlag 10 oder 20 Jahre gehegt werde. Es gehen also immer die speciellen Bestimmungen über die Art und Weise der Beschränkung der Servituten von jenen Beamten aus. Nur sie können aber dieselben nur gerade nach dem jedesmaligen Standpunkt der Wissenschaft, der Landkultur u. s. w. geben, was nothwendig die Folge hat, daß dieselben ganz unpassend werden, so wie sich dies ändert und weiter ausbildet. Wäre die Ausführung des allgemeinen Gesetzes bloß Gegenstand einer Verordnung, so wie dies der Fall in Frankreich ist, so könnte dies durch eine im Staatsministerio berathene Aenderung stets passend erhalten, oder sogar nöthigenfalls, innerhalb gehöriger Schranken, durch die Regierungen in den Provinzen geregelt werden, die doch wohl in dieser Hinsicht mehr Zutrauen verdienen, als ein Präfekt. Ganz anders aber ist es mit einer Bestimmung des A. L. R., dessen §§. natürlich nicht in dieser Art fortwährend zu ändern sind.

Ein sprechendes Beispiel liegt uns in dieser Hinsicht vor. Th. I. Tit. XXI. §. 170 ist bestimmt:

„Wenn ein Wald in Schläge oder Haue ordentlich eingetheilt ist und solchergestalt forstmäßig beholzt wird, so müssen die jungen Haue so lange geschont werden, bis für das Holz von dem Viehe keine Beschädigung mehr zu besorgen ist.“

Dieser §. enthält die specielle Ausführung des allgemeinen Grundsatzes: daß ein Servitut die ursprüngliche Bestimmung des Grundstückes, und seine ordnungsmäßige Benutzung nicht hindern darf. Nach den damaligen Vorschriften und Ansichten gab es keine andere geordnete Forstwirthschaft als eine Eintheilung in so viel Schläge, als Jahre des Umtriebes, und die Umtriebszeit war dabei für alle Holzgattungen und Betriebsarten zugleich vorgeschrieben. So erfüllte man denn nach der damaligen Lage der Sache die Anforderung vollständig, durch diese Vorschrift, auf der einen Seite die volle Schonung für den Wald zuzusichern, die er bei einer ordnungsmäßigen Wirthschaft bedurfte, auf der andern aber auch den Berechtigten gegen jede willkührliche Beschränkung zu sichern, indem jedes Jahr nur eine bestimmte Fläche abgeholzt werden durfte, und eine forstmäßige Behandlung vorausgesetzt, nur so lange geschont zu werden brauchte, bis das Holz der Beschädigung durch das Vieh entwachsen war.

Dessenungeachtet kann von dieser zu Gunsten des Waldes bei geregelter Wirthschaft gegebenen Bestimmung von dem Eigenthümer desselben gegenwärtig so wenig Gebrauch gemacht werden als vom Richter, und es ist eigentlich auch keiner je davon gemacht worden. Die Idee der Schlageintheilung im Hochwalde hat sich bald nach der Erscheinung des A. L. R. als ganz unausführbar gezeigt, und in ganz Deutschland denkt kein Forstmann mehr daran, sie anzuwenden. Da nun aber das Gesetz deutlich und bestimmt eine hinreichende Schonung an die Bedingung einer Schlageintheilung knüpft, so gehört dieser §. eben so gut den apokryphischen Forstgesetzen an, als jene Bestimmung des Kulturedikts, um so mehr als, vielleicht nicht immer von den Gerichten im zweifelhaften Falle angenommen wird, daß die Berechtigten im Unrechte gegen die Wälder sind.

Hätte man sich begnügt, im A. L. R. bloß den Rechtssatz aufzustellen:

> dem Walde muß diejenige Schonung gewährt werden, welche er bei einer forst- und ordnungsmäßigen Wirthschaft bedarf —

und hätte dann der Verordnung, dem damaligen Generaldirektorio, die Ausführung dieser Bestimmung in der Art vorbehalten, daß dieses festzusetzen hatte, was als eine ordnungsmäßige Wirthschaft zu erkennen sey, so wäre dieser §. noch heute wie nach 100 Jahren gültig. So kann man in der That aber dreist behaupten, das A. L. R. enthält kaum eine einzige specielle Bestimmung in Forstsachen, gegen die sich nicht gegründete Einwendungen machen ließen. Was als ordnungsmäßige Wirthschaft gilt, muß sich zu jeder Zeit aus der Wirthschaftsordnung in den Staatsforsten ergeben. Es sind die Vorschriften über den Nachhaltsbetrieb, die Umtriebszeit, den geregelten Anbau, auch so bestimmt für alle Fälle gegeben, und müssen es seyn, daß darüber gar kein Zweifel seyn kann, und daß jeder Streit darüber nöthigenfalls augenblicklich zu schlichten seyn muß. Es kann daher kein Bedenken haben, die Bestimmungen der Staatsforstverwaltung hierin stets anzuerkennen.

Weil in der Preußischen Gesetzgebung die rechtlich ergänzende Verordnung fehlt, so sind viele Vorschriften derselben ganz unausführbar und werthlos.

Die Th. I. Tit. XXI. §. 232. enthaltene Bestimmung: daß der Berechtigte, welcher nur auf eine gewisse Holzgattung Anspruch machen kann, den Eigenthümer zur Wiederanpflanzung derselben nöthigen kann, wenn dieselbe in dem Walde nicht mehr anzutreffen ist, ist in den mehrsten Fällen so ungerecht als unausführbar. In der Regel ist der Berechtigte mehr Ursache an ihrem Verschwinden als der Waldeigenthümer, und selten ist diese Anpflanzung überhaupt möglich. In den meisten Eichenwäldern der Oder gehören die Dornen und kleinen Straucharten den Berechtigten. Diese verschwinden aber häufig in beweideten Distrikten, in regelmäßige Schonungen, kommen sie dagegen später von selbst wieder, wie sollte man nun aber wohl auf diesen Weidedistrikten es machen, die Dornen wieder anzupflanzen und herzustellen? —

§. 57.

Wir fordern nicht, daß der Berechtigte der bloßen Willkühr der Waldeigenthümer oder Forstbeamten preisgegeben sey, dieß würde schon ganz gegen die Ansicht streiten, daß die Waldservituten im Allgemeinen Bedürfniß und wohlthätig sind, daß sie erhalten werden müssen, und nur ihre Ordnung wünschenswerth ist, so daß sie dem Walde nicht verderblich

wer=

werden. Aber auch nicht bloß dies muß man verlangen, sondern auch das, daß die Waldkultur sich muß ungehindert entwickeln können, selbst wenn dies theilweis nur auf Kosten der Berechtigung geschehen kann.

Gehen wir auf die Entstehung der Berechtigungen*) und die damaligen Verhältnisse zurück, um die Gerechtigkeit und Billigkeit dieser Forderung darzuthun.

Die Waldservituten mögen ihren Ursprung in der Nothwendigkeit haben, den Dienstleuten und Hintersassen ihre Bedürfnisse aus dem Walde zukommen lassen zu müssen, sie mögen auf Verträgen beruhen, die man schloß, um Theile der Walderzeugung benutzen zu können, auf solchen, welche bezweckten die Nutzungen zu sondern, oder zuletzt gar auf freiwilligen Begabungen und Schenkungen, beinahe immer wird sich der Waldeigenthümer jetzt in einer ungünstigern Lage gegen den Berechtigten befinden, als zur Zeit ihrer Entstehung, selbst wenn diese mit der Bildung des Waldeigenthums zugleich stattfand. Nur das Mastrecht, das Harzscharren und Theerschwelen können hierin eine Ausnahme machen, da deren Ertrag gegen denjenigen des Holzes und im Verhältniß der Bodenbenutzung überhaupt sehr gesunken ist.

Die Weidegerechtigkeit, das Streusammeln, alle die verschiedenen Holzungsgerechtigkeiten haben im Laufe der Zeiten nicht bloß eine ungeheuere Ausdehnung erhalten, indem sich die Bevölkerung, der Viehstand, und das Bedürfniß an Düngmitteln in der Regel gewiß mehr als verzehnfacht hat, die Ansprüche der Berechtigten gestiegen sind u. s. w. Wären diese an den Wald so geblieben, wie sie zur Zeit der Entstehung der Rechte waren, so würde man sie gar nicht zu beschränken haben, die Nothwendigkeit es zu thun, ist bloß eine Folge ihrer großen spätern Ausdehnung.

---

*) Siehe Pfeil Forstschutz und Forstpolizeilehre, S. 232., und Befreiung der Wälder von Servituten.

Sodann muß man noch auch wohl billigerweise annehmen, daß der Waldbesitzer in der Regel im gutem Glauben gehandelt hat, daß ihn diese Rechte, welche er abtrat und einräumte, nicht in der vollen Kultur seines Waldes hindern würden, selbst wenn sie einen Theil der Produktion desselben in Anspruch nehmen. Einhegungen, Umwandlungen der Betriebsart, Verkürzung des Umtriebes, überhaupt unsere jetzige Wirthschaftsführung kannte man damals gar nicht, wie hätte Jemand auf die Idee kommen sollen, Reservate, in Bezug auf dieselbe, zu machen! —

So wie die Wirthschaft damals war, thaten die eingeräumten Rechte durchaus keinen Schaden, eine Vorsicht in Bezug auf mögliche Aenderungen in künftigen Jahrhunderten zu treffen, lag aber nicht im Karakter der Zeiten, oder richtiger, dazu mangelte die Erfahrung.

Nehmen wir folglich an, daß die Berechtigten immer noch im Vortheile durch die Erhöhung des Werths ihrer Nutzungen bleiben werden, wenn diese auch beschränkt wird, so erscheint diese als keine Unbilligkeit. Beachtet man aber zugleich, daß das Bedürfniß der Bodenkultur diese Beschränkung dringend fordert, so wird man es nicht als ungerecht ansehen können, wenn man im schlimmsten Fall, d. h. bei vorhandenen lästigen Verträgen, eine Aufhebung derselben zu Gunsten der Waldkultur fordert, wenn der Berechtigte sich im Fall einer weitern Beschränkung dadurch verletzt glaubt. —

Wenn man die Anerkennung des Grundsatzes fordert:

daß die Berechtigungen so weit beschränkt werden müssen, als es die volle Waldkultur bedingt,

so thut man nichts, als daß man das in Anspruch nimmt, was in der Praxis auch in Preußen längst überall anerkannt ist. Wir wollen nicht einmal auf das vorhandene Kulturedikt provociren, wenn man es in Hinsicht seiner Gültigkeit bestreitet, sondern nur darauf aufmerksam machen, daß man fortwährend die Beschränkungen der Servituten weiter ausgedehnt hat, so wie es das Bedürfniß des Waldes als nothwendig erscheinen ließ. Im Anfange konnte das Vieh weiden wo es wollte. Sodann macht man den Hirten zur Pflicht, den jungen Aufschlag in den Heiden möglichst mit dem Betreiben zu schonen, die wenigen angesäeten Schonungen zu vermeiden. Später dehnte man die Waldschonung bis auf ein Zehntheil der ganzen Fläche, dann bis auf ein Sechstheil aus, erweiterte es, wie oben dargethan ist, bis auf den Bedarf eines regelmäßig bewirthschafteten Waldes.

Wir verlangen daher nichts, als daß sich das Gesetz enthalte, überall bestimmen zu wollen, was das Bedürfniß des Waldes hinsichts der Beschränkung der Servituten fordern, sondern nur den im Kulturedikt von 1811, in Bezug auf die Weide, ausgesprochenen Grundsatz, als allgemeinen, für alle Servituten geltenden anerkenne.

§. 58.

Aus dem Gesagten wird schon überall deutlich hervorgehen, daß diese Beschränkungen nie den Zweck haben können, eine Aenderung in der bloßen Theilung der Nutzungen herbeizuführen, sondern immer nur den, die Hindernisse zu beseitigen, welche die Servituten, hinsichts der Erhaltung und Kultur des Waldes, erzeugen. Es dürfte jedoch nicht unnütz seyn, dies noch deutlicher zu bezeichnen.

Das Recht des freien unbeschränkten Holzhiebes, der uneingeschränkten Weidegerechtigkeit, desjenigen auf eine gewisse Holzgattung, des Streurechens ohne Beschränkung, sind verderblich für den Wald, den Eigenthümern und größtentheils sogar auch für den Berechtigten. Der Besitztitel, worauf sie ausgeübt werden, mag seyn welcher er wolle, so fordert die Klugheit, Billigkeit und das Recht selbst sie so weit zu beschränken, daß die Erhaltung des Waldes und seiner Kultur als vollkommen gesichert angesehen werden können. Deputathölzer, das Recht, den Abraum fordern zu können, das Raff- und Leseholz, sogar dasjenige auf absterbendes Holz, hindern unmittelbar weder die Erhaltung noch die Kultur des Waldes. Mittelbar können sie allerdings auch darauf einwirken, indem sie die Liebe zum Eigenthum und zur Kultur desselben durch das Gefühl schwächen, daß man nicht für sich allein, sondern auch für andere kultivirt. Auch werden sie oft nachtheilig durch die Gelegenheit zu Freveln und mißbräuchlicher Ausdehnung des Benutzungsrechts. Dies kann jedoch eine Beschränkung derselben niemals rechtfertigen. Nur bei sehr belasteten Forsten tritt die erste Wirkung ein, und hier wird es nur nöthig werden, Gelegenheit zur Sonderung der Nutzungen durch Theilung des Waldes, Ablösung der Berechtigung zu geben, die in diesem speciellen Falle zweckmäßig seyn kann. Der mißbräuchlichen Ausdehnung muß man durch genaue Bezeichnung der Grenzen jedes Rechts, durch strenge Polizeivorschriften bei seiner Ausübung möglichst zuvorkommen; die Möglichkeit, daß dieselbe erfolgen kann, darf aber keinen Rechtfertigungsgrund zu seiner Aufhebung oder Beschränkung geben.

Diesen Grundsatz hat man denn auch überall in den Ländern, deren Forstpolizeigesetzgebung hier erwähnt wurde, als richtig anerkannt. Wo man auch das Weide- und Streurecht bloß von der Willkühr der Forstverwaltung abhängig gemacht und es lediglich nach den Bedürfnissen des Waldes zu ordnen freigestellt hat, sind doch immer die eigentlichen Holzberechtigungen, in Bezug auf die Menge des Holzes, welches der Berechtigte in Anspruch nimmt, von der Forstpolizeigesetzgebung ganz unberührt geblieben. Ueberall ist es dem Civilrichter überlassen worden, zu bestimmen, was von dem erzogenen Holze dem Berechtigten oder dem Eigenthümer des Waldes zukömmt. Die Beschränkungen der Holzberechtigungen in polizeilicher Beziehung bezwecken lediglich a) die Verhinderung einer nachtheiligen Holzverschwendung, b) diejenige von Holzentwendungen, und c) eine solche Art und Weise des Einschlags und der Abfuhr des Holzes, welche der

Berechtigte erhält, daß die Beaufsichtigung desselben möglich wird und die Wiederkultur des abgeholzten Waldes gesichert bleibt. Die Anordnungen deshalb sind überall durchaus nöthig.

Zu denjenigen Rechten, welche demgemäß gar nicht durch die Forstpolizeigesetzgebung anders als in der zuletzt bezeichneten Art berührt werden dürfen, und hinsichts welcher die Ansprüche des Berechtigten in Bezug auf die Größe der Benutzung und Menge des auf Grund der Berechtigung zu beziehenden Materials lediglich der Bestimmung nach dem gemeinen Rechte überlassen bleiben muß, rechnen wir folgende:

1. Alle Holzberechtigungen, welche die Wiederkultur des Waldes und die Erhaltung voller Bestände nicht gefährden. Als solche, bei denen dies niemals der Fall seyn kann, wenn sie in der gewöhnlichen ordnungsmäßigen und gesetzlichen Art ausgeübt werden, sehen wir an:

a. das Recht auf festbestimmte Deputathölzer,
b. auf freies Bau- und Nutzholz,
c. auf Raff- und Leseholz,
d. auf Lagerholz,
e. auf Abraum,
f. auf ganz abgestorbenes Holz,
g. auf Holz, welches ganz vom Winde, durch den Schnee- oder Duftanhang abgebrochen ist.

Dagegen können die Kultur hindern:

a. das Recht auf eine bestimmte Holzgattung,
b. auf Stockholz,

und es müssen beide polizeilich geordnet werden.

Das Recht, den Bedarf unbedingt fordern zu können, ist nur nach dem gemeinen Rechte zu regeln, bedarf aber dies auch unerläßlich.

2. Das Recht auf Stein, Sand, Lehm, Thon, —
3. dasjenige des Sammelns der Waldbeeren,
4. der Wegegerechtigkeit,
5. der Fischereigerechtigkeit,

6. das Floßrecht,

7. das Ablagerecht,

8. das Recht der Viehtränke,

können überall hinsichts ihrer Ausdehnung bloß durch die Bestimmungen des Civilrechts geordnet werden, und bloß die Art und Weise ihrer Ausübung ist durch die Forstpolizeigesetzgebung zu regeln. Dagegen wird die Ausdehnung folgender Berechtigungen forstpolizeilich zu bestimmen seyn:

1. das Weide- und Triftrecht, einschließlich der Befugniß, Viehlager und Viehstände im Walde einzurichten, so wie der Nothweide,

2. das Recht des Streusammelns,

3. das Recht der Gräserei,

4. das Recht des Laubstreifens,

5. das Recht auf Baumfrüchte jeder Art,

6. das Recht des Harzscharrens,

7. das Recht der Theerschwelerei,

8. das Recht des Aschebrennens und der Grubenköhlerei,

9. das Recht, in einem fremden Walde Wild hegen, auf eine Art fangen und jagen zu dürfen, wobei eine Beschädigung des Holzes statt finden kann,

10. das Recht der Zeidelweide und des Aussetzens von Bienen im Walde.

§. 59.

Schon die bloße Aufzählung aller dieser verschiedenen Grundgerechtigkeiten, welche alle in Preußen vorkommen, wird auf den ersten Blick ergeben, daß auch in Hinsicht der Ordnung der Waldservituten nur eine provinzielle Forstpolizeigesetzgebung zweckmäßig seyn kann, wenn auch die allgemeine Grundidee, wonach das Einzelne geordnet wird, überall dieselbe bleiben muß. In der Forstordnung für die Provinz Niederrhein ein Kapitel mit Vorschriften hinsichts der Beschränkung des Harzscharrens und des Rechts, Bienen im Walde aussetzen zu können, anfüllen zu wollen, wäre eben so lächerlich, als in derjenigen für Lithauen einen Abschnitt aufzunehmen, welcher die Grenze der Ausdehnung der Mastungsgerechtsame bestimmt, und die Ausübung dieses Rechtes ordnet, oder die Befugniß der Umwandlung des Mittelwaldes in Hochwald feststellt. Aber auch noch andere Gründe sprechen dafür, auch in Bezug auf die Ordnung der Waldservituten ebenfalls nur Provinzial-Forstordnungen in Preußen zu erlassen. Viele der Dinge, welche schon oben angeführt wurden, um das Unpassende eines allgemeinen Preußischen Forstpolizeigesetzes darzuthun, treten auch hier wieder hervor, nur mit sehr verstärktem Gewichte.

Von jeher ist die Ausübung der Waldservituten in den verschiedenen Provinzen der Monarchie sehr verschieden gewesen. In den meisten Gegenden Westphalens und der Rheinprovinzen haben die Schafe den Wald schon seit undenklichen Zeiten nicht mehr betreten, in den Marken, Schlesien, Pommern u. s. w. gehen sie von jeher Winter und Sommer darin. Man muß alle diese tausendfachen, Jahrhunderte schon dauernden und mit allen Ansichten, Bedürfnissen und Wirthschaftseinrichtungen der Berechtigten wie der Waldeigenthümer gleichsam zusammengewachsenen Sitten, Gewohnheiten und Observanzen nothwendig schonen, wenn man nicht etwas diesem allen Widerstrebendes herstellen will.

Die Art und Weise der Ausübung der verschiedenen Gerechtsame hat sich aber auch überall im Allgemeinen aus dem Gefühle des Bedürfnisses, des Zweckmäßigen und Passenden für alle Theile entwickelt. Wenn man in Westphalen die Abholung des Raff- und Leseholzes mit einem Wagen mit 4 Pferden bespannt in der Forstordnung erlauben wollte, würde Jedermann eben so schreien, als wenn es dem Gesetzgeber einfiel, es in den östlichen Provinzen verbieten zu wollen. Und das mit vollkommnen Rechte. Wenn der märkische Heidemiether sich weigert, die dünnen Zweige der Kiefern auf den Schlägen als ein Holz anzuerkennen, welches seine

Bedürfnisse befriedigen kann, und anderes besseres fordert, so daß zu gleicher Zeit *) die Verwaltung mehr als 100 Rthlr. jährlich ausgeben muß, um den auf den Schlägen liegenden Abraum zu verbrennen, damit nur die jungen Pflanzen wachsen können, während sie verurtheilt wird, an eine kleine Gemeinde 1000 Klafter Scheitholz jährlich als Entschädigung für fehlendes trocknes Holz zu geben, so wird der Rheinländer das Preußische Recht gar nicht zu fassen vermögen. Wir behaupten zwar auch nicht, daß der Forstmann dies in Forstsachen immer vermögte, aber das ist doch gewiß, daß in der Mark Brandenburg andere Verhältnisse statt finden müssen, als in Westphalen oder Rheinland, denn schwerlich würde ein gleiches Urtheil vom Hofgerichte in Arnsberg, oder von den Appellationsgerichten in den Rheinprovinzen erschienen seyn, und es läßt sich nicht denken, daß es nicht seine, in den örtlichen Verhältnissen begründete, Rechtfertigung fände.

Die Bedürfnisse an Streulaub, Gräserei sind eben so verschieden, als es die Eigenthümlichkeit der Forsten ist, welche sie befriedigen sollen. Das Streulaubsammeln ist in den Sandgegenden oft unentbehrlich, und die Kiefern können es unter gewissen Beschränkungen sehr gut ertragen, wenigstens wird immer der Schaden, den der Wald davon hat, geringer seyn, als der Gewinn, welchen der Ackerbau davon beziehet. Eine Aufhebung oder zu starke Beschränkung des Rechtes, unter diesen Umständen, wäre offenbar ungerecht und unwirthschaftlich zugleich. Anders ist es in den Buchen-, Hoch-, Nieder- und Mittelwäldern, in Gegenden, wo man den Mangel an Streulaub häufig durch eine bessere Wirthschaftsführung ersetzen kann. Ein Buchenwald auf nicht sehr reichem Boden kann durch starkes Laubsammeln geradezu seine Productionsfähigkeit verlieren, und das, was die Wirthschaft dadurch ge-

*) In den Neustädter Institutsforsten, Lieper Revier.

winnt, vielleicht weniger werth seyn, als das, was dem Walde dadurch entzogen wird.

Da, wo man mit der Waldfläche so beengt ist, daß man genöthigt ist, die volle Holzproduction derselben zu fordern, um nur dem Bedürfnisse zu genügen, kann man diese nicht durch die Nebennutzungen vermindern lassen. Ja selbst da, wo man, gemäß der Beschaffenheit des Bodens und dem Stande der Bevölkerung, den Wunsch hegen muß, alles für die Ackerkultur benutzbare Land ausscheiden zu können, was nicht zur unerläßlichen Befriedigung der Holzbedürfnisse verlangt werden muß, kann dieser Anforderung nur genügt werden, wenn man dem Walde die Zugeständnisse macht, welche er in Anspruch nehmen muß, um vollkommne Holzbestände erzeugen zu können. Ganz anders ist es in einem großen Theil der östlichen Provinzen der Preußischen Monarchie. Hier liegt eine so große Menge Boden, welcher nur Holz erzeugen kann, neben einem unerschöpflichen Schatze von Torf-, Braun- und Steinkohlen, daß es kaum denkbar ist, daß alles Holz und die Surrogate desselben irgend benutzt werden könnten, wenn auch nur die Wälder in den Zustand gebracht werden, den sie bei mäßig beschränkten Waldservituten recht gut erreichen können. Wäre es wohl unter diesen Verhältnissen zu rechtfertigen, wenn man der Landwirthschaft zu Gunsten der Holzerzeugung diejenige Unterstützung aus dem Walde entziehen wollte, ohne welche sie gar nicht bestehen, wenigstens nicht denjenigen Ertrag geben kann, den man nothwendig von ihr verlangen muß? —

Das sind die Gründe, aus welchen sich wohl behaupten läßt:

daß das Detail der Beschränkung der Servituten, selbst bei dem allgemeinen Grundsatze, daß sie sich den Bedürfnissen einer vollkommnen Waldkultur unterordnen müssen, doch immer nur provinziell geordnet werden kann, da selbst der Begriff dieser vollkommnen Waldkultur mehr relativ zu nehmen ist, noch mehr aber das, was sie erfordert, sich sehr abweichend darstellen kann.

Selbst auch ein Forststraftarif kann ja nur provinziell seyn, denn wäre es wohl zu rechtfertigen, wenn man den armen Bewohner Westpreußens ganz in derselben Art bestrafen wollte, wie den wohlhabenden der Rheinprovinzen?

§. 60.

Mag nun aber auch ein neues Forstpolizeigesetz dem Grundsatze folgen, daß der vollkommnen Waldkultur alle Servituten untergeordnet werden müssen, oder mag man mehr der juristischen Ansicht beipflichten, und die Erhaltung der Nutzungen, welche diese gewähren, dem Berechtigten in jedem Falle bis zu einem gewissen Maße sichern wollen, immer muß dieser Gedanke klar und deutlich in ihm ausgesprochen seyn, da er das leitende Prinzip für den Gesetzgeber, für den Richter und den Forstverwalter bilden muß.

Sache der Provinzialgesetzgebung ist es dann, die Ausführung desselben den örtlichen Verhältnissen gemäß zu ordnen. Dies ist eben so wenig schwer, als es ohnehin unvermeidlich ist.

Es würde schon ganz unmöglich seyn, die Wirthschaftsführung in den Staatsforsten zu ordnen und zu controliren, wenn man nicht allgemeine Grundsätze der Betriebsregulirung aufstellen wollte. Dies muß man ja auch schon jetzt, um sich gegen die oft unbestimmten Ansprüche der Berechtigten zu sichern, um wie viel leichter muß dies seyn, wenn man diese bestimmt übersehen kann.

Welches in jeder Provinz das Betriebsalter ist, das man im Allgemeinen für jede Holzgattung, nach Boden und Benutzung, als das vortheilhafteste ansehen kann, in wiefern eine Umwandlung der Holzgattungen, Betriebsarten u. s. w. sich nach den stattfindenden Verhältnissen als zweckmäßig zeigt, mit einem Worte, welche Wirthschaftsgrundsätze im Allgemeinen befolgt werden sollen, das muß man schon jetzt jedem Taxator bezeichnen, welchem die Ertragsermittelungen beträchtlicher Waldflächen übertragen werden. Durch diese Bestimmungen mag denn auch gleich bezeichnet werden, was man in jeder Provinz nach den Verhältnissen als eine **normale** Wirthschaft anerkennt. Sachverständige Landwirthe mögen dann sagen, ob bei einer solchen die Landwirthschaft und die Nothdurft der Berechtigten gefährdet werden kann, um erforderlichenfalls noch die nothwendigen Modificationen eintreten zu lassen.

Jeder Waldeigenthümer, welcher sich ausweiset, innerhalb der auf diese Weise bezeichneten Schranken zu wirthschaften, die den Berechtigten demgemäß zukommenden Nutzungen zu gewähren, macht dann nur von seinem guten Rechte Gebrauch. Jeder, welcher die Beschränkungen der Berechtigten weiter ausdehnt, als bei dieser vorausgesetzten Wirthschaft nöthig seyn würde, verletzt deren Rechte.

Eine solche Anordnung scheint unvermeidlich wegen der in Preußen gesetzlich bestehenden und auch zu erhaltenden Freiheit der Privatforstwirthschaft. Wenn man in andern Staaten zum Theil die unbedingte Unterordnung der Servituten unter die Anordnung der Forstverwaltung vorgeschrieben hat, so kann man dabei bemerken, daß dies keine Willkühr in sich schließt, indem man überall, sowohl in den Staatsforsten wie in den Privatwaldungen, bestimmten Vorschriften in der Wirthschaftsführung folgen muß, und die letztern deshalb beaufsichtigt werden. Auch konnte man sich darauf berufen, daß man dem Waldeigenthümer selbst die Beziehung der, der Erhaltung des Waldes gefährlichen Nebennutzungen untersagt, welche man dem Berechtigten entzog. Anders ist es da, wo man dem Privateigenthümer die willkührliche Behandlung und Benutzung des Waldes überläßt, da muß natürlich die Schranke gezogen seyn, welche er nicht überschreiten darf, ohne sich der Verletzung der Servitutberechtigten schuldig zu machen.

Diese speciellen Wirthschaftsbestimmungen sollen aber nicht in das Gesetz selbst aufgenommen werden, wovon die Gründe oben entwickelt sind, sondern durch eine Verordnung, welche vielleicht am zweckmäßigsten gemeinschaftlich von den Ministerien des Innern und der Finanzen erlassen würde.

§. 61.

Es bleibt uns zuletzt noch ein sehr wichtiger Gegenstand übrig: die Erörterung, in wie fern ein neues Forstpolizeigesetz die bestehenden besondern Verhältnisse ändern soll.

Daß dasselbe nie nachtheilige Abänderungen desselben für den Wald herbeiführen kann, scheint uns unzweifelhaft zu seyn. Wenn der Waldbesitzer schon jetzt rechtsgültig in einer günstigern Stellung gegen den Berechtigten sich befindet, als er sich befinden würde, wenn die Servituten ganz nach den Bestimmungen des neuen Forstpolizeigesetzes geordnet würden, so kann ihm dies nicht nachtheilig werden, sondern er muß in seinen bisherigen Rechten auch ferner verbleiben.

Zweifelhafter erscheint es, ob ein solches neues Gesetz auch Servitute ändern kann, deren Ausdehnung durch frühere rechtsgültige Judikate entschieden ist. Es würde wenigstens hart erscheinen, daß, wenn früher ein Gutsbesitzer in Schlesien, auf Grund der in dieser Provinz geltenden Forstordnung verurtheilt worden wäre, nicht mehr als den zehnten Theil seines Waldes einzuhegen, jetzt dieses Urtheil für immer ihn hindern sollte, den sechsten Theil einzuschonen, wenn bestimmt würde, daß ein solcher Schonungstheil als Bedürfniß einer ordnungsmäßigen Wirthschaft in einem Kieferforste anerkannt werden muß. Es ist ein bloßer Zufall, daß gegen den einen Gutsbesitzer vielleicht ein Jahr, bevor das neue Gesetz erschien, geklagt wurde, und gegen den andern nicht, und es wäre hart, dem erstern nun für immer das Recht der vollen Kultur seines Waldes abzusprechen. Alle ältern Judikate, welche sich lediglich auf ein älteres, nun aufgehobenes Gesetz gründen, dürften deshalb wohl durch das neue Forstpolizeigesetz aufgehoben werden. Das ist ganz dasselbe als die natürliche Folge, daß, wenn gleich frühere Judikate die Gutsunterthanen zu unbestimmten Frohnden verurtheilten, zu Leistungen, welche auf der Person ruheten, diese nach der neuern Gesetzgebung dennoch als aufgehoben zu betrachten sind.

Wenn man consequent und gerecht seyn will, so muß man dann aber auch die Vergleiche, wo bei erhobenen Streitigkeiten die Parteien es zu keinem Urtheil kommen ließen, sondern sich verglichen, den Judikaten in dieser Beziehung als gleich ansehen, und sie durch ein neues Forstpolizeigesetz als aufgehoben betrachten. Sie würden natürlich vom Waldeigenthümer gar nicht geschlossen seyn, wenn er nicht das Gesetz hinsichts der Einschonung seiner Waldungen, der Abweisung des Streusammelns u. s. w. gegen sich gehabt hätte.

Was die Verträge, vorzüglich die lästigen betrifft, so hat überall das Preußische Gerichtsverfahren diese besonders ausgenommen, und die allgemeinen bisher bestehenden Forstpolizeigesetze auf einen speciellen Vertrag, der die Leistung der Contrahenten deutlich bestimmt, als nicht anwendbar darauf erklärt. — Es ist allerdings nicht zu bestreiten, daß wenn man dem Eigenthümer selbst gestattet, seinen Forst zu verwüsten, so muß man ihm auch das Recht zugestehen, die Befugniß der Verwüstung einem Dritten einräumen zu können, und es entstehet dann für ihn daraus die Verbindlichkeit, den Wald durch den Berechtigten verwüsten zu lassen, und den geschlossenen Vertrag zu halten. Dies ist aber in vielen Fällen gar nicht so. Einmal gaben die Gesetze dem Berechtigten bis zum Jahre 1811 in Preußen keinesweges das Recht der Waldverwüstung, und die Schließung eines solchen Vertrags, welcher diese zur nothwendigen Folge haben mußte, war also eine ganz ungesetzliche Handlung. Dann wird man aber auch wenig oder gar keine Forsten finden, auf denen nicht noch andere Privatverpflichtungen, zur Zeit als der Vertrag geschlossen wurde, ruheten, die die Erhaltung desselben als Wald bedingten. Dahin gehören Lehnsverbindlichkeiten, Schulden, Leistungen an Holz an andere Berechtigte u. s. w. Diese machten natürlich solche Einräumungen an und für sich rechtsungültig, da sie gegen ältere bestehende Rechte stritten. Auch kann man wohl gewiß annehmen, daß der Waldbesitzer, welcher Berechtigungen einräumte, die nothwendig den Ruin des Waldes zur Folge haben mußten, z. B. das Weiderecht ohne Einschonung, dies übersahen und sich nicht selbst täuschten, daß daher eine Verletzung statt fand, welche zur Aufhebung des Kontrakts berechtigte.

Man kann dabei bemerken, daß die neuere Gesetzgebung den Waldeigenthümer zur Aufhebung eines solchen Vertrags schon dadurch berechtigt hat, daß sie ihn in den Stand setzte, die lästige Berechtigung abzukaufen. Allein das ist nicht immer der Fall. Abgesehen davon, daß dadurch immer nicht der Einwurf einer ursprünglichen Ungültigkeit des Vertrages behoben wird, und dem Waldbesitzer dabei die Verpflichtung aufgelegt bleibt, dessen nachtheilige Folgen zu tragen, so gibt es auch noch Fälle, wo die verschiedenen Berechtigungen Widersprüche in sich tragen, die sie unablösbar machen. So finden wir Forsten, an die so große Ansprüche hinsichts der Holzberechtigungen gemacht werden, daß diese kaum von der gesammten voll bestandenen Fläche zu befriedigen sind, während doch der Mangel an hinreichender Schonung den Waldbesitzer außer Stand setzt, den vollen Anbau des Holzes möglich zu machen, und er auch selbst eine kleine Fläche nicht abtreten kann.

Es scheint doch sehr der Erörterung der Rechtsverständigen werth: ob nicht, so bald man einmal den Grundsatz aufstellt, der Eigenthümer dürfe gesetzlich niemals seinen Wald verwüsten, nicht auch dem Berechtigten, ohne Rücksicht auf den Rechtstitel auf Grund dessen er seine Berechtigung besitzt, diese Befugniß ebenfalls verweigert werden kann? Der Staat schreitet wohl hier mit gleicher Befugniß gegen den Eigenthümer selbst, wie gegen den Berechtigten ein, weil er die Erhaltung der Forsten für die Gesellschaft als unerläßlich, und jede Handlung, welche deren Verwüstung herbeiführen muß, als unverbindlich und nicht zu gestatten betrachtet.

Es verstehet sich dann von selbst, daß dann entweder der Vertrag von Seiten der Berechtigten muß aufgehoben werden können, indem er von seinen Leistungen, die ihm auf Grund desselben obliegen, ebenfalls wieder befreiet wird, oder daß diese wenigstens, wenn er dies nicht beabsichtigt, im Verhältniß der verloren gehenden Nutzungen ermäßigt werden.

Es dürfte nicht unpassend seyn, ausdrücklich darauf aufmerksam zu machen, wie nachtheilig die nothwendige Consequenz, daß auch der Berechtigte die Befugniß, die Forsten zu verwüsten, erhalten müsse, wenn man sie dem Eigenthümer zugestehet, und daß es schon deshalb rathsam wird, sie überhaupt zu verweigern, und den Grundsatz aufzustellen, daß keiner von beiden irgend einen Rechtstitel besitzen könne, welcher ihn zur Verwüstung eines Waldes berechtigt.

In einem noch höhern Grade als in Bezug auf Verträge, rechtfertigt sich nun wohl auch diese Anforderung hinsichts solcher Berechtigungen, die auf bloßen Privilegien und Begnadigungen beruhen. Wo bloße Verjährung und Observanz den Rechtstitel bilden, verstehet es sich ohnehin wohl von selbst, daß dann die Berechtigung lediglich nach der Bestimmung des Forstpolizeigesetzes ausgeübt werden dürfe.

In vielen Gegenden Deutschlands, wo man Mittel- und Niederwaldwirthschaft treibt, ist man häufig übereingekommen, ein bestimmtes Alter des Holzes zu bestimmen, worin es dem Weideviehe eingegeben werden muß, weil bei der schon Jahrhunderte lang dauernden regelmäßigen Schlagwirthschaft die Weidegerechtigkeit dadurch am sichersten geregelt schien. So z. B. findet man am ganzen Vorharze die Bestimmung in die Privilegien u. s. w. aufgenommen, daß in das 8te, 9te oder 12te Blatt gehütet werden kann. Man kann nicht behaupten, daß durch diese Festsetzung die Erhaltung des Waldes an und für sich unmöglich gemacht würde, der Beweis gegen diese Behauptung wäre sogleich dadurch geführt, daß man darthun kann, wie sich derselbe wirklich erhalten hat, obwohl die Weidegerechtigkeit seit Jahrhunderten ausgeübt worden ist. Aber auf der einen Seite wird die dem Walde dadurch zugestandene Schonungsfläche immer unzureichender, je mehr sich die eingetriebene Viehzahl vermehrt und in den Mittelwaldungen die alten, aus der Vorzeit herstammenden und bei geringem Viehstande erzogenen Bäume immer mehr und mehr verschwinden. Auf der andern nöthigt diese Bestimmung, welche nur für Nieder= und Mittelwaldbetrieb paßt, indem bei dieser Schonzeit nur etwa der Stockausschlag von weichen Hölzern, nicht aber Samenloden dem Viehe entwachsen könne, nur sehr unvortheilhaftes Holz zu erziehen und in einer durchaus nachtheiligen Wirthschaft zu beharren; der Holzertrag des Waldes wird zwar wegen dieser Berechtigung nicht ganz aufhören, aber muß nach und nach vielleicht auf den vierten Theil des möglichen herabsinken. Dies scheint sehr hart gegen den Waldeigenthümer, wenn man beachtet, daß nirgends in der Preußischen Gesetzgebung einem solchen eine andere Verpflichtung gegen die Weideberechtigten auferlegt ist, als ihnen immer eine gewisse verhältnißmäßige Weidefläche offen zu lassen, und ihm die Befugniß ausdrücklich überall zugestanden wird, da wo ihm das Recht der vollen Holzkultur zustehet, auch vollkommne Bestände zu erziehen.

Es dürfte daher der Gerechtigkeit, der Billigkeit und dem Vortheile des Staats, so wie den in dieser Schrift überall entwickelten Grundsätzen gemäß seyn, wenn man an ein neues Forstpolizeigesetz die Anforderung stellt, daß darin die Bestimmung enthalten seyn möge:

daß in den Fällen, wo ein gewisses Alter als dasjenige bezeichnet ist, in welchem das Vieh eingetrieben werden darf, dem Waldbesitzer das Recht zustehet, einen Ort länger in Schonung zu behalten, sobald dies zur Herstellung eines regelmäßigen Holzbestandes nöthig ist, wenn er dagegen einen andern gleich großen Weidedistrikt, den er der Wirthschaftsordnung gemäß abholzen und einhegen könnte, der Beweidung offen läßt, und mithin die Weidefläche nicht vermindert, welche der Berechtigte bisher zu fordern befugt war. Es verlieren die Weideberechtigten wenig oder gar nichts dadurch an ihrer Nutzung, und der Waldbesitzer wird in den Stand gesetzt, seinen Wald voll kultiviren zu können. — Diese berührte, für viele Forsten so verderbliche Bestimmung ist abermals ein Beweis, wie gefährlich es ist, die Berechtigungen für immer nach den gegenwärtigen Ansichten über eine zweckmäßige Wirthschaftsführung ordnen zu wollen!

§. 62.

Die Grundidee, welche in dem bisher Angeführten in ihrer Anwendung entwickelt werden sollte, läßt sich vielleicht in folgenden kurzen Sätzen aussprechen und zusammen fassen.

Die Waldservituten sind häufig nothwendig und nützlich, so lange das Holz noch auf großen ausgedehnten Flächen erzogen wird, deren Eigenthümer nicht im Stande sind, die ganze Production derselben zu benutzen.

Sie sind außerdem ein Eigenthum so gut wie jedes andere, welches Schutz fordern kann, und durchaus ohne rechtfertigende Gründe nicht beschränkt oder geschmälert werden darf.

Die Nothwendigkeit der Erhaltung und der Gewinnung der vollständigen Production des Waldes rechtfertigt aber allerdings im Allgemeinen eine Beschränkung, da überhaupt niemand sein Eigenthum zum Nachtheile der Gesellschaft benutzen darf.

Die Ausdehnung der Beschränkung welche dazu nothwendig wird, kann nur nach den jedesmaligen Kultur- und örtlichen Verhältnissen bestimmt werden, und läßt sich daher weder im Einzelnen für große Länder, noch für lange Zeiten passend, geben. Nur der allgemeine Grundsatz, den man überall befolgen kann, läßt sich dazu bestimmt aufstellen.

Wo es bloß auf eine Theilung der Nutzung ankömmt, muß überall das Nöthige deshalb nach dem gemeinen Civilrecht bestimmt werden. Wo es sich aber um die Erhaltung des Waldes oder um die Sicherung der Bodenkultur handelt, fällt der Gegenstand der Kultur= und Forstpolizeigesetzgebung anheim. Einmal rechtlich bestehende Theilungsgrundsätze der Nutzungen, welche die Kultur des Waldes nicht hindern, sind deshalb auch unantastbar. Bestimmungen, welche bloß forstpolizeilicher Natur sind, müssen sich mit den bemerkbar werdenden Bedürfnissen in dieser Beziehung ändern lassen.

Die Ordnung der Waldservituten durch eine Abkaufung derselben zu erlangen, um auf ihre Beschränkung Verzicht thun zu können, wird oft nöthig, zweckmäßig und für beide Theile vortheilhaft, eben so oft aber auch, wo sie erzwungen wird, dem Walde und Staate, wie den Parteien verderblich und für das Nationalwohl gefährlich. Für den Berechtigten schädlich, weil ihm dadurch selten oder nie die Sicherung gewährt wird und gewährt werden kann, welche ihm seine Berechtigung darbot; für den Waldbesitzer, weil er dadurch zu größern Aufopferungen, zur Erhaltung und zur Erlangung des Rechts der vollen Kultur genöthigt wird, als wozu er eigentlich veranlaßt seyn kann, wenn die Servituten gehörig geordnet werden; für den Staat, weil dadurch eine Menge Waldboden in Hände gebracht wird, die ihn nicht zu benutzen vermögen und viele werthvolle Producte des Waldes werthlos gemacht werden. Es ist wahr, die Waldservituten haben den Forsten im Laufe von Jahrhunderten viel gekostet, aber bei weitem noch nicht so viel, als ihre Ablösung in noch nicht eben so viel Jahrzehnten. Möchten die gemachten Erfahrungen beherzigt werden, und möchte man endlich von der unglücklichen Idee zurückkommen, als wenn eine volle Waldkul=

tur gar nicht zu erreichen sey, so lange der Wald noch mit Servituten belastet ist.

§. 63.

Es mag nun ein Versuch folgen, die aufgestellten allgemeinen Grundsätze, welche die Grundlage der Ordnung und Beschränkung der Waldservituten bilden müssen, auf gegebene Verhältnisse anzuwenden. Dazu sind die des nordöstlichen Deutschlands gewählt worden, die dem Verfasser am bekanntesten sind. Ausdrücklich wird aber dabei bevorwortet, daß dieses mehr als Erläuterung des Gesagten, wie als Beispiel zu betrachten ist, als daß dabei die Idee vorschwebte, hier Alles gleich so vollständig ordnen zu wollen, daß man nur nöthig hätte, diese Vorschläge, so wie sie dastehen, in gesetzliche Bestimmungen umzuwandeln.

Es ist dabei auch nochmals darauf aufmerksam zu machen, daß dabei nur solche Dinge berührt wurden, welche ein Hinderniß werden können, um dem Walde die volle Produktion abzugewinnen, und daß alle diejenigen unbeachtet bleiben, welche bloß eine Theilung der Nutzung bezwecken.

Hier kommen zuerst zur Sprache

die Holzberechtigungen.

Schon oben (§. 58.) sind die im Allgemeinen die Kultur nicht hindernden Holzgerechtsamen von denen gesondert, welche derselben nachtheilig werden können. Aber auch die erste Klasse wird dennoch nicht ganz unbeachtet in einem Forstpolizeigesetze bleiben können, da sie wohl in der Regel als unschädlich zu betrachten sind, aber doch einzelne Fälle eintreten können, wo dies nicht der Fall ist.

1. Das Recht auf feste nach Menge und Beschaffenheit bestimmte Deputathölzer.

Zuweilen ist eine Holzgattung bestimmt, welche nicht mehr nachgezogen werden kann, Eichen, Buchen, wo der Boden sich verschlechtert hat; Erlen, wo wegen Entwässerungen ein hinreichender Feuchtigkeitsgrad mangelt. Ist die Nachzucht dieser Hölzer durch Zufall, den natürlichen Lauf der Dinge und überhaupt ohne Verschulden des Waldbesitzers durchaus unmöglich geworden, so liegt es schon in den allgemeinen Rechtsgrundsätzen, daß der Berechtigte sich dann mit einer ausreichenden anderweitigen Entschädigung begnügen muß. Eine absolute Unmöglichkeit dieser Nachzucht ist aber weit seltner zu behaupten, als oft eine große Aufopferung zur Erziehung dieser Holzgattungen gemacht werden muß, und doch auch eine Ablösung nicht ausführbar ist, da fixirte Deputathölzer in der Regel nicht abgelöset werden können. Es scheint daher eine billige Forderung zu Gunsten des Waldbesitzers zu seyn, daß bestimmt werde, daß derselbe in einem solchen Falle, wo die bezeichnete Holzgattung nicht mehr ohne Nachtheile geliefert werden kann, eine andere, mit Berücksichtigung der verschiedenen Güte, und ohne einen Nachtheil für den Berechtigten geben darf.

Eine andere wünschenswerthe Bestimmung ist die einer gesetzlichen Reduction unbestimmter oder abgeänderter alter Maaße in das jetzige gesetzliche Landesmaaß. In den ältern Documenten kommen häufig ganz unbestimmte Maaße vor, z. B. Fuder, große, mittlere und kleine Bäume, Spließbäume, Schirrholzbuchen u. s. w., und es wäre wohl wünschenswerth, nach Recht und Billigkeit in jeder Provinzialforstordnung — denn diese Benennungen sind nur provinziell — die Menge des darunter zu verstehenden Holzes festzusetzen. Dies wird allerdings nicht einmal immer gleichmäßig für eine ganze Provinz geschehen können, denn ein Fuder in den Gegenden, wo schwache Pferde sind, ist etwas ganz anderes, als ein solches, da wo man starkes Zugvieh hat. Doch läßt es sich aber wohl recht gut nach verschiedenen Landstrichen bestimmen.

Es gab ferner früher im Preußischen eine Menge verschiedener Klaftern und Malter, das Reisigholz wurde in sehr verschiedene Gebunde gebunden, die Bauholzsortimente hatten sehr verschiedene Namen. Die Ermittelung des Kubikinhalts dieser alten Maaße, wie er zu verschiedenen Zeiten angenommen werden kann, würde für alle Theile etwas wünschenswerthes seyn.

2. Noch nöthiger bedarf das Recht des freien Bauholzes einer polizeilichen Ordnung. Wie groß der Berechtigte bauen darf, wozu er das freie Bauholz fordern kann, ob das Holz des alten Gebäudes ihm oder demjenigen gehört, welcher das Holz zum neuen Gebäude giebt, ob es wenigstens, so weit es benutzbar ist, wieder in dies letztere verwandt werden muß, dies mag alles nach dem allgemeinen Landrechte entschieden werden.

Dagegen werden Bestimmungen nöthig seyn:

a) Ueber die normale Größe der Gebäude für gewisse wirthschaftliche Bedürfnisse, da der Berechtigte nach dem A. L. R. eine Vergrößerung der Gebäude gegen früher fordern kann, wenn diese sie erfordern.

b) Ueber die Konstruction und den innern Ausbau der Wohngebäude, diejenigen Holzersparungen, welche der Waldbesitzer dabei fordern kann.

c) Die Zeit der Anmeldung zum Empfange, zur Anweisung und Verabfolgung des Freiholzes, so wie der Absuhr und des Verbrauchs des angewiesenen Bauholzes muß bestimmt seyn.

d) Die dem Waldbesitzer zustehende Controle, hinsichts der Verwendung des Holzes.

e) Die Verpflichtung der Berechtigten zur Erhaltung der Gebäude.

f) Die Berechtigung des Waldbesitzers die Assekuranz gegen Feuer beaufsichtigen zu können,

alles das sind Gegenstände, welche in einem Forstpolizeigesetze wohl beachtet werden können. Größtentheils sind sie schon in den Domainenforsten durch reglementarische Bestimmungen der ehemaligen Krieges- und Domainenkammern, der jetzigen Regierungen, des Generaldirektorii, geordnet, allein diese Verfügungen sind einseitige Administrationsvorschriften, die von den Gerichten wohl kaum in einem Rechtsstreite mit dem Fiscus als gesetzliche Kraft habend angesehen werden dürfen, gewiß aber niemals von dem Privatforstbesitzer als Gesetze angeführt werden können *).

3. Der Begriff des Raff- und Leseholzes ist im A. L. R. Th. I. Tit. 22. §. 215. bestimmt und deutlich so gegeben, daß darunter dasjenige Holz verstanden wird, welches in trocknen Aesten abgefallen ist, oder in abgeholzten Schlägen an Abraum zurückgelassen worden. Vielleicht dürfte dieser Begriff eine Erweiterung dahin erhalten können, daß auch noch alles dasjenige trockne Holz dazu gerechnet wird, welches ohne Anwendung eines Instrumentes von dem Berechtigten gewonnen werden kann. So wird dieses Recht wenigstens in der That ausgeübt.

Hierbei wird aber nöthig:

a) Die Bestimmung der Holztage, an denen es ausgeübt werden darf.

b) Die Anordnung, daß die Berechtigten von Michael bis Ostern nicht vor Sonnenaufgang und nach Sonnenuntergang, von Ostern bis Michael nicht vor 5 Uhr Morgens und nach 7 Uhr Abends im Walde seyn dürfen.

c) Die, nach den Provinzen verschiedene, Art und Weise der Abholung festzusetzen, wenn man es nicht lieber vorziehet, die Observanz in dieser Hinsicht entscheiden zu lassen, was noch zweckmäßiger seyn dürfte.

d) Das Recht zur Ertheilung von Holzzetteln, von Seiten des Waldbesitzers, dürfte auch ferner zu erhalten seyn.

e) Eine Bestimmung: daß diese Berechtigung die Aenderung des Betriebes, mit alleiniger Ausnahme der Einführung

---

*) Man sehe unter andern die Instruction, welche bei Revision der Forstordnungen beobachtet werden soll 2c. Potsdam vom 1sten Juni 1770 (Hoffmanns Repertorium. 3te Fortsetzung Seite 466.), worin viele dieser Gegenstände schon geordnet sind.

eines Buschholzumtriebes, nicht hindern kann, auch der Waldbesitzer dadurch nicht in der Wahl der Holzgattung beschränkt wird, scheint wünschenswerth zu seyn.

4. Lagerholz ist Niemand verpflichtet, von neuem entstehen zu lassen, und das Recht darauf erlischt, sobald keines mehr vorhanden ist. Wenn jedoch der Berechtigte erweiset, seinen Holzbedarf durch Benutzung des Lagerholzes bisher gedeckt zu haben, und diesen aus Mangel daran nun nicht mehr decken kann, so hat er auf eine verhältnißmäßige Entschädigung Anspruch. Diese Entschädigung kann in anzuweisenden Stockholze, Abraum, trocknen und faulen Bäumen gegeben werden.

5. Was unter Abraum zu verstehen ist, wird in der Art nach der bisherigen Observanz zu bestimmen seyn, daß in allen denjenigen Forsten, wo bisher gar kein Knüppelholz sondern nur Klobenholz aufgeschlagen wurde, noch alle Aeste zum Abraume gehören, welche der Holzhauerordnung gemäß in die Knüppelklaftern gelegt werden müssen. Ist dagegen der Waldbesitzer im Besitz des Rechtes Knüppelholz einzuschlagen, so gehört zum Abraum nur das Reisigholz der eingeschlagenen Bäume, welches, der Holzhauerordnung gemäß, in die Reisigbündel gebunden werden müßte. Die Späne, welche bei dem Einschlage des Brennholzes abfallen, gehören stets wenigstens zum Abraume, in der Regel sogar zum Raff- und Leseholze. Die Späne dagegen, welche bei dem Beschlagen des Bauholzes, dem Arbeiten von Felgen, Stabholze, Schindeln oder ähnlichen Nutzhölzern gemacht werden, gehören stets dem Eigenthümer des Holzes, von welchen sie abfallen.

Das Recht auf Abraum verhindert, so lange es bestehet, jede Aenderung in der Wirthschaft, wodurch es nach dem Gutachten der Sachverständigen in seinem Ertrage vermindert werden könnte.

Zu einem Einschlage von Holze, um den Berechtigten

Abraum zu verschaffen, kann der Waldeigenthümer selbst in dem Falle nicht gezwungen werden, wenn jene wegen Mangel desselben ihren Bedarf nicht zu befriedigen vermögen. Dagegen stehet ihnen frei, im Fall starke Holzschläge, durch Unglücksfälle oder aus eigenen Willen des Waldbesitzers stattfinden, sich auf mehrere Jahre durch Benutzung des Abraumes*, ihren Bedarf zu verschaffen, wenn zu fürchten ist, daß er später nicht gedeckt werden könnte.

Wo das Bedürfniß der Berechtigten den ganzen Abraum in Anspruch nimmt, muß dieser ihnen wohl auch von den auf dem Stamme verkauften Bäumen verbleiben.

6. Das Recht auf abgestorbenes oder trocknes Holz kann sich nur auf solche Bäume und Holzpflanzen erstrecken, welche ohne eine äußere, durch Menschen herbeigeführte Veranlassung trocken geworden sind. Geschälte, geringelte, vom Feuer oder auf andere Weise beschädigte und dadurch getödtete Bäume gehören dem Berechtigten nicht.

Wenn durch Insekten, Wind, Schnee, Duftbruch, Ueberschwemmungen oder durch andere Naturereignisse Holz in großer Menge abstirbt, so hat der Berechtigte davon nicht mehr als den einjährigen Bedarf zu fordern, und das Uebrige gehört dem Waldbesitzer selbst in dem Falle, wenn künftig der Bedarf des Berechtigten nicht mehr gedeckt seyn sollte, wo dann nur der im Allgemeinen Landrecht Th. I. Tit. 20. §. 226. u. f. vorgesehene Fall eintritt.

Auch muß der Berechtigte, im Fall er bloß Brennholz zu fordern hat, sich dann mit dem ihm von dem Waldbesitzer anzuweisenden starken Abraume an Aesten und Wipfeln, oder den schwächern Bäumen, begnügen und darf keine zu Nutzholze tauglichen Bäume an sich nehmen.

So lange der Bedarf der Berechtigten nicht gedeckt ist, stehet dem Waldbesitzer das Recht nicht zu, durch Durchforstungen oder den Einschlag der Bäume, welche vermuthen lassen, daß sie trocken werden, die Ausübung der Berechtigung zu verhindern. Er kann jedoch durch Anweisung von benutzbarem Durchforstungsholze und dessen Aushieb unter Anweisung der Forstbeamten durch die Berechtigten, den Bedarf derselben decken, und sich auf diese Art von dieser Beschränkung befreien.

Eine Umwandlung des Hochwaldes in Nieder=, Mittel= und Hackwald, oder in eine ähnliche Betriebsart, worin das absterbende Holz in geringerer Menge vorkömmt, ist unzulässig, so lange diese Berechtigung noch auf einem Walde lastet.

Die Ausübung derselben darf immer nur in einer Art erfolgen, wobei kein grünes umherstehendes Holz beschädigt wird. Auch erstreckt sie sich immer nur auf solches Holz, welches ganz abgestorben ist.

7. Derjenige, welcher auf **Windbruch, vom Dufte und Schnee gebrochenes Holz eine Berechtigung besitzt**, kann ebenfalls nur einen einjährigen Bedarf, unter den oben angedeuteten Beschränkungen, fordern, wenn beträchtliche Quantitäten davon im Walde sich vorfinden.

Windwürfe, d. h. solche vom Winde umgeworfene oder geschobene Bäume, welche noch mit ihren Wurzeln in der Erde befestigt sind, gehören nicht zum Windbruche. Der Eigenthümer dieser Berechtigung ist vielmehr nur befugt, dasjenige Holz auf Grund derselben in Anspruch zu nehmen, welches durch die Gewalt des Windes, die Last des Schnees oder Duftes so gebrochen ist, daß aller Zusammenhang des abgebrochenen Stückes mit dem Stamme aufgehört hat. Auch erstreckt sich die Berechtigung nur auf das abgebrochene Stück, niemals auf den Theil des Stammes, welcher noch in der Erde stehen geblieben ist, den der Waldbesitzer für sich benutzen kann.

Dasjenige Wind=, Duft= und Schneebruchholz, welches der Berechtigte an sich nimmt, ist er verpflichtet in ganzen Stücken so aus dem Walde zu fahren, daß man deutlich erkennen kann, es sey ein ihm gebührender Windbruch. Im

Fall dies bei der Größe der Stämme Schwierigkeiten haben sollte, so ist er befugt den von ihm in Besitz genommenen Baum durch den Waldbesitzer oder dessen Forstbeamten für sich zeichnen zu lassen, und ihn später erst abzufahren.

Die Observanz entscheidet, selbst in dem Falle, wo der Berechtigte den Windbruch als zur Deckung seines Bedarfs erforderlich in Anspruch nimmt, darüber, ob er den Waldbesitzer von der Mitbenutzung desselben ausschließen kann.

Maaßregeln, welche die Verhütung des Wind-, Duft- und Schneebruchs bezwecken, kann der Berechtigte niemals verhindern wollen, und ebenso wenig hat er ein Recht auf Entschädigung, wenn dies Holz nicht mehr vorzufinden ist. Jedoch darf keine Umwandlung des Hochwaldes in Mittel- und Niederwald erfolgen, so lange es noch auf einem Forste lastet.

8. Das Recht, den vollen Bedarf an Brennholz fordern zu können, kömmt hier nur in sofern zur Sprache, als dieser Bedarf durch den Berechtigten selbst aus dem Walde entnommen wird. Für welche Bedürfnisse das Holz rechtlich verlangt werden kann, ist nach dem gemeinen Rechte zu entscheiden, und welche Quantitäten sie zu befriedigen als hinreichend erkannt werden, muß, wenn auch nicht für jeden einzelnen Fall besonders, doch für jeden Landstrich durch Sachverständige ermittelt werden. Eine Quantität ein für allemal für die verschiedenen Klassen der Landbewohner festzusetzen, wie dies wohl versucht ist*), muß als durchaus verwerflich angesehen werden. Uebrigens gehört diese Bestimmung auch gar nicht in eine Forstordnung, sondern mehr in eine Instruction zur Ausführung einer Gemeinheitstheilungsordnung, weshalb sie hier auch ganz übergangen wird.

Die erforderlichen Vorschriften zur Ausübung des Rechtes den Bedarf an Brennholze aus dem Walde entnehmen, selbst fällen und abholen zu dürfen, sind schon wohl überall in

*) Hartigs Forstordnung. S. 73.

den älteren Gesetzen enthalten, so daß es genügt, darauf hinzudeuten, daß sie wieder in ein neues Forstpolizeigesetz herüber genommen werden müssen. Die wesentlichsten sind:

a) Die Verpflichtung der Berechtigten die landüblichen und polizeilich zu verlangenden Ersparungen eintreten zu lassen.

b) Kein Holz ohne Anweisung der Forstbeamten fällen zu dürfen.

c) Sich an die observanzmäßig bestehenden Beschränkungen bei der Fällung und Abfuhr zu binden.

Dazu mögte auch die Bestimmung treten:

daß der Waldbesitzer fordern kann, daß ihm zum 1sten November jedes Jahres der Bedarf eines Jahres angezeigt wird, und daß er dann befugt ist, dem Berechtigten das Holzquantum, welches dieser rechtlicher Weise fordern kann, auf den Jahrschlägen anzuweisen, wo derselbe es dann gemäß den Vorschriften, welche in Hinsicht des Einschlags und der Holzabfuhr in den Staatsforsten bestehen, für seine Rechnung einschlagen lassen muß.

Eine Befugniß, Einspruch in die Umänderung der Holzgattung oder Betriebsart kann dies Recht nur dann geben, wenn dadurch die Befriedigung des Bedarfs gefährdet würde.

§. 64.

Einer sorgfältigern Beachtung durch die Forstpolizeigesetzgebung bedürfen folgende Holzberechtigungen, um zu verhindern, daß sie nicht die Kultur des Waldes erschweren oder unmöglich machen.

9. Das Recht auf eine gewisse Holzgattung.

Wir finden dasselbe in doppelter Art im nördlichen Deutschlande vor. Einmal, indem sich der Fiscus oder Gutsherr, Eichen, seltner andere Holzgattungen, als Regale vorbehielt oder anmaßte. In dieser Art ist es wohl gar nicht mehr zu dulden, indem es zu steten Streitigkeiten Anlaß giebt, dem Eigenthümer wenig einträgt und dem Waldbesitzer oft sehr lästig wird, und es dürfte wohl am besten seyn, wenn geradezu vorgeschrieben würde, diese Berechtigung nach Vorschrift des §. 128. der Gemeinheitstheilungsordnung vom 7ten Juni 1821 abzulösen. Hiernach erhält der Berechtigte außer dem vorhandenen Holze Ein Prozent des Werths desselben als Ablölungssumme, und wenngleich dies dem Belasteten sehr günstig erscheinen sollte, so wird doch gewiß der Besitzer des Rechts dabei wenig verlieren.

Häufiger kömmt dasselbe in der Art vor, daß der Eigenthümer des Waldes dem Berechtigten die geringern, für ihn nicht nutzbaren Hölzer, wie Dornen, Strauchholz, Weiden u. s. w. zum Aushiebe überlassen hat. So wie die Waldwirthschaft früher geführt wurde, war dies eben so wenig nachtheilig als es noch jetzt in den lichten Oderwäldern Schlesiens und der Neumark so erscheint, wenn die Eingeforsteten die daselbst aufwachsenden Dornen und andere unbenutzbare Strauchhölzer an sich nehmen. Es wird diese Berechtigung aber sehr verderblich, sobald man dem Besitzer die Befugniß den Wald mit nützlichern Holzarten zu kultiviren, deshalb entziehet, weil man ihm das Recht bestreitet, dadurch die dem Berechtigten gehörende Holzgattung zu verdrängen.

Noch ungerechter ist die im A. L. R. (§. 32. Th. I. Tit. 20.) dem Waldbesitzer auferlegte Verpflichtung, diese Holzgattung, im Fall sie ausgegangen ist, wieder anzubauen. Es ist eine ganz natürliche Folge jeder geordneten Waldwirthschaft, daß die weichen Hölzer in den geschlossenen Buchenforsten in ältern Beständen verschwinden müssen, die Sträucher in den Baumholzbeständen, sobald diese in vollem Schluß kommen, und es ist eine absolute Unmöglichkeit, sie darin zu erhalten oder gar nachzupflanzen. Dagegen finden sich gewöhnlich diese Holzgattungen ganz von selbst wieder ein, so wie sich die Bestände wieder licht stellen oder verjüngen, so daß in der Regel ihre Vernichtung nur vorübergehend ist. Hierzu kömmt nun noch, daß gewöhnlich die Holzgattung des Berechtigten nicht pfleglich behandelt, sondern durch diesen zu jeder Zeit benutzt wird, ja daß sogar oft eine pflegliche Behandlung ganz unmöglich ist, indem nach ihrem Abhiebe keine Schonung der Wiederausschläge oder des Anflugs mit dem Viehe, in den beweideten Distrikten stattfinden kann. Offenbar ist daher doch wohl nur dem Waldbesitzer die Verpflichtung zum Wiederanbaue des Holzgattung der Berechtigten aufzulegen, wenn er selbst ihr Verschwinden veranlaßt hat, was gewiß in den wenigsten Fällen nachzuweisen seyn wird. Es scheint deshalb eine Aenderung der Bestimmungen des A. L. R. in nachstehender Art eben so nöthig als billig.

Diese Berechtigung auf eine gewisse Holzart sollte dem Waldbesitzer an der Herstellung voller Holzbestände nicht hindern können, Jedoch darf er keine Umwandlung der Betriebsart oder der ihm gehörenden Holzarten vornehmen.

Verschwindet die Holzgattung des Berechtigten durch Herstellung voller Holzbestände, oder durch den natürlichen Lauf der Dinge, so ist er berechtigt, die ihm dafür obliegenden Leistungen ferner nicht mehr zu entrichten, so lange bis er sein Recht wieder ausüben kann.

Ist eine unwirthschaftliche Behandlung von seiner Seite die Veranlassung zum Verschwinden derselben, so kann er sich nicht weigern, diese Leistungen auch ferner zu entrichten.

Glaubt der Berechtigte, daß durch Kulturmaaßregeln des Waldbesitzers die ihm gehörende Holzgattung vermindert oder vernichtet werden könnte, so ist er befugt, die Ablösung der Berechtigung zu verlangen. In diesem Falle wird der gegenwärtige Zustand des Waldes bei der Berechnung des Ertrages der Berechtigung zum Grunde gelegt. Auch treffen die in der Gemeinheitstheilung vom Jahre 1821 bestimmten Nachtheile, welche den Berechtigten dem Antrag auf Ablösung erschweren, ihn in diesem Falle nicht, sondern es tritt dasselbe Verfahren ein, als wenn der Antrag von dem Eigenthümer des Waldes ausgegangen wäre.

10. Das Recht auf Stockholz, welches oft Theer-

schweler, auch wohl Brennholz berechtigte Gemeinden besitzen, verhindert die Wiederkultur des Waldes durch Besamungsschläge, sobald auf Grund desselben alle in ihm von den gefällten Bäumen zurückgebliebenen Stöcke in Anspruch genommen werden. Indem dieselben ausgegraben werden, erfolgt eine nothwendige Vernichtung aller herumstehenden jungen Pflanzen, und die entblößten Stellen können auch nicht mehr wieder mit Samen überstreuet werden. Ist das junge Holz schon größer, so wird es auch wohl durch die Absuhr des gewonnenen Stockholzes beschädigt und verwüstet, so daß man dabei nur sehr lückenhafte Bestände erziehen kann. Vorzüglich verderblich wird das Roden des Kiefern-Stockholzes durch Theerschweler in den jungen Dickichten, indem diese es gewöhnlich so lange darin stehen lassen, bis das weniger harzreiche Holz abgefault ist, damit das Abhauen desselben weniger Mühe und Kosten macht, sich auch die harzigen Theile mehr auf einen kleinen Theil des Stockes conzentrirt haben. Wenn dann von einem früher gut bestanden gewesenen, jetzt mit 15 bis 20 Jahre altem Holze dicht bestockten Distrikte alle Stöcke gerodet werden, so ist dieser größtentheils verwüstet. Eine Menge lückenhafter Bestände sind dies bloß durch das Stockroden geworden.

Vielleicht wäre es möglich, der Billigkeit und Gerechtigkeit gegen den Berechtigten, so wie dem Bedürfnisse der Waldkultur durch folgende Bestimmungen zu genügen.

So lange der zur Rodung des Stückholzes Berechtigte seine Bedürfnisse außerhalb der Schonungen und jungen Bestände, in denen dadurch Schaden geschehen könnte, noch zu befriedigen vermag, ist der Waldbesitzer befugt, ihm das Stockholzroden in denselben zu untersagen.

Auch ist dieser überall berechtigt, ihm das zur Befriedigung des Bedürfnisses taugliche Stockholz anzuweisen. Er kann dazu fordern, daß die Stöcke in den nächsten drei Jahren, nach dem Abhiebe der Bäume von dem Berechtigten ausgerodet werden. Kömmt dieser der Aufforderung dazu nicht nach, so verliert er sein Anrecht dazu.

Der für Theerschweler durch die Rodung und Verschwelung von frischem Stockholze statt alter abgefaulter Kierenstöcke entstehende Verlust, soll durch Sachverständige ermittelt, und ihm von dem Waldeigenthümer ersetzt werden, sobald dieser ihn zur Verschwelung des frischen Holzes nöthigt.

Wenn das in den Schlägen, Schonungen und Dickichten stehende Stockholz zu Befriedigung des Bedürfnisses des Berechtigten auch unbedingten erforderlich ist, so kann der Waldbesitzer doch dessen Gewinnung untersagen, sobald er den Berechtigten für das Unbenutztbleiben desselben zu entschädigen bereit ist.

Aeltere Bäume dürfen durch Rodung dicht daran stehender Stöcke niemals beschädigt werden. Auch müssen die gerodeten Stöcke aus Dickungen bis an den nächsten Weg getragen werden, um aller Beschädigung des jungen Holzes durch die Abfuhre zu vermeiden.

Alle aufgegrabenen Stocklöcher müssen wieder mit Erde ausgefüllt und geebnet werden. Stehet einer Gemeinde die Berechtigung zum Stockholzroden zu, so ist diese verpflichtet, die offen gebliebenen Löcher bis zur Mitte des Monats März, auf erhaltene Aufforderung durch den Waldbesitzer oder dessen Beamten, wieder auszufüllen.

Auf Stöcke, von welchen Stockausschlag oder Wurzelbrut zur Verjüngung des Waldes benutzt wird, kann sich die Berechtigung auf Stockholz niemals erstrecken.

Die Ausübung aller der verschiedenen Holzgerechtsamen, wobei sich die Berechtigten das Holz selbst und ohne unmittelbare Anweisung durch den Forstbedienten aufsuchen, einsammeln und abholen, muß noch durch mancherlei nicht zu vermeidende Vorsichtkeitsmaaßregeln beschränkt werden.

Dahin sind noch, außer den angeführten, zu zählen:

das Verbot des Mitführens von Instrumenten, mit denen ein Schaden anzurichten ist;

das Verbot mit Karren, Wagen und Zugvieh auf die Schläge, welche schon mit jungen Pflanzen bestockt sind, zu fahren.

Die Anordnung, daß kein Abraum eher abgeholt werden darf, bevor nicht der Baum von den Holzschlägern ganz aufgearbeitet und das Holz in das Schichtmaaß aufgesetzt worden ist, ist sehr wünschenswerth. Das frühere Verbot, überhaupt die Schläge zum Sammeln des Abraums eher zu betreten, als bis aller Einschlag darauf beendigt ist, dürfte in vielen Gegenden kaum inne zu halten seyn, und wohl besser in der angegebenen Art abgeändert werden. Sehr oft dauert der Einschlag auf großen Schlägen bis zu der Zeit, wo die Ackerarbeit beginnt und auch das Recht zum Abholen des Holzes aus dem Walde aufhört, da dies nur in vielen Gegenden von Michaelis bis Ostern erlaubt ist. Die Abholung des Abraumes würde dadurch, wenn jene Anordnung streng befolgt werden müßte, zum eigenen Nachtheile des Waldbesitzers vor dem folgenden Herbste unmöglich werden, und die jungen Pflanzen würden unter dem liegen bleibenden Holze Gefahr laufen zu ersticken.

Das Verbot eiserner Haken, wo überhaupt das Abbrechen trockner Aeste mit Haken erlaubt ist, dasjenige der Vereinigung vieler Menschen oder gar das Anspannen von Pferden an Haken um starke Aeste, Wipfeln oder gar ganze Bäume ab- und umzubrechen, ist sehr dringendes Bedürfniß. Durch den zuletzt angedeuteten Mißbrauch geschiehet in Forsten, wo die Anwendung von Haken nicht untersagt werden kann, oft sehr großer Schaden.

§. 65.

Die Ordnung des Servituts der Waldweide ist für die Erhaltung der Forsten eben so wichtig, als es eine schwierige Aufgabe ist, diese zu sichern und doch auch die wichtige Weidenutzung nicht mehr zu schmälern, als es nothwendig ist.

In Frankreich und den verschiedenen Ländern des südlichen und westlichen Deutschlandes ist man gegen diese Nebennutzung, die in vielen Fällen zur Hauptnutzung werden kann, mehr

mehr eingenommen als sich dies bei einer geregelten Hochwaldwirthschaft wohl rechtfertigt. Der Grund davon liegt theils darin, daß früher in jenen Gegenden vorzüglich Mittel- und Niederwaldbetrieb oder im Hochwalde Plenterwirthschaft war, theils daß man daselbst größtentheils der Weidenutzung im Walde überhaupt nur geringen Werth für die Landwirthschaft einräumte. Zuerst verbannte man die Ziegen ganz aus den Wäldern, sodann die Schafe ebenfalls, Pferde wurden daselbst ohnehin selten im Forste geweidet, und so blieb nur noch die Rindviehhütung in denselben bestehen, welche aber ebenfalls sich unbedingt dem Bedürfnisse der Waldkultur unterordnen mußte.

Hinsichts der Verbannung der Ziegen ist man überall in Deutschland, mit Ausnahme weniger Gebirgsgegenden, jenem Beispiele gefolgt. Es kann nicht die Rede davon seyn, dieses nun einmal aus den Wäldern verbannte schädliche Thier in dieselben wieder einführen zu wollen, aber zu rechtfertigen dürfte diese alte Maaßregel nicht gewesen seyn, wenn man damals schon unsere gegenwärtige Waldwirthschaft gekannt hätte. Es ist ganz gewiß, daß sich die Ziege beinahe ausschließlich nur vom Laube und dem jungen Holze nähret, so lange sie noch die Wipfel zu erreichen vermag, und dies kann sie noch bei 5 und 6 Fuß Höhe, da sie, auf den Hinterfüßen stehend, ziemlich hoch reicht. Es ist auch unläugbar, daß da kein junges Holz aufkömmt, wo die Ziegen weiden, aber dies Alles ist immer noch kein Grund diesen Thieren den Wald ganz zu untersagen. Bei einem regelmäßig eingerichteten Walde von 120jährigem Umtriebe sind von 6000 Morgen 4000 mit Holz über 40 Jahr alt bestanden, diesem thut aber gewiß keine Ziege mehr etwas, sie mag so groß seyn, wie sie will und so gut klettern und steigen können, wie ein Steinbock. In diesem Holze könnte man sie daher ohne alle Gefahr eines Nachtheiles weiden lassen, denn die etwa in diesen Beständen aufgehenden jungen Pflanzen sind für eine geregelte Hochwaldwirthschaft ganz werthlos. Dabei muß man nun aber beachten, daß die Ziege die Ernährerin und Säugamme der Armen ist, und bei einer sehr kärglichen Nahrung noch einen ziemlich reichen Milchertrag giebt. Der arme Häusler, welcher keine Kuh zu erhalten vermag, kein Schwein mehr aufziehen und mästen kann, bringt im Winter noch leicht eine Ziege durch, und die Milch derselben ersetzt ihm Schmalz, Butter und Fleisch. Es ist nicht zu läugnen, daß mancher Gras- und Laubdiebstahl das nöthige Winterfutter wohl mit liefern muß, der Verf. gestehet aber ganz offen, daß er nicht das Herz hätte, diesen durch das Verbot des Ziegenhaltens zu verhüten, wenn er daran denkt, welchen Werth eine Ziege für die Haushaltung eines armen Tagelöhners hat! — Nun sie sind einmal aus dem Walde verbannt und mögen es bleiben, aber den Dank des theilnehmenden Menschenfreundes kann derjenige unmöglich erwarten, der diese rücksichtslose unbedingte Verbannung zuerst bewirkt hat.

Wahrscheinlich hätte ein gleiches Loos auch die Schafe überall getroffen, wenn sie nicht das Eigenthum der Domänen, der großen Rittergüter und Oekonomieen gewesen wären. So hat sich aber die Schafweide in Norddeutschland in den Wäldern erhalten, und wir hoffen, sie wird auch nie daraus verbannt werden. Sie mag bald mehr bald weniger Werth haben, immer bleibt aber gewiß, daß wenn man die Wälder nicht zur Erhaltung der großen Schäfereien in Norddeutschland benutzte, diese in dieser Ausdehnung nicht zu erhalten wären. Von welcher Wichtigkeit diese aber für die Erhaltung des Landbaues überhaupt sind, wird zu erörtern nicht nöthig seyn. Im Allgemeinen dürfte aber auch das Schaf wohl das unschädlichste Weidevieh im Walde seyn, wenn dieser nur das erforderliche Schonungsrecht genießt. Im Nieder- und Mittelwalde thut es freilich dadurch Schaden, daß es die Verdichtung der Bestände durch Ablauben der natürlichen Senker und durch Befressen der nachkommenden Samenpflanzen hindert, doch erhalten sich diese ebenfalls da nicht, wo Rindvieh darin weidet. Dagegen wird dieses sehr viel verderblicher durch das Niederreiten des ihm schon mit dem Wipfel entwachsenen Holzes und das Umbrechen desselben; auch reicht es weit höher, als das Schaf, selbst wenn dies auf die Hinterfüße tritt, weshalb eine längere Schonzeit gegen das Rindvieh als gegen die Schafe nöthig erscheint. Im Nadelholze wird das Schaf den jungen Fichten nicht immer, jedoch zuweilen, wo es daran gewöhnt ist, verderblich, immer aber den Weißtannen und Lerchen, so lange es noch die Wipfel erreichen kann, die Kiefer dagegen wächst häufig in schönen geschlossenen Dickungen ohne alle Schonung gegen Schafe auf, und nur wo diese Hunger haben, greifen sie dieselbe an. Nie ist aber dies Thier da nachtheilig, wo das Holz so hoch ist, daß es, auf den Hinterfüßen stehend, die Wipfel und Seitenzweige nicht mehr erreichen kann. Rindvieh und Pferde sind dagegen überall schädlicher, und befressen auch im Nadelholze die jungen Maitriebe, und ohne hinreichende Schonung bei dem Eintriebe zahlreicher Herden ist es nicht möglich, den Wald zu erhalten, und Holz, außer durch hochstämmige Pflanzungen, nachzuziehen. Indessen auch die Weide für das Rindvieh und für die Pferde ist manchen Gegenden so unentbehrlich, daß sie durchaus nicht mehr beschränkt werden darf, als es unerläßlich ist. — Schweine sind bei Verschonung junger Schläge am wenigsten schädlich für den Wald, und oft sogar mehr nützlich als schädlich.

Am verderblichsten wird die gemeinschaftliche Weide, wobei mehrere Viehgattungen untereinander gehen. Wo die Schafe weiden, kann sich das Rindvieh nur kärglich und das Zugvieh, Pferde wie Zugochsen, überhaupt gar nicht ernähren. Zahlreiche Schweineherden brechen den ganzen Wald um und rauben allem Gras fressenden Viehe die Nahrung. Eine nothwendige Folge davon ist, daß dasselbe auf das Holz hingewiesen ist. Sowohl für den Waldbesitzer als die Weideberechtigten selbst wird es auf der einen Seite wünschenswerth, daß, wenn es irgend möglich ist, die verschiedenen Berechtigten sich so in den Weidegrund theilen, daß jede Viehgattung ihr besonderes Weideterrain erhält. Auf der andern Seite aber kann der Waldeigenthümer eine solche Theilung nie gestatten, sobald ihm dadurch die Verpflichtung aufgelegt wird, jedes auf diese Weise gebildete privative Weideterrain auch als ein Wirthschaftsganzes in Bezug auf die Forstwirthschaft so zu betrachten, daß er immer einen verhältnißmäßigen Theil davon der Beweidung offen lassen muß. Eine höchst verderbliche Vereinzelung der Schläge, Schonungen und Bestände wäre eine unvermeidliche Folge davon. —

Folgende Bestimmungen scheinen in dieser Beziehung wünschenswerth.

Wo gemeinschaftliche, von mehrern Viehgattungen benutzte Waldweiden statt finden, kann der Waldbesitzer, auch wenn er nicht Weideberechtigter ist, stets auf Separation der Berechtigten antragen und sie fordern. Gehet jedoch der Antrag von ihm aus, so ist er verpflichtet, jeden privativen Weidegrund später als einen besondern Wirthschaftscomplex zu betrachten und dem Weideberechtigten stets den von ihm gesetzlich zu fordernden Theil davon zur Beweidung offen zu lassen.

Auch die Weideberechtigten können sich untereinander, und ohne daß die Zustimmung des Waldbesitzers dazu erforderlich ist, in gleicher Art separiren.

Der Waldbesitzer ist jedoch nicht verpflichtet, auf diese ohne seinen Antrag und seine Zustimmung erfolgte Separation bei der Bewirthschaftung seines Waldes Rücksicht zu nehmen, sondern kann diese so ordnen, als wenn die Weide noch ferner gemeinschaftlich benutzt würde. —

Eine besondere Art der Waldweide bilden in den östlichen Provinzen in vielen Gegenden die sogenannten Nachtkoppeln, d. h. die eingezäunten Weideflecke, auf welchen Pferde und

Zugochsen des Nachts weiden. Man muß dazu die graßreichsten Stellen wählen, indem die Zugthiere in kürzerer Zeit eine reichliche Nahrung finden müssen, als das Milchvieh, um bei Kräften zu bleiben. Der Waldbesitzer kann diese Nachtkoppeln, ohne der Wirthschaft der Berechtigten verderblich zu werden, eben so wenig auf einmal einhegen, als die Berechtigten, wie es wohl geschiehet, fordern können, daß dieser unbestrittene Waldgrund nie eingehegt wird, und sich so zur offnen Angerweide umwandelt. In Beziehung auf dieselben, und zur Vervollständigung der eben angeführten Bestimmungen, dürfte folgende der Billigkeit und Gerechtigkeit vielleicht am ersten entsprechen:

Wo nach dem Urtheile der Sachverständigen es nöthig wird, zur Ernährung des Zugviehes abgesonderte Weidedistrikte vom Waldgrunde zu bilden, oder wo diese schon seit rechtsverjährter Zeit bestanden haben, kann zwar dem Waldbesitzer nicht verwehrt werden, sie, wenn es unbestrittner Waldgrund ist, ebenfalls mit Holz anzubauen, jedoch müssen sie als ein für sich bestehendes Weideterrain betrachtet werden, von welchem immer nur ein verhältnißmäßiger Theil, wie ihn die Gesetze überhaupt einzuhegen gestatten, in Schonung gelegt werden darf.

Vielfach finden wir auch in den östlichen Theilen der Monarchie die Weiden gleichsam von Natur gesondert. Die Kühe gehen allein in den Niederungen und Brüchern, die Schafe dagegen auf den trocknen Höhen. Jene können eben so wenig auf dem dürren Sande sich ernähren, als diese im Bruche und Sumpfe weiden können. Gewöhnlich veranlaßt schon diese verschiedene Beschaffenheit des Bodens danach auch verschiedene Wirthschaftstheile in Bezug auf die Holzerziehung zu bilden und demgemäß auch die Schonungsflächen in beiden Bodenklassen unverhältnißmäßig zu vertheilen. Dessenungeachtet aber dürfte zur Sicherung, vorzüglich der Schäfereien, die Bestimmung nicht überflüssig seyn:

daß da, wo die Beschaffenheit des Bodens so ist, daß für eine Viehgattung nur ein Theil des Waldes benutzt werden kann, die Wirthschaft in demselben stets so geführt werden muß, daß für jede Viehgattung immer ein verhältnißmäßiger Theil des für sie benutzbaren Weidegrundes offen bleiben muß.

Nicht selten ist auch der Fall, daß sich die Berechtigung zwar über einen ganzen großen Wald erstreckt, daß jedoch die Entfernung, die Abtrennung eines Theils des Waldes durch Sümpfe, Felder u. s. w. es faktisch unmöglich macht, diesen ganz zu benutzen. Eine offenbare Ungerechtigkeit würde es seyn, wenn der Waldbesitzer befugt wäre, unter dem Vorwande, daß immer nur der gesetzlich-verhältnißmäßige Theil des ganzen Waldes in Schonung liege, das der Lage des Waldes gemäß nur allein von einem Berechtigten zu benutzende Terrain ganz einzuschonen. Folgende Bestimmung scheint daher um so mehr der Gerechtigkeit gemäß, als schwerlich ein bedeutender Nachtheil für irgend eine Waldwirthschaft daraus erwachsen kann.

Sobald ein Weideberechtigter erweiset, daß ein Weidegrund seit rechtsverjährter Zeit nicht von dem Besitzer des weideberechtigten Grundstücks benutzt ist, er auch einer Benutzung desselben für die Zukunft entsagt, so wird dieser nicht als zu seinem Weideterrain gehörig betrachtet. Es kömmt derselbe daher dann auch bei der Berechnung des gesetzlichen Schonungstheils nicht zur Beachtung, sondern diese erstreckt sich nur auf den für den Berechtigten allein benutzbaren Weidegrund, selbst wenn die Berechtigung sich ursprünglich auf den ganzen Wald ausgedehnt hätte.

Eine ganz eigenthümliche Berechtigung ist die Nothweide. Man findet sie nur in der Nähe der den Ueberschwemmungen ausgesetzten Gegenden, indem sie allein die Befugniß in sich begreift, ein fremdes Weideterrain so lange zu benutzen, als der eigne, gewöhnliche Weidegrund desjenigen, dem die Nothweide zugestanden ist, wegen Wasser oder zurückgebliebenen Schlamm unbenutzbar ist. Sie ist wohl immer von einer Beschaffenheit, daß nur gezwungen von ihr Gebrauch gemacht wird, und dies geschiehet zuweilen so selten, daß man bei der Waldwirthschaft nicht immer auf sie Rücksicht nehmen kann.

Die einfache Bestimmung dürfte für sie genügen:

daß der Waldbesitzer zwar durch das Recht der Nothweide nicht in der willkührlichen Einhegung des Waldgrundes, worauf das Servitut derselben lastet, beschränkt werden kann, doch verpflichtet ist, so wie der Fall derselben eintritt, dem Berechtigten hinreichende Mittel zur Ernährung seines Viehes, in der Art wie er dieselbe zu fordern hat, zu gewähren. —

Schon die ältesten Bestimmungen über die Waldweide erkennen die Verpflichtung des Waldbesitzers an

„die Trift nicht zu verhauen"

aber ohne deshalb den genauen Begriff dieser Beschränkung zu geben. Die meisten Forstmänner deuten diesen Ausdruck so: daß das Vieh nicht durch vorliegende oder einen Weidedistrikt umgebende Schonungen von der Beweidung desselben ausgeschlossen werden darf. Dies scheint eine, für den Berechtigten nicht genügende, zu enge Bedeutung des Ausdruckes „Verhauen der Trift" zu seyn.

Für die meisten Viehgattungen hat die Weide nur dann Werth, wenn sie nicht zu entfernt ist, und wenn das Vieh weidend hin- und herziehen kann. Wenn Milchkühe oder Schafe zusammengedrängt zwischen Schonungen auf schmalen Triften und Gestellen stundenweit wandern müssen, bevor sie auf den Weideplatz kommen, und eben so den beschwerlichen Marsch zurück zu machen gezwungen sind, ohne fressen zu können, so kann ihnen die Weide nicht gedeihlich seyn. Deshalb kann in den größern Weiderevieren wohl die, für den Waldbesitzer selten beschwerliche, Forderung zu Gunsten der Weideberechtigten gemacht werden:

daß der Hieb so geregelt werden muß, daß die Heerden nicht gezwungen sind, auf schmalen Triften bis in die entferntern Theile des Reviers wandern zu müssen, ehe sie Nahrung finden.

§. 66.

Eine schwierige Bestimmung ist diejenige, in welcher Art die gesetzliche Schonungsfläche festgesetzt werden soll, um auf der einen Seite dem Waldeigenthümer in jedem Falle die zur Erhaltung des Waldes und Erziehung voller Bestände erforderliche Schonungsfläche zu sichern, auf der andern doch aber auch ihm nicht die Rechte und das Eigenthum der Weideberechtigten preiszugeben, und ihn dazu zu ermächtigen, eine werthvolle Nutzung ganz ohne Noth zu vernichten. Wo dem Waldbesitzer die Befugniß zugestanden ist, mit seinem Walde zu machen was er will, wird dies doppelt nöthig. So lange alle Forsten unter Controle der Staatsforstbedienten stehen, eine nachhaltige Wirthschaft geführt werden muß, der Umtrieb nicht verkürzt werden darf, keine Umwandlungen des Hochwaldes in andere Betriebsarten erlaubt ist, so lange kann man auch ganz einfach den Satz hinstellen: die Weidegerechtigkeit muß sich unbedingt der Holzkultur unterordnen, oder die Hauptnutzung gehet den Nebennutzungen vor. Man muß dann annehmen, daß überall nur eine rechtlich begründete Wirthschaft geführt wird, gegen die der Berechtigte keinen Einwand machen kann, und bei der man auch deshalb die für den Wald nöthige Schonungsfläche zu fordern befugt ist, bei welcher die Erziehung vollkommner Holzbestände möglich und gesichert bleibt. Dagegen wäre es eine schreiende Ungerechtigkeit, wenn man einen Waldbesitzer das Recht zugestehen wollte, seinen Wald herunter zu hauen, und dann den Weideberechtigten unter dem Vorwande herauszuweisen, daß derselbe nothwendig ganz eingeschont und wieder angebauet werden müsse, wenn er nicht Blöße und zur Wüste werden solle.

Eben so unzulässig würde eine Beschränkung des Weiderechts durch Verkürzung des Umtriebes seyn.

Dies hat offenbar das Kultur=Edikt vom 14. September 1811, indem es ganz einfach die Bestimmung gab: „der Wald soll an Schonung haben was er bedarf,“ nicht vorhergesehen, und darum ist denn auch wohl diese Bestimmung von den Gerichten nicht beachtet worden, obwohl es sehr wenig Umsicht bedurft hätte, sie in voller Kraft aufrecht zu erhalten, ohne irgend die Rechte der Weideberechtigten dabei zu verletzen.

Es wird in die Augen fallen, daß bei dieser gestatteten Freiheit in der Bewirthschaftung und Benutzung der Forsten, auch andere Bestimmungen über die Befugniß zur Ausschließung des Weideviehes vom Betriebe der jungen Orte gegeben werden müssen. So würde es den Berechtigten nicht schützen, wenn man nach dem Entwurfe zum Sächsischen Forstkulturgesetze eine bestimmte Größe der Pflanzen festsetzen wollte, bis zu welcher die jungen Forstorte geschont werden müssen. Eben so wenig auch, wenn man ein gewisses Alter des jungen Holzes als Schonzeit annehmen wollte. Dadurch würde eine ungebührliche Beschränkung der Weidenutzung durch zu starke Holzung und daraus entspringende Einhegung zu großer Flächen nicht verhindert, und der Waldeigenthümer wäre stets im Stande, den Weideberechtigten aus dem Walde zu verdrängen.

Das ist dann auch offenbar wohl der Grund gewesen, weshalb man wieder zu der Bestimmung der ältern Schlesischen Forstordnung hat zurückkehren wollen *), und die Bestimmung einer gewissen verhältnißmäßigen Fläche, welche als Schonung fortwährend gefordert werden kann, ein für alle mal festgesetzt, in Vorschlag gebracht hat.

Herr Hartig bestimmt diese Fläche am angeführten Orte folgendermaßen:

*) Hartigs Entwurf einer allgemeinen Forstordnung.

Für Laubholz-Hochwaldungen, ausschließlich der Räumden und Blößen, von denen er jährlich ein Zehntheil bis ein Zwanzigtheil in Zuschlag soll nehmen können, wird ein Viertheil der gesammten Waldfläche angenommen, welche stets in Schonung liegen kann.

Für Nadelholzwaldungen ein Fünftheil, für Mittelwälder die Hälfte, für harte Niederwaldungen ebenfalls die Hälfte, für weiche, mit Erlen, Pappeln, Weiden, Haseln ebenfalls die Hälfte.

Zuerst sind diese Verhältnißzahlen überhaupt sehr übereilt in Vorschlag gebracht. Die Haseln werden gewöhnlich im 14- bis 18jährigen Umtriebe bewirthschaftet, können sich dann aber bei 7- bis 9jähriger Schonung wohl schwerlich erhalten, und Buschholzbetrieb kann überhaupt bei diesem Verhältnisse nicht bestehen. — Dann ist aber auch die nöthige Schonzeit für einen Buchensamenschlag, und auch die verhältnißmäßige Schonungsfläche bei 120jährigen Umtriebe gewiß anders Bedürfniß, als bei 80- bis 100jährigen Birken-, Erlen- und Aspen-Baumwalde. Auch dürfte die Bestimmung in Hinsicht des Rechts die Blößen eines devastirten Waldes einhegen zu dürfen, bald gegründeten Widerspruch finden, da sich leicht berechnen läßt, daß danach in der Regel ein Zeitpunkt eintreten wird, wo alle Blößen, die oft erst nach 20 und mehr Jahren nach der Kultur wieder aufgegeben werden können, zugleich in Schonung liegen werden. Wie nun aber der Weideberechtigte dazu kömmt, sich deshalb, weil eine liederliche Wirthschaft eine Menge Blößen im Walde hat entstehen lassen, sich mit einemmale seine Weidenutzung größtentheils entziehen lassen zu müssen, ist nicht füglich abzusehen.

Ungerechnet dieser Einwürfe gegen die gegebenen Verhältnißzahlen selbst, so ist aber überhaupt auch die ganze Idee, feste Bestimmungen und feste Zahlen für alle die unendlich verschiedenen Verhältnisse in der Preußischen Monarchie geben zu wollen, verwerflich, denn es ist ganz unmöglich, solche aufzufinden, welche überall passen würden.

Das Verhältniß der nothwendigen Schonungsfläche zu der Fläche des gesammten Waldes hängt von mancherlei Dingen ab.

1. Von der Umtriebszeit oder dem Alter, welches das Holz im Durchschnitt erreicht, wodurch die Zeit bedingt wird, welche verfließt, bevor man mit der Holzung im ganzen Walde herumkömmt. Wenn überhaupt eine Schonung ein gewisses Alter erreicht haben muß, bevor sie beweidet werden kann, z. B. 15, 20, 25 Jahre, so wird natürlich die nothwendige Schonungsfläche immer größer, in je kürzerer Zeit man wieder mit dem Hiebe an diesen Fleck kömmt, desto kleiner, je länger man das Holz kann wachsen lassen. Die Umtriebszeiten sind aber so außerordentlich verschieden in den Betriebsarten selbst, daß sich kein allgemeines Verhältniß der Schonungsfläche für jede derselben festsetzen läßt. Im Niederwalde trifft man 5= bis 7jährigen Buschholz=Umtrieb, wie 30= und 40jährigen, um Klafterholz zu erziehen. Ja in ein und derselben Holzgattung weicht das Alter, welches man dieselbe erreichen läßt, oft sehr von einander ab. Dasselbe gilt vom Hochwalde, wie vom Nieder= und vom Mittelwalde, denn wer wollte sagen, daß z. B. 120 Jahre immer das vortheilhafteste Alter für einen Kiefernforst auf schlechtem Boden wäre, welcher einem Privatmanne gehört, der nur Brennholz darin erziehet.

2. Der verschiedene Wuchs des Holzes, abhängend von der Holzgattung, dem Boden, dem Klima, die Schwierigkeit der Verjüngung, gestattet eine Schonung bald früher bald später aufzugeben.

3. Die Viehgattung, der Mangel oder Ueberfluß an Nahrung, wirkt nicht minder darauf ein.

Will man nur eine, für alle diese abweichenden Verhältnisse passende allgemeine Schonzeit bestimmen, so wie es Herr

Hartig gethan hat, so kann man nicht umhin, die längste dabei anzunehmen, bei welcher sich der Wald noch unter allen Verhältnissen erhalten kann. Eine kürzere würde dem Waldbesitzer, dessen Wald dabei nicht gesichert wäre, offenbar gerechte Veranlassung zur Beschwerde geben. Gewiß ist aber auch wieder diese längste eine Ungerechtigkeit gegen den Weideberechtigten in allen den Fällen, wo sie nicht nöthig ist. Man kann und darf keinen andern Grundsatz aufstellen, als den: daß zwar dem Walde diejenige Schonungsfläche zugestanden werden muß, welche er zu seiner Erhaltung und Kultur bedarf, daß aber dagegen auch dem Weideberechtigten durchaus Nichts von seiner Nutzung entzogen werden darf, was er ohne Gefahr, diese Bedingung zu Gunsten des Waldes nicht zu erfüllen, daraus beziehen kann.

Ein Gesetz zu erlassen, worin schon im Voraus alle diese Verschiedenheiten vorhergesehen wären, und worin man denselben die Schonungsflächen anpassend, diese für jeden Fall schon fest bestimmt hätte, ist ganz undenkbar. Es würde auch, selbst wenn man es könnte, zu nichts helfen, indem jedesmal eine Kommission von Sachverständigen erst prüfen müßte, ob diese Verhältnisse, für welche diese Bestimmung gegeben wurde, auch in dem Forste, für welchen man sie anwenden wollte, wirklich vorhanden wären. Kann man nun aber auf diese Weise darthun, daß eine Bestimmung, welche das Recht der Schonung vom Alter oder der Größe des jungen Holzes abhängig macht, eben so wenig genügt, als es möglich ist, ein festes Verhältniß der erforderlichen Schonungsfläche zum ganzen Walde schon im Voraus ein für allemal festzusetzen, so bleibt offenbar nichts weiter übrig, als zu der Bestimmung des Kultur-Edikts vom Jahre 1811 zurück zu kehren, dem Walde die Schonung zuzusichern, welche er bedarf, und nur Sorge zu tragen, daß diese Bestimmung nicht gemißdeutet werden kann, sondern daß der Waldbesitzer nur diejenige Schonungsfläche auf

Grund derselben in Anspruch nehmen kann, welche bei einer regelmäßigen, rechtlich begründeten Wirthschaftsführung nöthig erscheint. Es ist dabei zuerst zu bestimmen:

was nennt man eine regelmäßige, was eine rechtlich begründete Wirthschaft? —

Unter einer regelmäßigen Wirthschaftsführung ist eine solche zu verstehen, bei welcher keine stärkere Holzung statt findet, als die Nachhaltigkeit erlaubt, oder mit andern Worten, wobei nicht mehr geholzt wird, als der Forst durchschnittlich in der ganzen Umtriebszeit an Holz von gleicher Beschaffenheit liefern kann. Es bedingt dies ferner einen auf den Abtrieb von Beständen rasch folgenden Wiederanbau und eine Befolgung aller unbestrittenen und überall anerkannten Regeln der Holzzucht. Unter einer rechtlich begründeten Wirthschaft ist eine solche zu verstehen, wobei der Forst stets in einem Zustande erhalten wird, so daß kein Dritter, und namentlich nicht ein Servitutberechtigter, eine widerrechtliche Verminderung der ihm daraus zustehenden Nutzungen, oder eine Gefährdung der ihm eingeräumten Ansprüche darzuthun vermag.

Es wird nun darauf ankommen, in einem Gesetze, welches dem Waldeigenthümer diejenige Schonung zusichert, welche der Wald bei einer regelmäßigen, rechtlich begründeten Wirthschaft bedarf, diese so einfach und bestimmt zu bezeichnen, daß sie der Richter sogleich erkennen kann. Bei jeder Klage über zu starke Einhegung eine Untersuchung anstellen zu wollen, ob der bisherige Einschlag nachhaltig oder zu groß gewesen ist, jedesmal die so unbestimmte Frage aufwerfen zu müssen: Ob der Wirthschaftsplan auch wirklich forstlichen Principien angemessen sey? — das würde schon deshalb ganz unzulässig seyn, weil es dem Richter die Entscheidung raubte, und diese ganz allein in die Hände der oft sehr verschiedenartige Ansichten habende Sachverständigen legte. Auch würde der Weideberechtigte, welcher doch nicht immer Forstverständiger ist, gar nicht übersehen können, ob er durch starke Einhegungen in seinem Rechte verletzt ist oder nicht.

Indem der Vorschlag zu dem nachfolgenden gesetzlichen Bestimmungen gemacht wird, gehen wir dabei von folgenden Ansichten aus.

Der Waldbesitzer ist nicht befugt, eine andere Aenderung in der bisherigen Betriebsweise des Waldes vorzunehmen, als nur eine solche, welche die Erziehung vollkommner Bestände von gleichem Alter, als bisher durchschnittlich zum Abtriebe kamen, bezweckt.

Er ist verpflichtet, alles von seiner Seite zu thun, was die Regale einer guten Forstwirthschaft vorschreiben, um dem Weideberechtigten die neuerzogenen Holzbestände nicht länger vorzuenthalten, als unumgänglich nöthig ist.

In zweifelhaften Fällen hinsichts der Umtriebszeiten, welche man als gesetzlich anzunehmen befugt ist, über das, was man eine regelmäßige Wirthschaft nennen kann, können stets die Vorschriften zur Bewirthschaftung der Staatsforsten als Maßstab zur Beurtheilung dessen, was regelmäßige Wirthschaftsführung genannt werden kann, dienen, da man voraussetzen muß, daß die Staatsforsten nicht bloß nach den Regeln der Wissenschaft, sondern auch nach dem, was man für Recht und dem allgemeinen Wohle als zuträglich ansiehet, bewirthschaftet werden.

In folgender Art scheint man die nöthigen Bestimmungen deshalb fassen zu können.

Der Waldeigenthümer ist befugt, diejenige Fläche einzuschonen, welche das Bedürfniß der Wiederkultur und der Herstellung vollkommner Holzbestände nöthig macht.

Es ist diese Bestimmung jedoch nur auf solche Wälder anwendbar, welche auf Grund eines Wirthschaftsplans regelmäßig und nachhaltig bewirthschaftet werden.

Auch kann für das junge angebauete Holz keine längere

Schonung verlangt werden, als nöthig ist, wenn dieselbe innerhalb einer Zeit von 4 Jahren durch den Eigenthümer voll kultivirt wurde.

Der Waldbesitzer darf keine Aenderung in der Holzgattung oder dem Umtrieb, wie er bisher war, vornehmen, wodurch die Schonungsfläche zum Nachtheile der Berechtigten vergrößert wurde.

Im zweifelhaften Falle wird angenommen, daß das Holz stets ein Alter erreichen müsse, wie dies in den Staatsforsten unter ähnlichen Verhältnissen vorgeschrieben werden würde.

Sollte man glauben, die Umtriebszeiten in Zahlen näher zu bestimmen, so würde dies den oben aufgestellten Ansichten gemäß, mittelst reglementarischer Bestimmungen geschehen müssen.

Eine besondere Festsetzung wird dann auch noch für den Fall hinzugefügt werden müssen, wo beträchtliche Blößen eine vorübergehende starke Einhegung nöthig machen.

Man muß dabei zuerst unterscheiden, ob der Waldeigenthümer selbst durch zu starke Holzung und unterlassenen Wiederanbau diese Blößen erzeugte, oder ob Unglücksfälle, welche den Forst betroffen haben, die Ursache derselben sind. Im erstern Falle wird der Berechtigte keine Verpflichtung haben, die Folge der schlechten Behandlung und Verwüstung des Waldes zu tragen, sie fallen vielmehr dem Waldbesitzer zur Last. Man muß daher dann voraussetzen, daß derselbe das früher zuvielgeholzte jetzt weniger einschlagen und dafür die entstandenen Blößen nach und nach wieder anbauen wird. Haben diese jedoch ihre Veranlassung in Unglücksfällen, Insekten, Sturm, Feuer, ohne Verschulden des Waldeigenthümers mißrathenen Kulturen, so wird es der Billigkeit angemessen seyn, daß der Weideberechtigte die Folgen derselben ebenfalls mittragen muß, in so fern ihm nur dadurch nicht die Ernährung seines unentbehrlichen Viehstandes unmöglich gemacht wird. Aber auch selbst in dem Falle, daß die Blößen ohne Verschulden des Waldbesitzers entstanden sind, ist die gänzliche Einschonung derselben mit einemmale, sobald sie beträchtlich sind, d. h. über 5 Procent der gesammten Waldfläche betragen, nicht zu gestatten. Es würde dies dem Berechtigten zu sehr nachtheilig werden; ohne daß es gerade für die Forstwirthschaft von so großem Gewinne seyn kann, indem der gleichmäßige Anbau großer kahler Flächen, welche dann später alle einen gleich alten Bestand haben, ein Mißverhältniß in den Altersklassen herbeiführt. Dies ist zwar allerdings kein großes Unglück, denn es ist besser zu viel alt Holz zu haben, als zu wenig, es hat aber doch auch wieder nicht so viel Werth für eine nachhaltige Wirthschaft, daß man veranlaßt wäre, deshalb dem Weideberechtigten die nöthige Nahrung für sein Vieh zu entziehen.

Es werden deshalb folgende Bestimmungen in Vorschlag gebracht:

Blößen, entstanden durch unpflegliche und unnachhaltige Bewirthschaftung des Waldes, berechtigen den Eigenthümer desselben nicht, einen größern Theil desselben in Schonung zu legen, als nöthig seyn würde, wenn derselbe in einem Zustande wäre, wie man ihn bei einer regelmäßigen Bewirthschaftung voraussetzen kann.

Die Einschonung der durch Unglücksfälle entstandenen Blößen kann so weit ausgedehnt werden, als es die Erhaltung des Berechtigten Viehstandes gestattet.

§. 67.

Sobald dem Waldbesitzer das Recht der vollen Holzkultur zustehet, muß man den Grundsatz aufstellen:

daß er zu nichts weiter verbunden ist, als stets dem Weideberechtigten eine gewisse Fläche zur Beweidung offen zu lassen, und daß er nicht in Anspruch genommen werden kann, wenn das Vieh darauf nicht die hinreichende Nahrung vorfindet, weil der geschlossene Holzbestand dem Graswuchse nachtheilig ist. —

Dieser

Dieser Grundsatz ist auch schon früher überall in der Preußischen Gesetzgebung anerkannt, und ist ganz unvermeidlich anzunehmen, theils zur Erhaltung des Waldes, theils weil man voraussetzen muß, daß stets ein Vorbehalt in dieser Hinsicht von Seiten des Waldbesitzers stattgefunden hat, theils auch, weil das Recht der neuen Holzkultur schon die Befugniß zur Erziehung voller geschlossener Bestände von selbst in sich schließt.

Dagegen ist aber nun sehr zweifelhaft, ob dieser Grundsatz: daß es genüge, den Weideberechtigten stets eine gewisse verhältnißmäßige Fläche des Waldes zur Beweidung zu überlassen, gleichviel ob darauf hinreichendes Futter zur Ernährung des Viehes wächst oder nicht, auch die Umwandlung der vorhandenen Holzgattungen in solche rechtfertigt, welche der Graserzeugung nachtheiliger sind?

Die Frage ist wichtig, da vielfache Wirthschaftsmaßregeln in der neuern Zeit angeordnet werden, bei welchen man die Beantwortung derselben verlangen muß. Es gehört darunter z. B. die so häufig beliebte Umwandlung der Mittelwälder in Fichten. Im Mittelwalde, vorzüglich bei nicht zu langem Umtriebe wird das Vieh immer mehr oder weniger Nahrung finden, indem das licht stehende Oberholz, das ebenfalls selten sich ganz schließende Unterholz die Graserzeugung niemals ganz vernichtet, und im schlimmsten Falle das Vieh sich noch von dem Laube der untern Zweige der Büsche nähret. Bei einem Fichtenwalde wird zwar die Schonungsfläche kleiner, man kann sogar allenfalls die Schonungen bei gehöriger Vorsicht aushüten lassen, aber sobald die jungen Fichten in Schluß kommen, ist auch alle Graserzeugung vollständig bis zum Zeitpunkte ihres Abtriebes vernichtet. Eine solche Umänderung der Verhältnisse, wodurch dem Berechtigten die Ausübung seines Rechts factisch unmöglich gemacht, oder doch mindestens sein Ertrag sehr vermindert wird, scheint offenbar rechtswidrig zu seyn. Man kann daher wohl die Forderung zu Gunsten der Berechtigten aufstellen, daß eine Bestimmung in dem Forst-polizeigesetze sich befinde, welche festsetzt:

daß dem Waldbesitzer die Befugniß nicht zustehet, die in einem Walde von jeher vorgefundene Holzgattung durch Anbau aus der Hand zu verdrängen und statt ihrer eine andere zu erziehen, welche die Weidenutzung verringert, bevor er nicht den Berechtigten für den dadurch zu befürchtenden Verlust entschädigt hat.

Genügt man auf diese Weise den Forderungen der Gerechtigkeit, so scheint diese aber auch wieder zu verlangen, daß man den Waldbesitzer nicht nöthigen kann, einen so geringen Umtrieb beizubehalten, daß unter dem Vorwande, das Vieh nähre sich größtentheils vom Laube, das Holz durch die Weide beschädigt werden kann. Eine Weidegerechtigkeit kann sich wohl immer nur auf die Benutzung des Grases erstrecken, und man darf nicht voraussetzen, daß das Vieh mit den Holzpflanzen ernährt werden soll. Ein Einwand gegen eine Verlängerung des Umtriebes, hergenommen aus der Behauptung, daß dadurch dem Viehe die Mittel zur Ernährung entzogen werden könnten, indem es nicht mehr das Laub abzufressen im Stande seyn würde, scheint deshalb ganz unstatthaft. Auch ist es wohl überhaupt als unzulässig anzusehen, dem Berechtigten die Befugniß zugestehen zu wollen, den Waldbesitzer zum unvortheilhaften Einschlage des Holzes bloß deshalb zwingen zu können, weil dadurch seine eigene Nutzung vergrößert wird. Diese Betrachtung rechtfertigt gewiß die zu wünschende Bestimmung:

einer Verlängerung des Umtriebes, und daher auch einer Umwandlung des Nieder- und Mittelwaldes in Hochwald, in so fern keine andern Holzgattungen aus der Hand angebauet werden, als die schon früher vorhandenen, kann sich der Weideberechtigte nicht widersetzen.

Jedoch kann dann auch nur künftig diejenige Schonungsfläche für den erzogenen und hergestellten Hochwald verlangt werden, welche diese Betriebsart verlangt, und selbst in dem Falle, wo durch Dokumente oder Observanz dem Waldbesitzer für den frühern Mittel- und Niederwaldbetrieb eine größere eingeräumt war, fällt diese dann hinweg, sobald jene Betriebsarten nicht mehr statt finden.

Alle junge in Hochwald umgewandelte Orte werden von der Zeit an als hergestellter Hochwald betrachtet, wo sie so weit gelangt sind, daß sie ohne Nachtheil der Beweidung eingeräumt werden können.

Eine besondere Sorgfalt bedürfen die angebaueten Sandschellen, welche flüchtig waren, die Sandberge, welche flüchtig werden können, die Uferdeckungen durch Anbau von Holz, das Vorland, worauf junges Holz zum Schutze der Dämme zu nöthigen Faschinen erzogen werden muß, so wie die Dämme selbst. Auch die steilen Hänge, an denen das Vieh so leicht die Erde abtritt, müssen möglichst dagegen geschützt werden. Es folgen in dieser Beziehung folgende in Vorschlag gebrachte Bestimmungen, die keines Kommentars zu ihrer Rechtfertigung bedürfen werden, da diese wohl in ihnen selbst liegt:

Sandschellen, welche flüchtig gewesen und mit Holz angebauet worden sind, dürfen niemals beweidet werden.

Dasselbe gilt von Dünen an der Seeküste, welche zur Bindung des Sandes mit andern Sandgewächsen bebauet wurden.

Sandberge, welche flüchtig zu werden drohen, können über das gesetzliche Schonungstheil eingehegt werden.

Wo es zu vermeiden ist, sollen die Viehtriften niemals über Sandberge, wo der losgetretene Sand flüchtig werden könnte, hinweggelegt werden. Ist dies nicht zu ändern, so sind die Weideberechtigten verpflichtet, die Trift auf ihre Kosten mit festen Ruthenzäunen einzuschließen, wodurch das Wegwehen des Sandes verhindert wird.

Die mit Weiden und Pappeln bepflanzten Sandbänke und Alluvionen dürfen nicht behütet werden.

Dasselbe gilt von allen Deichen und Dünen, welche zur Verhinderung der Ueberschwemmungen geschüttet sind.

Wo das Vorland an Flüssen mit Gesträuch bestanden ist, welches nach dem Gutachten der Wasserbaupolizeibehörde zum Schutze der dahinter liegenden Dämme dient, oder welches zu Faschinen benutzt wird, muß es ebenfalls mit dem Betreiben durch Vieh verschont werden.

Wo Triften längst steilen Hängen hinführen, kann der Waldbesitzer sie stets mit Gräben und Zäunen in gesetzlicher Breite einschließen. Die Viehlager im Forste müssen nach der Anweisung des Waldeigenthümers in den Weidedistrikten gewählt werden. Dies beziehet sich jedoch nur auf die Plätze, wo das Vieh des Mittags lagert, denn die Nachtlager können nur auf Grund eines besondern Besitztitels, und nach der bisherigen Observanz gefordert werden. Die Plätze, wohin das Vieh zur Tränke geführt wird, müßten für dasselbe offen bleiben. Es stehet jedoch dem Waldbesitzer frei, sie zu verlegen, sobald er an andern gleich bequemen Orten die Veranstaltung zur Tränkung des Viehes trifft.

Nachtkoppeln, in denen das Vieh des Nachts weidet, müssen durch die Berechtigten mit solchen Einzäunungen umgeben werden, daß das Vieh nicht aus denselben ausbrechen kann.

Zum 1sten Mai ist der Waldbesitzer befugt, eine Liste des aufzutreibenden Viehes, sowohl nach der Stückzähl als den Eigenthümern, welchen das Vieh gehört, zu verlangen.

Das Vieh darf nicht einzeln, und durch Kinder im Walde gehütet werden, sondern nur in Heerden durch einen verständigen und zuverlässigen Hirten.

Ein Hirt, welcher sich wiederholten Weidefrevel hat zu Schulden kommen lassen, kann als solcher von dem Waldeigenthümer verworfen werden.

Pferde und Kühe, welche von der Heerde häufig abstreifen, und vorzüglich das dem Hirten eigenthümlich gehörende Vieh, müssen mit Glocken versehen seyn. Ueberhaupt muß bei Pferden und Kühen der 10te, bei Schafen der 30ste Theil mit Glocken versehen seyn.

Die Schonungen sind deutlich mit solchen Zeichen überall zu umgeben, daß der Hirt nirgends die Grenze derselben unwissentlich überschreiten kann.

An Triften und Gestellen müssen sie durch Zäune oder hinreichend breite Gräben vom Waldeigenthümer so geschützt werden, daß das Vieh nicht in sie eindringen kann.

Sollte dessenungeachtet ein Stück Vieh über dieselben eindringen, so ist dies als ein nicht straffälliger Ueberlauf zu betrachten, sobald der Hirt dasselbe sogleich wieder daraus zu zu entfernen sucht. Wenn er es jedoch ruhig darin weiden läßt, ist es als ein Weidefrevel zu bestrafen.

Vieh, was dem Hirten entläuft und in die Schonungen dringt, kann nur gepfändet werden, wenn der Hirt es nicht sogleich verfolgt und zur Heerde wieder zurück zu bringen sucht. Thut er dies, so ist er nicht straffällig.

Eine Schonung, welche mit dem Viehe des Waldeigenthümers behütet wird, kann den Weideberechtigten nicht vorenthalten werden, sondern diese sind sodann befugt, ebenfalls in dieselbe zu hüten.

Dies scheinen die wichtigsten und nöthigsten Bestimmungen über die Ausübung der Weide in den östlichen Provinzen zu seyn. Die Bestrafung der Weidefrevel, durch Zahlung der einfachen Pfandgelder, oder bei großen ausgedehnten Weideexcessen zugleich durch Ersatz des angerichteten Schadens, wird gewiß am Zweckmäßigsten nach der ältern, in Preußen bestehenden, Gesetzgebung erfolgen.

§. 68.

Ein so vielfach besprochenes, als von den Forstmännern verdammtes Waldservitut ist das Streulaubsammeln. Sein Nachtheil für die Waldungen ist entschieden, wenngleich er nach den abweichenden Verhältnissen bald größer, bald geringer ist. Es wird dadurch die Ertragsfähigkeit des Bodens vermindert, ja sie kann, da wo es nicht beschränkt wird, sogar dabei erschöpft werden, so daß es der eigene Vortheil des Berechtigten erfordert, es in diejenigen Schranken zu beengen, bei welchen die Erhaltung des Waldes möglich wird. Außerdem wirkt Frost und Dürre auf den, seiner Laubdecke entbehrenden, Boden für die Holzpflanzen nachtheiliger ein, der Höhenwuchs des Holzes wird dadurch plötzlich vernichtet, die Nachtheile, welche durch unmittelbare Beschädigung des jungen Holzes bei dem Sammeln und Abfahren eintreten, sind oft sehr empfindlich. In den Niederwäldern wird es auch noch dadurch sehr verderblich, daß es die Bildung natürlicher Senker und die Bewurzelung der tiefen Ausschläge im Boden verhindert.

Trotz aller dieser anerkannten Nachtheile ist es ebenso wenig möglich gewesen, die Benutzung der Waldstreu dem Landmanne in Gegenden zu entziehen, welche magern Boden und Mangel an Wiesen haben, als es in den meisten Fällen schwer ist, irgend ein Aequivalent aufzufinden, wodurch man das Streubedürfniß decken, und wofür man deshalb die Aufgabe des Streurechts fordern könnte.

Es ist hier nicht der Ort, tiefer in diesen Gegenstand einzudringen, denn es genügt wohl anzunehmen, daß dasselbe in sehr vielen Fällen unvermeidlich erhalten und geschützt werden muß, und es kann daher hier auch bloß die Rede davon seyn, anzudeuten, welchen Beschränkungen es unterworfen werden muß, um die Wälder gegen Verwüstung dadurch zu sichern, auf der andern Seite aber auch dem Streuberechtigten nicht dasjenige zu entziehen, worauf er mit Recht Anspruch machen kann und muß.

Es scheint zuerst dabei der Grundsatz aufgestellt werden zu müssen: daß der Streuberechtigte nur so viel Streu aus dem Walde fordern kann, als er nothwendig zur Erhaltung des Kulturstandes seines Ackers bedarf. Diesen erkennt auch schon das A. L. R. als richtig an. Dabei kann man nun aber zuerst die Frage aufwerfen:

Muß dabei der Berechtigte alles auf dem berechtigten Grundstücke gewonnene Futter- und Streumaterial in dasselbe verwenden, oder kann er dasselbe verkaufen und statt desselben Streu im Walde zur Düngung sammeln? —

Es dürfte ihm das Recht des Verkaufes von Heu, Stroh u. s. w. insofern derselbe bisher schon immer statt hatte, nicht zu bestreiten seyn. Wollte man dasselbe nicht anerkennen, so würde man am Ende auch den ausgedehnten Anbau und Verkauf von Kartoffeln, Kraut, Kohlrüben, den Tabacksbau u. s. w. untersagen müssen. Es ist unläugbar, daß, wenn diese Produkte verkauft werden, der Streubedarf vermehrt wird; denn verwendet der Landmann alle Futtergewächse zur Fütterung für sein Vieh, baut er keine Handelsgewächse, sondern nur Stroh gebende Getreide, so wird er auch weniger Streu zum Unterstreuen und um Dünger zu machen, bedürfen. Ebenso wenig aber der Regierung solche Verbote einfallen werden, kann man auch häufig den von jeher üblich gewesenen Stroh- und Heuverkauf untersagen, da dies sehr oft das einzige Mittel ist, wodurch der Landmann die zur Bestreitung der Abgaben und Wirthschaftskosten nöthigen Gelder aufbringen kann. Es würde auch schon allein dadurch das von vielen Forstmännern verlangte Verbot des Strohverkaufes ganz unausführbar werden, weil dann die Befriedigung des Strohbedürfnisses der Militair-, Post-, Fracht- und anderer Arbeitspferde ganz unmöglich würde, selbst wenn man auch allenfalls alle Luxuspferde preisgeben wollte.

Räumt man aber auch dem Landmann das Recht des Verkaufes von Heu und Stroh, so wie dasjenige zum Ersatz dafür, Waldstreu sammeln zu können, ein, so muß doch der Ausdehnung, in der dies geschehen kann, eine Schranke gesetzt werden, indem in der That es oft geschiehet, daß um eines verhältnißmäßig geringern Gewinnes im Ackerbaue willen, so viel Streu aus dem Walde weggeholt wird, daß dieser sich dabei nicht erhalten kann. Manche Landleute begnügen sich nämlich nicht allein die zum Unterstreuen für das Vieh nöthige Streu daraus zu entnehmen, sondern machen daraus noch sogenannte Faul- oder Brandhaufen, indem sie die gesammelte Waldstreu übereinander werfen, anfeuchten und so faulen lassen, und dann die noch nicht hinreichend verfaulte Streu mit sehr wenig Wirkung zum Ersatz des Düngers in den Acker bringen. Wo der Landmann viel schlechte Ländereien besitzt, ist auf diese Weise gar keine Schranke für die Ausdehnung des Streurechens bei einem solchen Verfahren gezogen. Darum scheint zuerst die Bestimmung wünschenswerth:

daß der Waldbesitzer befugt ist, nöthigenfalls zu verlangen, daß durch Sachverständige der Bedarf an Streu für die Berechtigten festgesetzt werde, und daß diese nicht mehr als diese zu fordern haben.

Eine andere Forderung, welche man wohl mit Recht zu Gunsten des Waldeigenthümers aufstellen kann, ist:

daß ihm freistehen muß, dem Berechtigten diejenigen Distrikte anzuweisen, worin die Streu gesammelt werden darf, sobald dieser daraus sein Bedürfniß befriedigen kann.

Häufig ist es möglich eine beträchtliche Menge von Waldstreu ohne allen Nachtheil von den wund zu machenden Schlägen, von den für den Wald wenig Werth habenden oft sogar nachtheiligen Moosen und Forstunkräutern abzugeben. Es scheint keine Ungerechtigkeit zu seyn, den Berechtigten zu nöthigen, vielleicht selbst mit einiger Unbequemlichkeit, seinen Streubedarf da zu entnehmen, wo es dem Walde am wenigsten nachtheilig wird. Theils kann man dies bei einem so verderblichen Servitute wohl zur Erhaltung des Waldes, um des allgemeinen Besten willen, fordern, theils darf man auch wohl nicht vergessen, daß unter 100 Fällen vielleicht 99 Mal das Streurechen von dem Waldbesitzer immer nur mehr als nothwendiges Uebel geduldet wurde, als daß ein ausdrückliches

Recht, mit der vollen Kenntniß des dadurch für den Wald entstehenden Nachtheils eingeräumt worden wäre. Selbst die in der neueren Zeit immer mehr und mehr erfolgte Ausdehnung, rechtfertigt eine solche Beschränkung, wodurch es weniger nachtheilig wird.

Diese ist zuletzt auch deshalb in der bezeichneten Art zu wünschen, weil es unmöglich ist, durch allgemein gegebene Vorschriften diejenigen Walddistrikte auszusondern, in denen es besonders schädlich wird, um es darin zu untersagen, und es nur in denen zu erlauben, von denen man annehmen kann, daß sie weniger darunter leiden werden. — In raumen und lichten Beständen, aus denen der Wind das Laub wegwehet, in denen es nicht verfaulen kann, wo der Verlust desselben auch weniger von dem Holze empfunden wird, weil die Wurzeln der Bäume tief gehen, kann man vielleicht das abfallende Laub ohne allen Nachtheil abgeben, während es nur mit solchem in den geschlossenen Orten verabfolgt wird. In einem Buchenorte, der in wenig Jahren abgeholzt, und wo Kiefern und Fichten statt der Buchen angebauet werden sollen, ist recht gut das Laubsammeln zu gestatten, während es in demselben nicht zu erlauben ist, sobald Buchen nachgezogen werden sollen. Bemoosete Schläge, mit Heidekraut bewachsene Räumden, welche kultivirt werden sollen, nasse mit Wassermoosen bedeckte Orte, welche man trocken legen will, können häufig große Massen von Düngermaterial liefern, ohne daß der geringste Nachtheil für den Wald daraus entspringt.

Um den Verlust der Streu weniger nachtheilig zu machen, hat man gewöhnlich ein gewisses Alter des Holzes bestimmt, bis zu welchem das Holz mit dem Streurechen verschont werden muß, z. B. Hartig in dem Entwurfe einer Forstordnung 50 Jahr im Hochwalde, 20 Jahr bei 30jährigem Niederwald-Umtriebe u. s. w. Diese Bestimmung würde aber nothwendig die Anforderung in sich schließen, daß auch der Waldbesitzer eine bestimmte Umtriebszeit inne hielte, die sich jedoch nicht aufstellen läßt, indem man dadurch dem Privatbesitzer die Hände zu sehr, hinsichts der vortheilhaftesten Benutzung des Waldes, binden würde. Ein Kiefernwald, in dem man das Holz mit 50 Jahren herunter hauet, ist nicht selten, und da er gewiß auch noch Hochwald genannt werden muß, so wäre dadurch die ganze Berechtigung mit einem Male vernichtet.

So lange selbst in den Staatsforsten noch häufig Bestände mit 50 und 60 Jahren im Hochwalde eingeschlagen werden, kann man wohl nicht füglich sagen, daß vor diesem Alter keine Streu in einem Forstdistrikte gesammelt werden darf.

In jeder Hinsicht passender dürfte es seyn, daß man neben dem dem Waldbesitzer eingeräumten Rechte, die Streu an denjenigen Orten anzuweisen, wo es ihm am wenigsten nachtheilig erscheint, lieber nach Maaßgabe des größern oder geringern Nachtheils, den das Streurechen für den Wald hat, einen bestimmten Theil des mit Holz bestandenen Bodens dazu einzuräumen, wenn einmal das Bedürfniß eine so große oder größere Menge von Waldstreu erfordert.

Folgende Bestimmungen dürften in dieser Hinsicht vorzuschlagen seyn, die sich dann an die oben angedeuteten anreihen.

Selbst in dem Falle, wo auch ein größeres Bedürfniß ermittelt und gefordert würde, ist doch der Waldbesitzer niemals verpflichtet, eine größere Fläche zur Streunutzung einzuräumen, als:

in Kiefern und Fichten die Hälfte des mit Holze bestandenen Bodens, in Buchenhochwalde ein Drittheil desselben, in Mittel- und Niederwäldern von 30jährigem Umtriebe ein Viertheil, in Niederwäldern von noch kürzerem ein Fünftheil.

Im Fall durch das Verschulden des Waldbesitzers so viel Räumden und Blößen in einem Walde entstanden sind, daß deshalb bei dieser Bestimmung das Bedürfniß der Berechtigten nicht befriedigt werden kann, so muß nöthigenfalls die gesammte Waldfläche dieser Einräumung dergestalt zum Grunde gelegt werden, daß von ihr im Nadelholze die Hälfte, im Buchenhochwalde ein Drittheil und im Niederwalde ein Viertheil und ein Fünftheil in solchen Flächen eingeräumt wird, welche mit Holze bestanden sind, das zum Streurechen benutzbar ist.

Sollte auch dies nicht mehr vorhanden seyn, so muß der Waldbesitzer den Streuberechtigten auf so lange entschädigen, bis wieder hinreichende Holzbestände herangezogen sind, um das Streusammeln innerhalb dieser bestimmten Schranken ausüben zu können.

Der Verkauf von Waldstreu ist unter keinem Vorwande erlaubt.

Ebenso darf dieselbe niemals zum Aschebrennen verwandt werden.

Zum Sammeln derselben dürfen keine eiserne, sondern nur hölzerne Rechen angewandt werden.

Sobald noch durch das Hineinfahren mit dem Wagen in die Streudistrikte Schaden entstehen kann, muß die Streu bis an die Wege getragen werden.

Das Streulaubsammeln ist nur in der Zeit von Michaelis bis Ostern erlaubt.

Alle die in Vorschlag gebrachten Beschränkungen des Gebrauchs von Rechen mit weiten Zinken, des Liegenlassens von Streifen, sind ganz unpraktisch und unausführbar, weshalb sie wohl hier mit Recht übergangen werden. Durch das Recht der Anweisung erhält übrigens der Waldbesitzer Gelegenheit, alle dürren Hänge, die flüchtig werdenden Sandberge, die am Hiebe stehenden Buchenschläge zu schonen, so wie es ihm zweckmäßig erscheint, und es ist deshalb auch nichts Näheres darüber zu bestimmen nöthig.

Das Plaggenhauen kann nur auf Grund eines besondern Besitztitels ausgeübt werden, und das Recht des Streurechens kann die Befugniß dazu nicht ertheilen. Es ist im Walde selbst noch weit verderblicher als dieses, indem dadurch zugleich die obere fruchtbare Bodenschicht mit hinweggenommen wird. Die Beschränkung desselben auf das unerläßliche Bedürfniß der Berechtigten, das Recht der Anweisung durch den Waldbesitzer, muß daher hinsichts dieser lästigen Servitut zur Erhaltung des Waldes noch weit dringender gefordert werden, als dies bei dem Streurechen der Fall ist. Außerdem würde noch eine besondere Bestimmung vielleicht in folgender Fassung wünschenswerth seyn:

In den zum Plaggenhauen angewiesenen Orten dürfen diese niemals innerhalb der von einem Baum überschirmten Fläche weggenommen werden, sondern nur auf den kleinern oder größern freien nicht überschirmten Stellen.

Außer der eigentlichen Waldstreu werden auch noch häufig Heidekraut, Ginster, Besenpfriem (Spartium Scoparium) zu mancherlei Gebrauche aus den Wäldern auf Grund der Streugerechtigkeit entnommen. Das Sammeln derselben darf überall nur auf eine Art und Weise erfolgen, daß dadurch keine Gefahr der Beschädigung der dazwischen stehenden Holzpflanzen entstehet.

§. 69.

Die mancherlei andern Servituten in den Wäldern der östlichen Provinzen Preußens können kürzer behandelt werden, da sie theils weniger gefährlich für den Wald sind, theils früher schon viel bestimmter geordnet wurden, indem man auf die Erhaltung ihrer ausgedehnten Ausübung weniger Werth legte.

Die Gräsereigerechtsame muß nach den bestehenden Gesetzen durch einen besondern Rechtstitel begründet werden, und ist keinesweges als dem Weiderechte anklebend anzusehen.

Im Allgemeinen kann sie wohl nur als zur Unterstützung des Viehes bestimmt, welches während des Sommers auf die Weide getrieben wird, angenommen werden, nicht aber zur Gewinnung von Winterfutter berechtigend. Eine nähere Bestimmung darüber wäre wohl deshalb wünschenswerth, weil gerade diejenigen Leerhäusler oder wenig Acker habenden Gemeindemitglieder, welche weder die Mittel, noch das Recht haben, viel Vieh zu halten, oft die Gräsereigerechtigkeit benutzen, um sich auf Kosten der Forsten das fehlende Winterfutter zu verschaffen. Es verstehet sich von selbst, daß, wo das Recht nachgewiesen wird, auch Winterfutter durch die Gräserei sammeln zu dürfen, wie dies in Bruchgegenden häufig der Fall seyn kann, dasselbe dadurch nicht aufgehoben wird.

Folgende Bestimmungen dürften noch hinsichts der Ausübung dieses Rechts wünschenswerth seyn:

In den Schonungen, worin Samenpflanzen sich vorfinden, darf kein Gras mit der Sichel geschnitten werden, bevor diese in Eichen, Buchen, Ulmen, Hainbuchen, Eschen, Kiefern und Fichten nicht wenigstens 5 Jahre, und in Erlen, Birken, Pappeln, Ahorn, nicht wenigstens 3 Jahre alt sind. In Niederwäldern, wo bloße Stockausschläge vorhanden sind, kann mit der Sichel gegraset werden, wenn diese, ohne Unterschied der Holzgattung volle zwei Jahre alt sind.

Doch darf bloß eine gezähnte Sichel dazu angewandt werden. Sensen sind auf mit Holze bestandenen Distrikten ganz verboten.

In jüngern Schlägen muß das Gras ausgerupft werden, wenn die Berechtigten darthun, daß sie seit rechtsverjährter Zeit dasselbe in solchen gewonnen haben. Außerdem ist der Waldbesitzer befugt, dem Gräsereiberechtigten den Eintritt in dieselben ganz zu untersagen.

Der Waldbesitzer und dessen Forstbeamten sind befugt, das frisch geschnittene Gras zu untersuchen und für alle vorgefundene Holzpflanzen oder Stockausschläge den Frevler zur Bestrafung anzuzeigen.

Diejenigen, welche die Gräsereigerechtigkeit ausüben, müssen Graszettel entnehmen, die ihnen, wo bisher nichts dafür entrichtet worden ist, unentgeldlich auszuhändigen sind. Für jedes berechtigte Haus wird nur ein Zettel ertheilt, da nur jedesmal ein Mensch aus demselben Gras schneiden oder rupfen darf, welcher denselben bei sich führen muß.

Vor 5 Uhr Morgens und nach 7 Uhr Abends dürfen die, welche Gras holen, den Wald weder betreten, noch länger darin verweilen. Auch dürfen sie weder den Sonntag noch Feiertag dazu benutzen.

Heu darf im Walde nicht aus dem gewonnenen Grase gemacht werden.

Die Mastungsgerechtigkeit war früher ein sehr wichtiges und einträgliches Servitut, hat aber häufig sehr an Wichtigkeit verloren. Es ist in der ältern Gesetzgebung mit großer Sorgfalt und Ausführlichkeit behandelt, und es dürften die früheren Bestimmungen nur mit den durch den geänderten Kulturbetrieb des Forstes nöthig werdenden Abänderungen, überall beibehalten werden. Wir versuchen dies in nachstehender Art, indem dabei auf das A. L. R. Th. I. Tit. 22. §§. 187—196. Rücksicht genommen wird.

Zur Mast werden gerechnet: Eicheln, Bucheln, der Same der Hainbuche, wilde Aepfel und Birnen, in sofern nicht ein Anderes durch Dokumente oder Herkommen bestimmt ist.

Wenn Jemand das ausschließliche Recht der Mastnutzung hat, so kann er diese Früchte auf jede Art nutzen, durch die dem Waldeigenthümer oder andern Berechtigten kein Nachtheil erwächst.

Jedoch muß er dem Waldeigenthümer die zur Kultur des Waldes nöthigen Früchte zur Sammlung unentgeldlich überlassen, so wie auch in den Samenschlägen keine Art von Baumfrüchten von dem Berechtigten benutzt werden darf, welche zur Nachzucht des Holzes dient.

Auch darf der Berechtigte kein anderes Vieh als Schweine in den Wald treiben, worin ihm das Mastungsrecht zustehet, wenn er nicht auch im Besitze des Weiderechtes für dasselbe ist.

Die Mastschonung beginnt in den westlichen Provinzen mit dem 24sten August, in den östlichen mit Einschluß der Provinz Sachsen mit dem 1sten September.

Im Fall Schweine eingetrieben werden, dauert sie

a. wenn keine Nachmast benutzt wird, bis zur Wegnahme der Schweine aus dem Walde, jedoch keinesweges länger als bis zum 24sten December —

b. wenn Nachmast gemacht werden kann, bis zum letzten Februar.

Wilde Aepfel und Birnen allein geben keine rechtfertigende Veranlassung zur Mastschonung.

Eben so kann das Eintreiben von Zucht= oder andern Schweinen, welche nicht in demselben Jahre geschlachtet werden, keinen Anspruch geben, Mastschonung zu verlangen. —

Die Mastschonung, welche auf Grund der Mastungsgerechtigkeit in einem fremden Walde verlangt wird, tritt überhaupt nur dann ein, wenn so viel Mastfrüchte vorhanden sind, daß sie durch Eintreiben von Mastschweinen benutzt werden können, nicht aber bei dem bloßen Lesen und Sammeln der Mastfrüchte.

Wo dagegen der Eigenthümer des Waldes zugleich Mastberechtigter ist, entscheidet über das Einschonungsrecht und die Herausweisung der Weideberechtigten aus dem Walde das Herkommen und die bisherige Observanz.

Der Eigenthümer der Mastungsgerechtigkeit haftet für allen durch die Mastschweine in den Schonungen oder auf den Feldern und Wiesen angerichteten Schaden.

Wenn Schweine eingetrieben werden, müssen dazu die erforderlichen Lagerstellen, Tränken und Suhlen angewiesen werden.

So lange die Mastungsgerechtigkeit auf einem Walde haftet, ist der Waldbesitzer nicht bloß verpflichtet, die vorhandenen alten Mastbäume nur forstmäßig zu benutzen, sondern auch nachzuziehen.

Sollte der Boden dies nicht gestatten, so darf er, so lange die Mastungsgerechtigkeit nicht abgelöset ist, nur diejenigen Eichen und Buchen einschlagen, welche keine Mastfrüchte mehr bringen.

Das Jagdrecht in einem fremden Walde läßt sich sehr einfach regeln, wenn man folgende Bestimmungen trifft:

Aus dem Rechte der Jagd in einem fremden Walde kann in keiner Art die Befugniß in Anspruch genommen werden, den Eigenthümer desselben in der Bewirthschaftung oder in der Benutzung des Holzes zu beschränken. Selbst eine Ausrodung des Waldes und Umwandlung desselben in Feld, Wiese oder Weide kann dadurch nicht behindert werden.

Der Eigenthümer der Jagd ist verpflichtet, jeder Beschädigung des Holzes, wodurch die Erziehung vollkommner Bestände verhindert oder erschwert werden könnte, durch Verminderung des Wildstandes zuvorzukommen.

Erfolgen diese dennoch, so ist der Jagdberechtigte verpflichtet, dem Eigenthümer des Holzes jeden erweislichen Schaden zu ersetzen.

Eben so muß bei Ausübung der Jagd jede Beschädigung des Holzes vermieden oder der entstandene Schaden ersetzt werden. Insbesondere aber ist das Hauen von Forcheln bei Zeugjagden, das Schirmbauen und Abhauen von Zweigen dazu, das Anlegen von Dohnenstrichen und von Vogelheerden in einem fremden Walde gänzlich untersagt.

Das Recht zum Sammeln der Waldbeeren ist an sich nicht nur unschädlich, sondern sogar wohlthätig, indem dadurch die ärmere Volksklasse in den Stand gesetzt wird, sich einen Erwerbszweig zu verschaffen, und selbst die Nahrungsmittel dadurch vermehrt werden. Es wird nur mittelbar nachtheilig, indem es häufig Veranlassung zu Freveln giebt. Man sollte es daher niemals verwehren, vielmehr nur so ordnen, daß diesen daraus entspringenden Unordnungen möglichst vorgebeugt wird.

Fol-

Folgende Bestimmungen scheinen in dieser Hinsicht vorgeschlagen werden zu können:

Jeder, welcher in einem fremden Walde Erdbeeren, Himbeeren, Heidelbeeren, Preußelbeeren oder Brombeeren sammeln will, muß sich bei dem Waldbesitzer dazu einen unentgeldlich zu gebenden Zettel erbitten, welchen die mit dem Sammeln beschäftigte Person immer bei sich tragen muß. Dieser Zettel darf nur an ein Familienmitglied gegeben werden, und ist immer nur für eine Person der Familie gültig.

Den Bewohnern des Dorfes, Ortes oder Amtes, zu dessen Flur der Wald gehört, kann ein solcher Zettel nicht geweigert werden, sobald es unbescholtene Menschen sind, welche ihn verlangen. Wohl aber ist der Waldeigenthümer zu dieser Verweigerung berechtigt, sobald diejenigen, welche ihn zu erhalten wünschen, Menschen von übeln Rufe sind, oder wenn sie überführt wurden, bei dem Sammeln der Waldbeeren Frevel begangen zu haben. —

Auch diejenigen, welche Zettel besitzen, müssen dieselben wieder abliefern und den Wald meiden, sobald sie Unordnungen und verbotene Handlungen bei dem Beerensammeln begehen.

Das Betreten der Schonungen und ewigen Gehege ist der Waldbesitzer befugt zu untersagen.

Die Beerensammler dürfen sich keine Art von Beschädigung des Holzes zu Schulden kommen lassen.

Jedes Geschrei und Lärmen, so wie das Feueranmachen, ist ihnen bei Strafe untersagt.

Sie dürfen vor 5 Uhr Morgens den Wald nicht betreten und müssen ihn vor Sonnenuntergang wieder verlassen.

§. 70.

Die Wegegerechtigkeit kömmt im Walde vorzüglich da zur Sprache, wo Wiesen und Felder darin liegen, oder wo größere Waldflächen aus lauter kleinen Holzstücken bestehen, welche verschiedenen Eigenthümern gehören. — Die Wege, welche zu fremden Grundstücken führen, dürfen nicht zur Erschwerung der Kommunikation verlegt werden, auch muß wohl demjenigen, welcher das Recht hat sie zu benutzen, die Befugniß eingeräumt werden, sie von Holz und überhängenden Zweigen so rein halten zu können, daß er die auf seinem Grundstücke geernteten Früchte abfahren kann, ohne daß Heu und Getreide vom Wagen dadurch heruntergerissen wird.

Es können aber auch außerdem die **Waldwege**, welche zwar nicht als Servitut anzusehen sind, die aber doch die Berechtigten zur Abfuhre der gewonnenen Produkte zu benutzen, das Recht haben, in einem Forstpolizeigesetze nicht unbeachtet bleiben. Folgende Bestimmungen scheinen in dieser Hinsicht der Gerechtigkeit und Billigkeit angemessen.

Dem Waldbesitzer stehet das Recht zu, die Waldwege anzuweisen, zu verlegen, und die entbehrlichen zu verbieten und eingehen zu lassen.

Wenn jedoch die Berechtigten die Befugniß haben, die ihnen gebührenden Waldprodukte mit Zugvieh, Wagen oder bespannten Schlitten abzufahren, so müssen die einmal vorhandenen Wege in so weit erhalten und zur Benutzung der Berechtigten offen gelassen werden, daß die Entfernung, aus welcher die den Berechtigten gehörenden Waldprodukte an den Fahrweg herangeschafft werden müssen, nirgends größer ist, als Einhundert Ruthen*).

Diejenigen, welche den Waldweg benutzen, sind auch verpflichtet ihn für ihre Benutzung im fahrbaren Zustande zu erhalten. Der Waldbesitzer ist nur dann gehalten dies allein zu bewirken, sobald er alte Waldwege verlegt hat, und die Wegebesserung durch diese Verlegung herbeigeführt worden ist.

Wege, welche der Eigenthümer des Waldes zur Abfuhre

*) Diese Vorschrift gründet sich auf die schon seit langen Jahren in Preußen eingeführte Jageneintheilung, wonach ein Jagen, in welchem kein Waldweg gestattet wird, ein Viereck ist, von welchem jede Seite 200 Ruthen enthält.

von Waldproducten benutzt, dürfen auch dem Servitutberechtigten zur Abholung der ihm gebührenden Gegenstände nicht verboten werden.

Hinsichts des Rechts Steine, Kies, Sand, Lehm in den Forsten graben zu dürfen, werden folgende Bestimmungen wünschenswerth seyn.

So lange noch die alten Gruben das verlangte Material liefern, und dies ohne Gefahr gewonnen werden kann, müssen die Berechtigten es daraus entnehmen und auf den alten Wegen, die sie selbst zu unterhalten verpflichtet sind, abfahren.

Wenn neue Gruben eröffnet werden müssen, stehet das Recht der Anweisung derselben dem Waldbesitzer zu, jedoch muß er die Stellen dazu so anweisen, daß die Benutzung derselben gegen die der früher bearbeiteten Gruben so wenig als möglich erschwert wird.

Diejenigen, welche dieselben benutzen, müssen sie so lange sie noch im Gebrauche sind, auf ihre Kosten so umzäunen, daß kein Unglücksfall stattfinden kann.

Eingehende Gruben müssen wo möglich von den Berechtigten ganz ausgefüllt werden, und wäre das nicht thunlich, dergestalt durch eine dauerhafte Einzäunung umgeben werden, daß kein Unglückfall zu fürchten ist.

Dem Waldbesitzer stehet das Recht zu, alle Gruben dieser Art, welche nicht durch Leute, die des Grubenbaues kundig sind, betrieben werden, in polizeilicher Hinsicht zu beaufsichtigen. Er kann deren Benutzung vorläufig, und bis auf weitere Entscheidung der Polizeibehörde, untersagen, wenn ein Verschütten der Arbeiter, eine zu große Annäherung an Wege, oder ein ähnliches Ereigniß zu fürchten ist.

Zur Herstellung der öffentlichen Landstraßen und Komunikationswege kann kein Waldbesitzer die Gewinnung von Steinen, Kies, Sand oder Lehm in seinem Forste verweigern.

Es muß jedoch die Gewinnung dieser Gegenstände ohne Nachtheil für die Holzerzeugung erfolgen, oder ihm der entstehende Schade vergütigt werden. Für die Materialien selbst kann er nur dann eine Entschädigung fordern, wenn er darthun kann, daß er dieselben zu verwerthen im Stande ist.

Das Recht der Zeidelweide erstreckt sich nur auf die Befugniß, Hausbienen in Stöcken im Walde aussetzen zu dürfen; Bäume auszuhöhlen, um Bienen hinein zu thun, ist untersagt.

Den Ort, wo die Bienenstöcke ausgesetzt werden können, muß der Waldeigenthümer so anweisen, daß er nicht zu nahe an Wegen ist, auch die Gefahr der Entstehung von Waldbränden durch das Zeideln vermieden wird. Es muß derselbe jedoch in der Nähe derjenigen Walddistrikte gewählt werden, in welchen die Bienen ihre Nahrung suchen.

Schluß.

Wenn in den vorstehenden Vorschlägen ein Versuch gemacht wurde, den Geist durch Beispiele anzudeuten, in welchem die Gesetzgebung zur Ordnung der Waldservituten verfahren soll, so kann darunter nicht eine vollständige Bearbeitung dieses Gegenstandes damit beabsichtigt seyn. Manches mag in diesen Vorschlägen nach den örtlichen Verhältnissen zu berichtigen, Vieles zuzusetzen oder wegzulassen seyn. Sie werden ihren Zweck aber erfüllt haben, wenn sie die Aufmerksamkeit derer, welche sich mit diesen Gegenständen aus amtlicher Veranlassung zu beschäftigen haben, darauf hinleiten und sie veranlassen, dieselben von der Seite zu betrachten von welcher sie hier aufgefaßt wurden.

Berlin, gedruckt bei A. Petsch.

FSC
www.fsc.org
MIX
Papier | Fördert
gute Waldnutzung
FSC® C083411

Kolibri 360 GmbH
Ferdinand-Jühlke-Straße 7
99095 Erfurt, Deutschland
produktsicherheit@kolibri360.de